高等职业教育计算机类新形态一体化系列教材

Python编程基础及应用

米晓琴　陈怀玉◎主　编

王　玥　田燕军　王　莉　白渊铭◎副主编

中国铁道出版社有限公司
CHINA RAILWAY PUBLISHING HOUSE CO., LTD.

内 容 简 介

本书是高等职业教育计算机类新形态一体化教材，以实际应用为目的，论述Python的基础知识及高级应用。内容包括初识Python、Python基础、数据结构、流程控制、函数、面向对象、异常、文件、数据库编程、NumPy模块、Matplotlib、pandas模块等。

本书将思政与课程内容相结合，在书中融入中华优秀传统文化、时事热点问题分析、职业素养等思政元素，适合作为高等职业院校相关专业的教材，也可供相关从业人员参考。

图书在版编目（CIP）数据

Python编程基础及应用/米晓琴,陈怀玉主编.—北京:中国铁道出版社有限公司, 2023.8

高等职业教育计算机类新形态一体化系列教材

ISBN 978-7-113-30269-6

Ⅰ.①P… Ⅱ.①米… ②陈… Ⅲ.①软件工具-程序设计-高等职业教育-教材 Ⅳ.①TP311.561

中国国家版本馆CIP数据核字(2023)第097188号

书　　名：Python编程基础及应用
作　　者：米晓琴　陈怀玉

策　　划：侯　伟　王春霞　　　　编辑部电话：（010）63551006
责任编辑：王春霞　徐盼欣
封面制作：尚明龙
责任校对：苗　丹
责任印制：樊启鹏

出版发行：中国铁道出版社有限公司（100054，北京市西城区右安门西街8号）
网　　址：http://www.tdpress.com/51eds/
印　　刷：番茄云印刷（沧州）有限公司
版　　次：2023年8月第1版　2023年8月第1次印刷
开　　本：850 mm × 1 168 mm　1/16　印张：19　字数：484千
书　　号：ISBN 978-7-113-30269-6
定　　价：59.80元

前言

大数据现已无处不在，可大多数人并不了解大数据到底是什么，也不了解如何应用大数据。大数据技术是在数据管理技术的基础上，面向大规模数据分析的技术栈，具体用途包括描述性分析应用、预测性分析应用、指导性分析应用。互联网、金融、电信、医疗、政府等都是大数据运营的重点领域。大数据技术的应用日益深化，其改变的不仅仅是处理数据的方式，更是一种发展的新思维。大数据在各行各业落地的同时，也在促进产业变革、行业融合，在改变整个社会的发展路径。随着近年来新一代信息技术的发展及普及，大数据技术未来会沿着异构计算、批流融合、云化、兼容AI、内存计算等方向持续更迭。

自从2004年以后，Python的使用率呈线性增长，Python和大数据是“最佳伴侣”，而且Python已经逐渐成为主流的通用开发语言。为深入学习贯彻党的二十大精神，以习近平新时代中国特色社会主义思想为指引，本书将思政与课程内容相结合，在书中融入中华优秀传统文化、时事热点问题分析、职业素养等思政元素，达到润物细无声的育人效果，帮助塑造学生的世界观、人生观、价值观。

本书基于Python 3.10版本编写，系统全面地讲解Python核心知识，全书共分12章。

第1～7章为基础语法，介绍Python开发的必备基础知识，包括初识Python、Python基础、数据结构、流程控制、函数、面向对象、异常。

第8～12章为高级应用，介绍大数据技术涉及的知识，包括文件、数据库编程、Numpy模块、Matplotlib、pandas模块。

本书内容丰富、技术新颖、图文并茂，按照由浅入深的顺序编排，具有很强的实用性。本书在编写时融入了编者丰富的教学经验和多位长期从事数据处理资深工程师的实践经验，采用“教、学、做一体化”的教学方法，在完成技术讲解的同时，对读者提出相应的自学要求并提供指导。在学习本书的过程中，读者不仅能够完成快速入门的基本技术学习，还能进行实际项目的开发与实现。

本书由米晓琴、陈怀玉任主编，负责全书的统稿和定稿；由王玥、田燕军、王莉、白渊铭任副主编；普玉婷参与编写。

由于编者水平有限，书中疏漏和不足之处在所难免，欢迎广大读者批评指正。

编　者

2023年4月

目 录

第 1 章 初识 Python

知识目标

• 了解Python的发展，了解Python的特点和实际应用，熟悉Python的编程方式和编程规范。

能力目标

• 能够下载与安装 Python 解释器，能够下载和安装至少一种 IDLE 并掌握其基本操作。

素质目标

• 培养学生动手能力，提高学生信息收集和自主学习能力。

TIOBE 编程社区指数是编程语言流行程度的一个指标，可反映某个编程语言的热门程度，每月更新一次。该指数根据全球范围熟练工程师、相关课程和第三方供应商的数量进行评级，相关数据来自搜索引擎。在 2021 年 10 月的指数中，Python 首次被置于 Java、C 和 JavaScript 之上，位列第一名，至今仍是全球最受欢迎的编程语言之一。

1.1 Python 简介

Python 由荷兰程序员吉多·范·罗苏姆（Guido van Rossum）于 20 世纪 90 年代初设计发明，用于解决程序员读代码时间长于写代码时间的问题，其设计哲学是“优雅”“明确”“简单”。该名称取自英国 20 世纪 70 年代首播的电视喜剧《蒙提·派森的飞行马戏团》（*Monty Python's Flying Circus*）。

Python 属于面向对象的编程语言，具有高效的高级数据结构、语法和动态类型，它成为多数平台上写脚本和快速开发应用的编程语言，随着版本的不断更新和新功能的添加，逐渐被用于独立的、大型项目的开发。

Python 现在用得最多的是 Python 2.x 系列及 Python 3.x 系列。与很多编程语言不同，这两个大版本之间并不兼容。Python 2.x 系列最终版是 2.7.18，并且在 2020 年 1 月 1 日正式停止维护。所以，当开发一个新的项目的时候，Python 3.x 是更好的选择。当前 Python 3.x 系列最新的是 2022 年 10 月 24 日发布的 3.11 正式版。

2023 年 3 月 TIOBE 编程社区指数如图 1-1 所示。

Mar 2023	Mar 2022	Change	Programming Language	Ratings	Change
1	1		Python	14.83%	+0.57%
2	2		C	14.73%	+1.67%
3	3		Java	13.56%	+2.37%
4	4		C++	13.29%	+4.64%
5	5		C#	7.17%	+1.25%
6	6		Visual Basic	4.75%	-1.01%
7	7		JavaScript	2.17%	+0.09%
8	10	^	SQL	1.95%	+0.11%
9	8	˅	PHP	1.61%	-0.30%
10	13	^	Go	1.24%	+0.26%

图 1-1　2023 年 3 月 TIOBE 编程社区指数

1.1.1　Python 的特点

1. 易于编程

与 C、C#、JavaScript 和 Java 等其他编程语言比较而言，Python 是一种非常直接的语言，它允许用户轻松地开始编程。Python 编程语言的基础知识可以在数小时或数天内学会。

2. 开源和免费

Python 在官方网站上是免费提供的，用户可以通过单击 Python 链接进行下载。Python 有一个由成千上万的程序员组成的在线社区，他们每天都聚集在一起讨论该语言的发展，每个人都可以构建和修改它。

3. 可移植性

Python 程序可以在各种个人计算机操作系统上运行，包括 Windows、Linux、UNIX 和 Macintosh。只需安装对应的 Python 解释器，在不同系统编辑的 Python 程序可不限操作系统去执行。

4. 可扩展性

Python 可扩展性是指 Python 的部分代码可以用 C 或 C++ 来编写，也就是可以将以其他语言编写的代码包含在 Python 源代码中，从而把 Python 和其他语言开发的库连接起来。

5. 解释性语言

不同于 C、C++、Java 等其他编程语言，Python 使用解释器，这意味着它的代码是逐行执行的。Python 的代码无须编译，源代码被转换为字节码，是代码的实例化，因此更易于调试。

6. 大型标准库

Python 标准库包含用于日常编程的一系列模块，随 Python 标准版提供，无须额外安装。如读取和修改文件、数据打包压缩、访问互联网以及处理网络通信协议等。

1.1.2 Python 程序特征

1. 多种可用数据类型

Python 数据类型包括 numbers（浮点数、复数、不限长度的整数等）、strings（包含 ASCII 和 Unicode 编码）、lists 和 dictionaries。

2. 面向对象

Python 通过 class 和多样化继承支持面向对象编程。

3. 支持封装打包

Python 代码可以被打包成模块和包，以被引用。

4. 支持引发和捕获异常

Python 支持引发和捕获异常，报错处理清晰明了。

5. 强类型、动态类型

（1）强类型：指变量类型检查严格，混用不相容的类型会引发异常。

（2）动态类型：Python 在编译的时候不对变量类型进行识别，其变量名仅仅是个记号，实际指向的是对象的地址，类型是存储在对象中的，在运行的时候可以改变变量的类型。

6. 自动管理内存

Python 可以自动分配和释放代码内存。

1.2 Python 应用

Python 可应用于以下领域。

1. 云计算开发

Python 在云计算领域应用丰富，开源云计算产品 OpenStack 就是 Python 开发的典型应用。

2.Web 开发

Web 框架提供了一套通用的 Web 行为方式，开发人员使用框架提供的方法就能快速开发和部署网站。典型的 Python 程序 Web 开发框架有 Django、Cherry Py、Flask、Tornado、Pyramid 等。

3. 系统运维

运维管理系统中有大量重复性的工作，可通过系统管理脚本文件自动化运行来提高效率。用 Python 编写脚本在可读性、性能、代码重用度、扩展性等方面都优于普通的 Shell 脚本。

4. 网络编程

Python 对于底层网络的支持很完善，常用的 Socket 模块和 Twisted 框架可被用来编写服务器程序、网络爬虫等。其中，Twisted 支持异步网络编程和多数标准的网络协议，并且对其支持的所有协议都带有客户端和服务器实现，同时附带有基于命令行的多种工具，使得配置和部署产品级的 Twisted 应用变得非常方便。

5. 科学和数学计算

Python 被广泛运用于生物信息学、物理、建筑、地理信息系统、图像可视化分析、生命科学等科学和数学计算领域。

6. 图形界面开发

Python 支持包括 tkinter、PyGTK、PyQt、wxPython 在内的多种图形界面库，用于编写图形用户界面（GUI）。其中，tkinter 是 Python 的标准 GUI 库，用户无须安装即可以直接调用。

1.3 解释器下载和安装

计算机硬件是无法直接处理 Python 程序的，.py 格式的文件需要解释器去解析和执行。解释器起到翻译的作用，能将 Python 程序翻译成计算机 CPU 能识别的机器语言程序。如图 1-2 所示，在 Python 官网中，可下载不同平台的解释器。单击不同的操作系统分类，可进入相应的安装包下载页面。

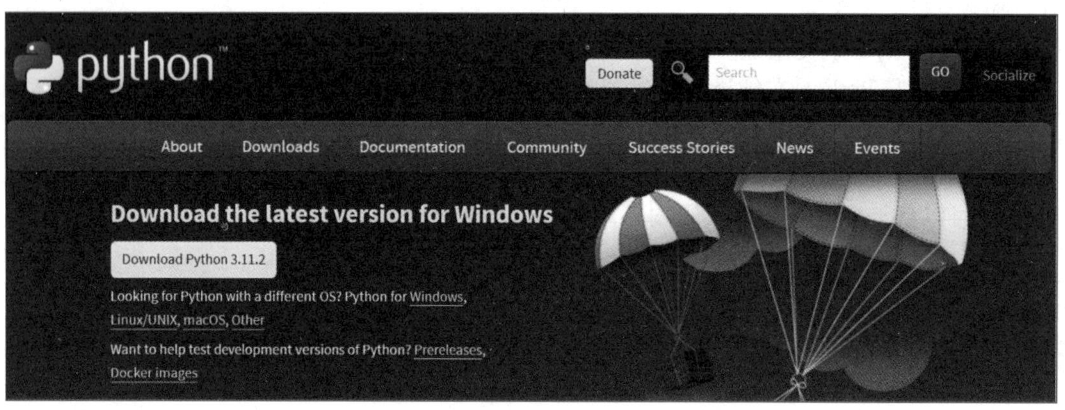

图 1-2　Python 官网

1.3.1　Windows 中安装 Python 解释器

1. 下载对应版本

进入 Windows 版下载列表，如图 1-3 所示，提供多种版本下载：embeddable package 是压缩包版本，即便携版，无须安装解压即可使用；installer 是可执行文件，即离线版，下载后可以直接安装。32-bit 指匹配 32 位操作系统，64-bit 指匹配 64 位操作系统。

Windows 中安装 Python 解释器

2. 安装

如图 1-4 所示，勾选 Use admin privileges when installing py.exe 复选框。选择 Customize installation（自定义安装）选项可改变安装路径。

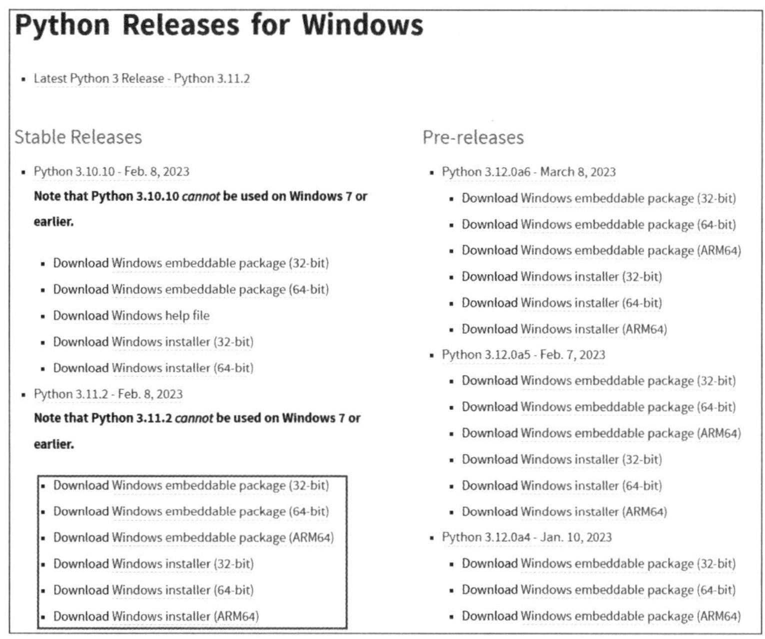

图 1-3　Python 在 Windows 平台下载列表

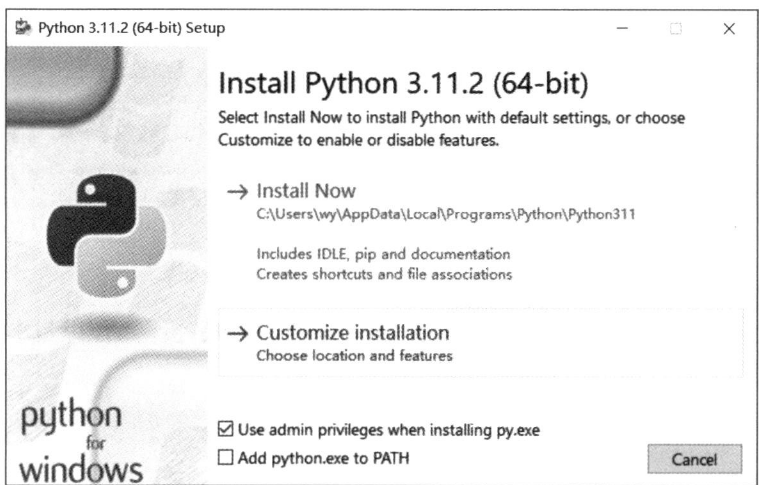

图 1-4　Python 安装界面

3. 验证

以管理员身份运行命令提示符窗口，输入“Python”，如可显示如下所示的 Python 版本信息，则说明 Python 解释器已正确安装。

```
C:\Windows\system32>Python
Python 3.11.2 (tags/v3.11.2:a58eb,Mar 08 2023,14:12:15) [MSC v.1929 64 bit
(AMD64)] on win32
Type "help","copyright","credits" or "license" for more information.
>>>
```

1.3.2 Linux 中安装 Python 解释器

1. 网络配置

需要解析域名，能访问互联网，具体过程此处不详细说明。

2. 安装依赖

需要安装依赖包 zlib - devel、bzip2 - devel、openssl - devel、ncurses - devel、sqlite - devel、readline - devel、tk - devel、gcc make 和 libffi - devel，指令如下：

```
[root@localhost ~ ]#yum install -y zlib-devel bzip2-devel openssl-devel ncurses-devel sqlite-devel readline-devel tk-devel gcc make libffi-devel
```

3. 下载

进入 Python 官网 Linux/UNIX 下载入口，如图 1-5 所示，通过右击 Gzipped source tarball，复制链接。

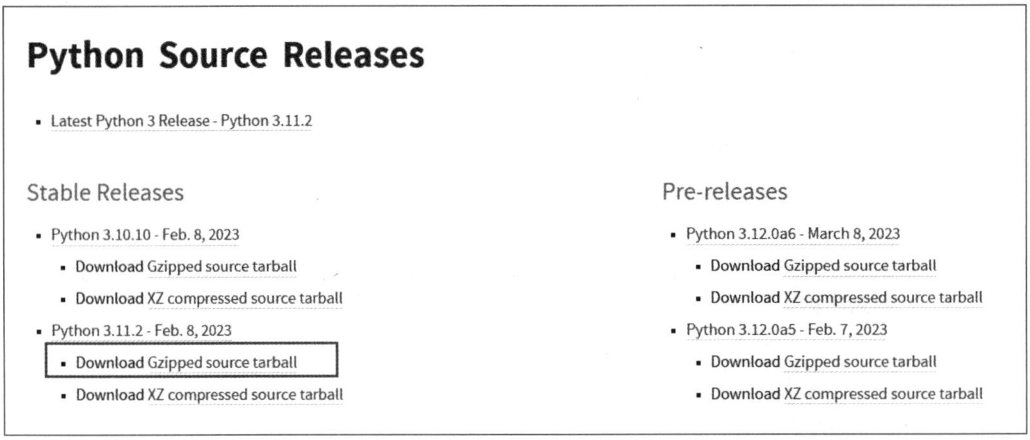

Python Source Releases

- Latest Python 3 Release - Python 3.11.2

Stable Releases

- Python 3.10.10 - Feb. 8, 2023
  - Download Gzipped source tarball
  - Download XZ compressed source tarball
- Python 3.11.2 - Feb. 8, 2023
  - Download Gzipped source tarball
  - Download XZ compressed source tarball

Pre-releases

- Python 3.12.0a6 - March 8, 2023
  - Download Gzipped source tarball
  - Download XZ compressed source tarball
- Python 3.12.0a5 - Feb. 7, 2023
  - Download Gzipped source tarball
  - Download XZ compressed source tarball

图 1-5 Python 在 Linux/UNIX 平台下载列表

切换到系统 opt 目录下，安装并使用 wget 工具，添加获取的链接，将压缩包下载到指定目录内，指令如下：

```
[root@localhost ~ ]#yum install -y wget
[root@localhost ~ ]#cd /opt
[root@localhost opt]#wget https://www.Python.org/ftp/Python/3.11.2/Python-3.11.2.tgz
```

4. 解压编译

解压并查看当前目录，发现会多出一个名为 Python-3.11.2 的文件夹，将该文件夹迁移至 /usr/local，指令如下：

```
[root@localhost opt]#tar -zxvf Python-3.11.2.tgz
[root@localhost opt]#ls
Python-3.11.2 Python-3.11.2.tgz
[root@localhost opt]#mv Python-3.11.2/usr/local/
```

进入迁移后的目录，进行手动编译，指令如下：

```
[root@localhost Python-3.11.2]#cd /usr/local/Python-3.11.2/configure
[root@localhost Python-3.11.2]#make && make install
```

5. 设置 Python3 为默认版本

默认情况下，Python 3.11 安装在 /usr/local/bin/，这里为了使默认 Python 变成 Python3，先把之前的 Python 命令改成 Python.bak，并需要加一条软链接，指令如下：

```
[root@localhost ~]#mv /usr/bin/Python /usr/bin/Python.bak
[root@localhost ~]#ln -s /usr/local/bin/Python3 /usr/bin/Python
```

同理设置 pip3，指令如下：

```
[root@localhost ~]#mv /usr/bin/pip /usr/bin/pip.bak
[root@localhost ~]#ln -s /usr/local/bin/pip3 /usr/bin/pip
```

6. 验证

如安装正确，输入“Python3”指令，会显示如下信息：

```
[root@localhost ~]#Python3
Python 3.11.2 (main,Jan 27 2023,19:25:39) [GCC 4.8.5 20150623 (Red Hat 4.8.5-4)] on linux
Type "help","copyright","credits" or "license" for more information.
>>>
```

1.3.3 macOS 中安装 Python 解释器

1. 下载对应版本

进入 Python 官网 macOS 下载入口，如图 1-6 所示。macOS 64-bit universal2 installer 对应的是适配苹果公司自研 CPU 的安装程序。

Python Releases for macOS

- Latest Python 3 Release - Python 3.11.2

Stable Releases

- Python 3.10.10 - Feb. 8, 2023
  - Download macOS 64-bit universal2 installer
- Python 3.11.2 - Feb. 8, 2023
  - Download macOS 64-bit universal2 installer

Pre-releases

- Python 3.12.0a6 - March 8, 2023
  - Download macOS 64-bit universal2 installer
- Python 3.12.0a5 - Feb. 7, 2023
  - Download macOS 64-bit universal2 installer

图 1-6　Python 在 macOS 平台下载列表

2. 安装

macOS 下的安装非常方便，一直单击“下一步”按钮继续即可。

3. 验证

安装完成之后打开终端输入“Python3”，如显示如下信息，则说明已正确安装：

```
Mac:～Administrator&Python3
Python 3.11.2 (main,Mar 08 2023,19:25:39)
[Clang.6.0 (clang-600.0.57)] on darwin
Type "help","copyright","credits" or "license" for more information.
>>>
```

可通过指令“which Python3”获取 Python 的安装位置，指令如下：

```
which Python3
/Library/Frameworks/Python.framework/Versions/3.11/bin/Python3
```

1.4 Python 开发工具

开发工具可帮助开发者提高效率，加快项目开发的速度，常用的开发工具有 PyCharm、Sublime Text 3。Visual Studio Code、Jupyter Notebook 及 Python 自带的编辑器 IDLE 等。开发工具，并没有高低等级之分，开发者用着顺手即可。本节主要介绍 IDLE、PyCharm 和 Jupyter Notebook 的安装和基本使用。

1.4.1 Python IDLE

当安装 Python 解释器的时候，同时也安装了 IDLE，这是 Python 自带的编辑器。IDLE 可实现自动缩进、语法高亮显示、单词自动完成以及显示命令历史等，支持编辑 / 运行 .py 文件。程序员可以利用它方便地创建、运行、测试 Python 程序。

1. IDLE 界面

在“已安装程序”中找到快捷方式，双击打开即可进入 Python IDLE 主画面，如图 1-7 所示。

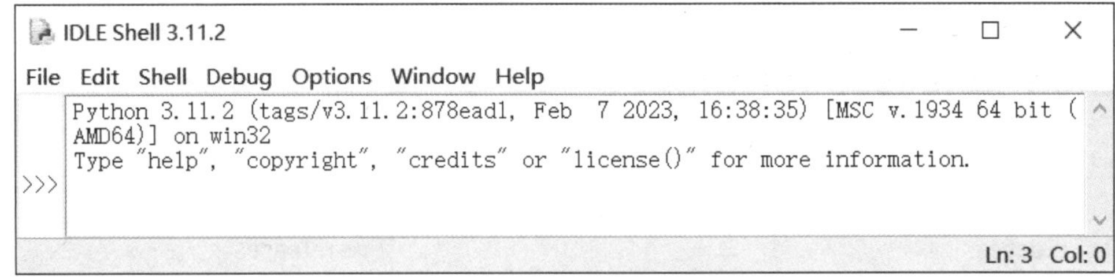

图 1-7 Python IDLE 主画面

IDLE 是一个 Python Shell，通过它可以在 IDLE 内部执行 Python 命令。

2. IDLE 使用

（1）交互模式。进入 IDLE 主页面时，默认操作模式为交互模式。交互模式指单行输入并执行代码的模式，如图 1-8 所示。

（2）文件模式。

新建文件：选择 File → New File 命令，即可以在打开的窗口中以文件形式编辑代码。

运行文件：选择 Run → Run Module 命令（快捷键为【F5】），如图 1-9 所示。

```
IDLE Shell 3.11.2
File  Edit  Shell  Debug  Options  Window  Help
Python 3.11.2 (tags/v3.11.2:878ead1, Feb  7 2023, 16:38:35) [MSC v.1934 64 bit (
AMD64)] on win32
Type "help", "copyright", "credits" or "license()" for more information.
>>> print("hello")
hello
>>>
                                                                    Ln: 5  Col: 0
```

图 1-8　IDLE 交互模式

```
File  Edit  Format  Run  Options  Window  Help
import paramiko
import time
username="admin"
password="12345678"
ip="192.168.200.10"
ssh_client=paramiko.SSHClient()
ssh_client.set_missing_host_key_policy(paramiko.AutoAddPolicy())
ssh_client.connect(hostname=ip,port=22,username=username,password=password)
command=ssh_client.invoke_shell()
command.send("sys\n")
command.send("sys SW1\n")
time.sleep(2)
print(command.recv(65535).decode())
ssh_client.close()
                                                                    Ln: 15  Col: 0
```

图 1-9　IDLE 运行文件

1.4.2　PyCharm

PyCharm 是一种功能强大的 Python IDE（Integrated Development Environment，集成开发环境），具有跨平台性，带有一整套可以帮助用户提高效率的工具，如调试、语法高亮、项目管理、代码跳转、智能提示、自动完成、单元测试、版本控制。下载版本分为专业版（Professional）和社区版（Community），如图 1-10 所示。专业版功能强大，提供了一些高级功能，如 Web 开发、PythonWeb 框架、Python 分析器、远程开发、支持数据库与 SQL 等，需要付费使用。社区版较轻量级，免费给编程爱好者提供满足日常开发、学术交流的基本功能。

PyCharm 安装

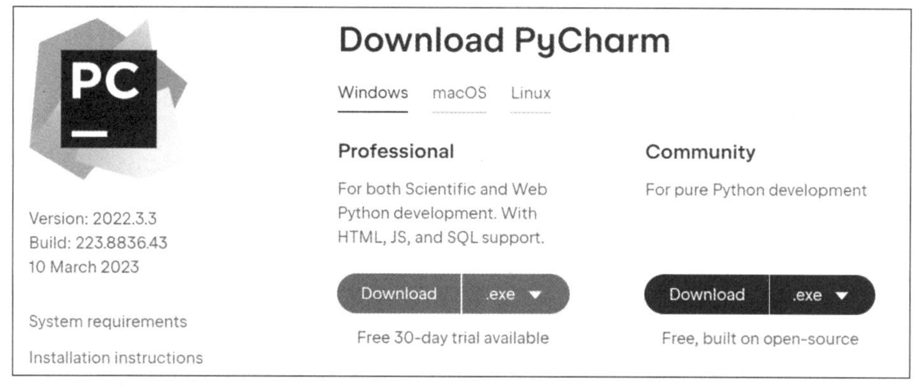

图 1-10　PyCharm 下载页面

1. 安装 PyCharm

下面以社区版安装过程为例进行介绍。自定义路径后，安装过程需要勾选一些设置选项，如图 1-11 所示，其余步骤根据提示持续单击“下一步”按钮至完成即可。

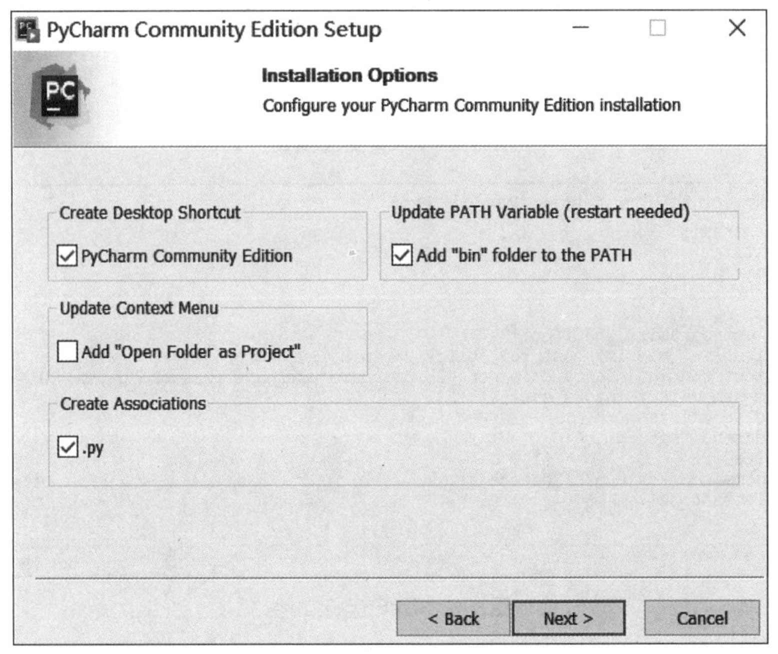

图 1-11　PyCharm 安装选项

安装完成后，初始登录界面如图 1-12 所示，列表选项分别为 Projects（项目）、Customize（自定义）、Plugins（插件）、Learn PyCharm（了解 PyCharm），相关参数可以随时设置。

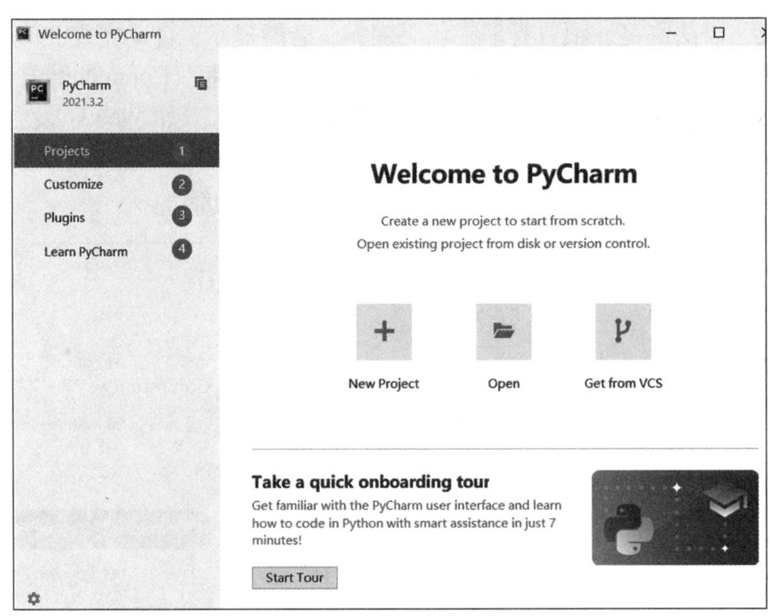

图 1-12　初始登录界面

2. 使用 PyCharm

（1）创建项目。选择 File → New Project 命令，打开 Create Project 对话框，相关选项如图 1-13 所示。

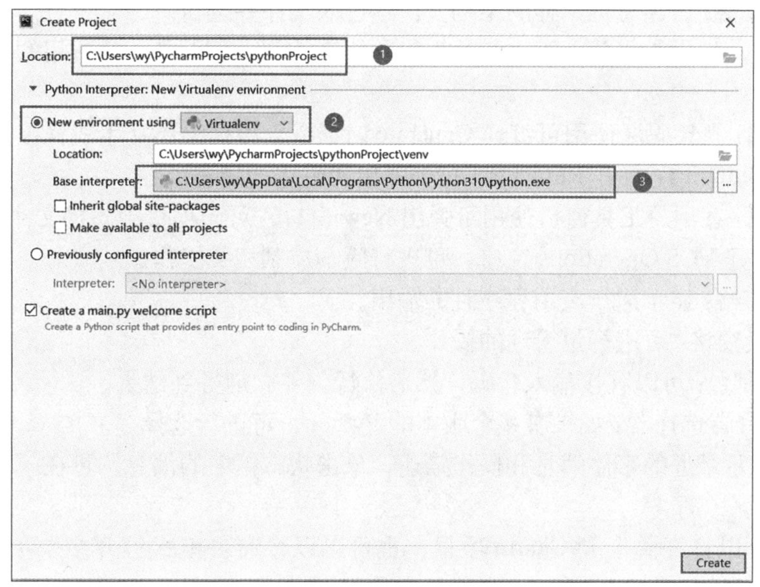

图 1-13　创建项目页面

①选择项目存储的路径。

②建议选择 New environment using 单选按钮，以使每个项目都成为独立的空间，避免版本依赖冲突。

③在 Base interpreter 中选择某版本 Python 解释器的路径。

（2）打开项目。项目窗口布局如图 1-14 所示。

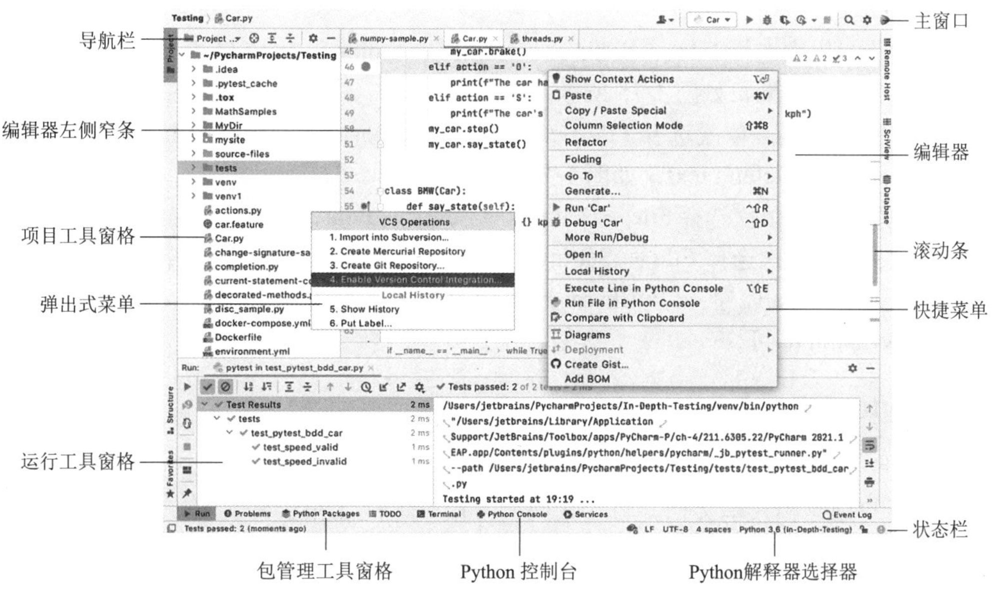

图 1-14　项目窗口布局

①导航栏：快速运行和调试应用程序以及进行基本的版本控制操作。

② 编辑器左侧窄条：可显示行号、设置的断点，且可快速导航到定义 / 声明等代码层次结构中。

③项目工具窗格：快速总览工程的架构，快速进入文件并编辑。

④弹出式菜单：提供与当前上下文相关操作的快速访问。下面是一些有用的弹出式菜单及其快捷方式：

·【Alt+Insert】：在代码区使用可打开 Generate 对话框，根据上下文生成样板代码。

·【Ctrl+Alt+Shift+T】：打开 Refactor This，弹出代码重构列表。

·【Alt+Insert】：在项目工具窗口使用可弹出 New 窗口，可向项目中添加文件或目录。

·【Alt+`】：打开 VCS Operations 窗格，可进行版本控制相关操作。

⑤运行工具窗格：显示运行应用程序时的输出。

⑥包管理工具窗格：可进行包管理的操作。

⑦ Python 控制台：可以直接输入代码，然后执行，并立刻得到结果。

⑧ Python 解释器选择器：如果有多个版本的 Python，可进行选择。

⑨状态栏：显示最近的事件消息和操作描述，单击状态栏中的消息，可在“事件日志”中打开该消息。

⑩主窗口：可以打开单个 PyCharm 项目，也可以以多窗口模式打开多个项目。默认情况下，窗口标题栏显示项目的名称和当前打开文件的名称。

⑪ 快捷菜单：右击打开快捷菜单，可在其中执行当前页面可用的操作。例如，在 Project 工具窗口中右击文件打开快捷菜单以获得与该文件相关的操作，或者在编辑器中右击打开快捷菜单查看应用于当前代码片段的操作。

⑫ 滚动条：在每行末显示其代码检查的结果，如错误、警告等。右上角的指示器可显示整个文件的代码检查的整体状态。

⑬ 编辑器：通过编辑器可以阅读、编写和研究源代码。

（3）常用设置。

①个性化主题：依次选择 File → Settings → Editor → Color Scheme → Python，在 Scheme 中选择喜欢的主题，可预览效果，如图 1-15 所示。

②代码区背景色配置：依次选择 File → Settings → Editor → Color Scheme → General，在右边列表框中选择 Text 下的 Default text，如图 1-16 所示。

③设置代码区字体：依次选择 File → Settings → Editor → Font，设置字体和字号，如图 1-17 所示。

④设置中文界面：依次选择 File → Settings → Plugins，搜索 Chinese，选择 Chinese（Simplified）Language pack，单击 install，重启 PyCharm 后生效。如果想改回英文界面，只要将中文语言包插件卸载并重启 PyCharm 即可。

1.4.3 Jupyter Notebook

Jupyter Notebook 是一个开源的 Web 应用程序，是一个交互式笔记本，支持运行 40 多种编程语言。它允许用户创建和共享文档，包含代码、方程、可视化和叙事文本。用途包括数据清洗和转换、数值模拟、统计建模、数据可视化、机器学习等。支持以网页的形式分享，GitHub 中支持 Notebook 展示，可以通过 nbviewer 在线分享文档，也支持以 HTML、Markdown、PDF 等多种格式导出文档。不仅可以输出图片、视频、数学公式，甚至可以呈现一些互动的可视化内容，如可以缩放的地图或者是可以旋转的三维模型。

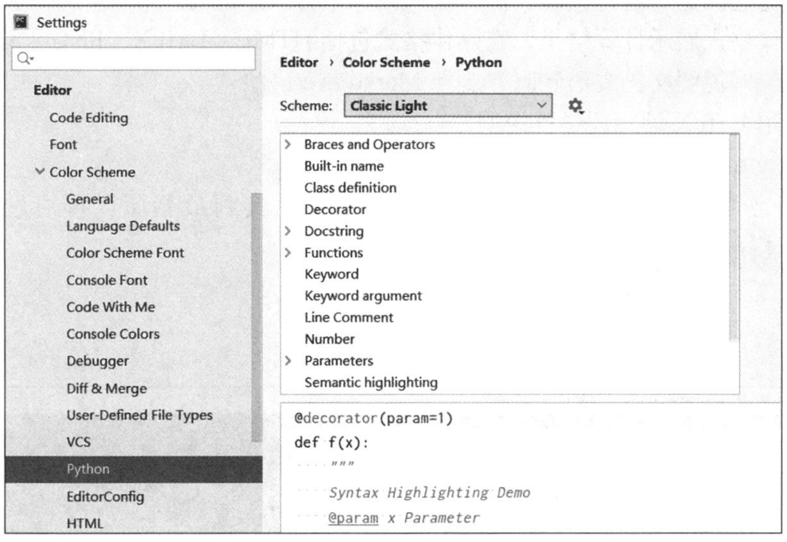

图 1-15　个性化主题设置

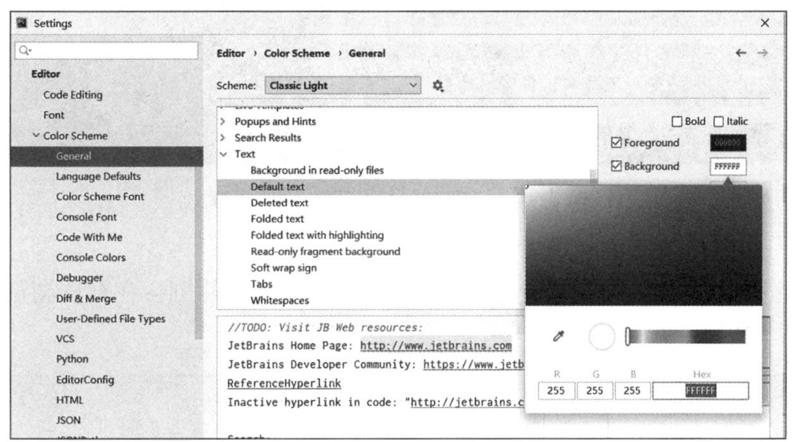

图 1-16　代码区背景色设置

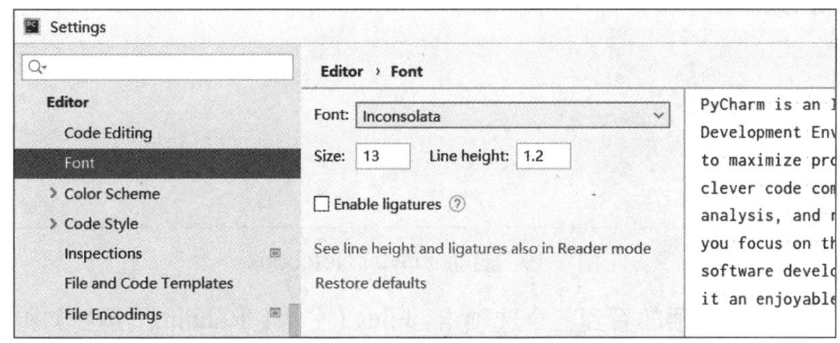

图 1-17　代码区字体设置

Jupyter Notebook 的主要特点如下：

（1）编程时具有语法高亮、缩进、Tab 补全的功能。

（2）可直接通过浏览器运行代码，同时在代码块下方展示运行结果。

（3）以富媒体格式展示计算结果。富媒体格式包括 HTML、LaTeX、PNG、SVG 等。

（4）对代码编写说明文档或语句时，支持 Markdown 语法。

（5）支持使用 LaTeX 编写数学性说明。

1. 安装 Jupyter Notebook

以管理员身份打开命令提示符窗口，先升级 pip 工具到最新版，再通过 pip 安装 Jupyter Notebook，安装过程如图 1-18 所示。

```
pip3 install --upgrade pip
pip3 install jupyter
```

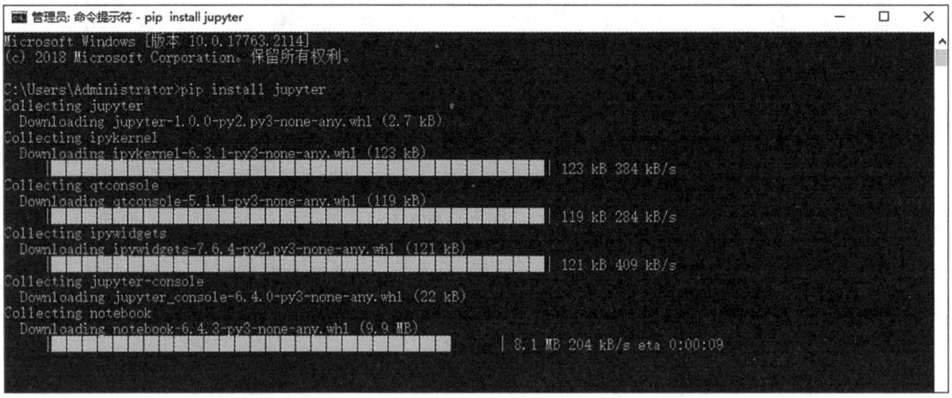

```
管理员: 命令提示符 - pip install jupyter
Microsoft Windows [版本 10.0.17763.2114]
(c) 2018 Microsoft Corporation。保留所有权利。

C:\Users\Administrator>pip install jupyter
Collecting jupyter
  Downloading jupyter-1.0.0-py2.py3-none-any.whl (2.7 kB)
Collecting ipykernel
  Downloading ipykernel-6.3.1-py3-none-any.whl (123 kB)
     |████████████████████████████████| 123 kB 384 kB/s
Collecting qtconsole
  Downloading qtconsole-5.1.1-py3-none-any.whl (119 kB)
     |████████████████████████████████| 119 kB 284 kB/s
Collecting ipywidgets
  Downloading ipywidgets-7.6.4-py2.py3-none-any.whl (121 kB)
     |████████████████████████████████| 121 kB 409 kB/s
Collecting jupyter-console
  Downloading jupyter_console-6.4.0-py3-none-any.whl (22 kB)
Collecting notebook
  Downloading notebook-6.4.3-py3-none-any.whl (9.9 MB)
     |██████████████████████████          | 8.1 MB 204 kB/s eta 0:00:09
```

图 1-18 Jupyter Notebook 安装过程

2. 使用 Jupyter Notebook

在命令提示符窗口中输入命令 Jupyter Notebook 启动，稍等片刻会在默认浏览器中自动打开操作界面，如图 1-19 所示。

localhost:8888/tree		
jupyter		Quit Logout
Files Running Clusters		
Select items to perform actions on them.		Upload New ▾
☐ 0 ▾ 📁 /	Name ↓	Last Modified / File size
☐ 0409		2 年前
☐ AdvancedInstallers		1 年前
☐ am-et		2 年前
☐ AMD		1 年前
☐ AppLocker		2 年前
☐ appraiser		20 天前

图 1-19 启动 Jupyter Notebook

Notebook 打开后，会在顶部看到三个选项卡：Files（文件）、Running（运行）和 Clusters（集群）。Files 选项卡中基本列出了所有的文件；Running 选项卡中显示当前已经打开的终端和 Notebooks；

Clusters 选项卡由 IPython parallel 包提供，用于并行计算。如果只是想启动 Jupyter Notebook 的服务器但不打算立刻进入主页面，可在终端中输入以下指令：

```
jupyter notebook--no-browser
```

（1）修改工作目录。项目保存的默认路径是 C:\Windows\System32，可以通过修改配置文件来修改工作目录，配置文件名称是 jupyter_notebook_config.py。

在 Windows 系统中默认存放路径为 C:\Users\<user_name>\.jupyter\。

在 Linux/macOS 系统中默认存放路径为 /Users/<user_name>/.jupyter/ 或～ /.jupyter/。

可通过以下命令查询到存放的实际位置：

```
jupyter notebook--generate-config
```

将配置文件中参数 .NotebookApp.notebook_dir 所在行行首的“#”删除，并将参数值修改为自定义的目录，如图 1-20 所示，配置会在软件重启后生效。

```

## The directory to use for notebooks and kernels.
#  Default: ''
 c.NotebookApp.notebook_dir = 'C:\Users\wy\JupyterProjects'

## Whether to open in a browser after starting.
#                               The specific browser used is platform dependent and
#                               determined by the python standard library `webbrowser`
#                               module, unless it is overridden using the --browser
#                               (NotebookApp.browser) configuration option.
```

图 1-20　修改项目保存的路径

（2）创建 Jupyter Notebook。单击页面右侧的 New 选项卡，可打开一个新的 Jupyter Notebook。New 选项卡中有四个选项可供选择：Python3、Text File（文本文件）、Folder（文件夹）、Terminal（终端）。

新建 Python3，会打开一个 Python 编辑器界面，如图 1-21 所示。

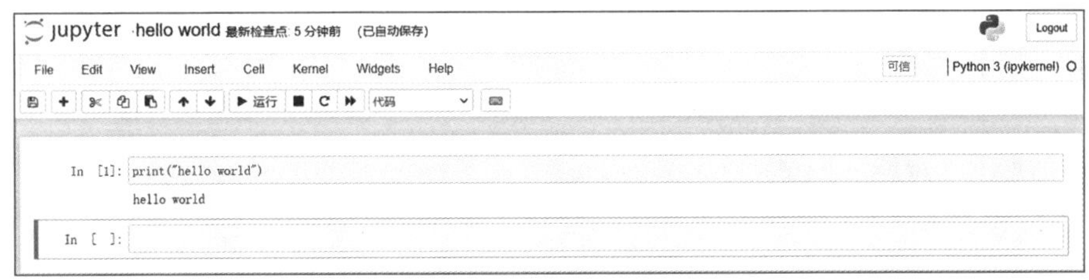

图 1-21　Python 编辑器界面

①在 Python3 编辑器界面中，第一行为主工具栏，提供了保存、导出、重载以及重启内核等全局操作；第二行是针对代码操作的功能快捷键，这里有个下拉框表示“单元格状态”，应选为“代码”或 code，代码区的 In[]: 即为单元格，可以把代码按单元格输入，并可以逐个单元格地运行。

②新建 Text File，会得到一个空白文档。它基本上是一个文本编辑器。也可以选择一种语言（支持非常多的语言），然后用该语言来编写脚本。还可以查找和替换文件中的单词。

③新建 Folder，会得到一个新的文件夹。可以完成存放文件、重命名或者删除操作。

④新建 Terminal，其工作方式与本地计算机中的终端完全相同，可支持终端会话。

（3）关闭 Jupyter Notebook。

①关闭Notebook：在主页面的Running选项卡中，单击对应Notebook的“关闭”按钮，如图1-22所示。

②关闭 Jupyter Notebook 服务：在主页面单击右上角的 Quit 按钮，如图 1-22 所示，或在命令提示符窗口中按【Ctrl+C】组合键（不保存，强制退出）。

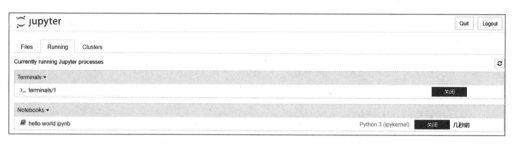

图 1-22　关闭 Jupyter Notebook 服务

1.4.4　在线编辑器

安装 Python 的过程并不复杂，但经常会碰到计算机因种种原因无法安装 Python，或手头只有手机、平板等移动智能设备可用，此时可以选用在线的 Python 编辑器，利用访问 Web 浏览器的方式去开发。

1. Python Tutor

Python Tutor 内置了一个调试器，允许每次执行一行，可查看程序的单步执行情况。基于此，它包含一个大多数编辑器没有的特性，就是记录程序在每一步的状态，因此在使用时可以后退返回上一步，其操作界面如图 1-23 所示。

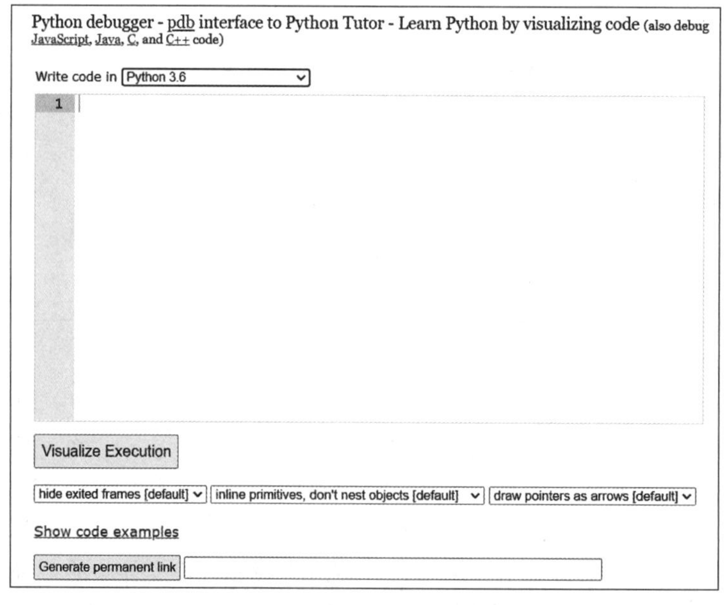

图 1-23　Python Tutor 操作界面

2. PythonAnywhere

PythonAnywhere 是非常流行的基于浏览器的解释器之一。使用时先注册一个免费账户，可以存储 Python 脚本，或者无须登录而只使用其 IPython 交互式 Shell。PythonAnywhere 支持几个不同的 Python 版本，安装了许多流行的 Python 第三方模块，并允许从一个虚拟硬盘中读写文件。其操作界面如图 1-24 所示。

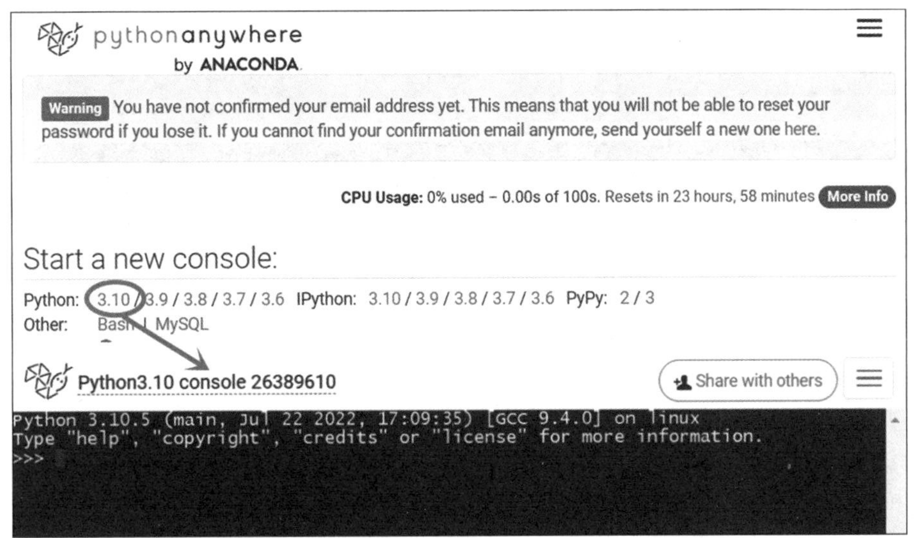

图 1-24　PythonAnywhere 操作界面

3. W3Schools Python Shell

W3Schools 是一家 Web 技术资源网站，提供全面的教程、完善的参考手册以及庞大的代码库，用户可以直接在线阅读文档、查看代码并进行调试。它有一个简单的 Python 编辑器，支持基本的语法高亮。它有大约 10 s 的运行时间限制，可运行简单的例子。其操作界面如图 1-25 所示。

图 1-25　W3Schools Python Shell 操作界面

4. OnlineGDB

OnlineGDB 是一个不错的编辑器，有很好的用户界面。其操作界面如图 1-26 所示。

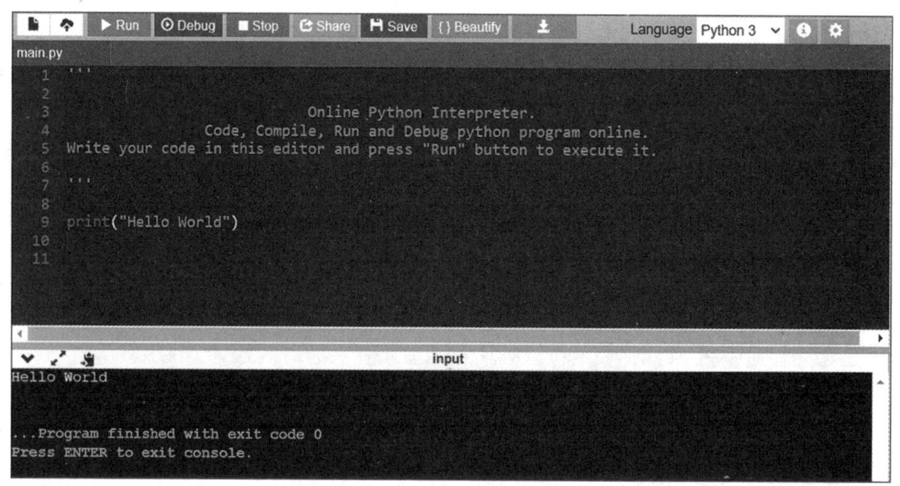

图 1-26　OnlineGDB 操作界面

总的来说，基于浏览器的 Python 解释器适合练习或开发简单项目使用，其缺点如下：

（1）不能使用 open( ) 函数读写文件，不能建立网络连接。

（2）不允许运行长时间的或者耗费大量内存的程序。

（3）无法安装第三方模块，如 NumPy、pandas、Requests、PyAutoGUI 或 Pygame（尽管有些会预装这些模块）。

（4）有些 Python 特性可能被禁用了。

（5）有些服务需要注册一个免费账户。

1.5 模块、包和库

Python 的流行主要依赖其有众多功能且强大的库（Library）。除了可以满足大多数基本需求的自带库外，还有丰富的第三方库可供选择。另外，还涉及模块（Module）和包（Package）的概念。

1. 模块

实际工程中，并不是只在一个文件中编写代码，随着程序复杂度提高、代码编写量增长，为了保证代码的可读性和可维护性，开发人员通常将代码根据功能性区分并据此放在不同的文件中，像这样一个个独立功能的代码文件就是模块。模块的文件扩展名为 .py，其中可定义一些常量和函数，该 .py 文件的名称就是模块的名称。使用模块时，将模块的名称作为一个全局变量 __name__ 被其他模块获取或导入。模块的导入使用 import 指令，可批量导入，实现方式如下：

```
import 模块 1，模块 2，…
```

Python 内置了很多标准模块，同时也正是由于其丰富且强大的第三方模块，使得 Python 有良好的应用生态。标准模块可以直接导入进行使用，第三方模块使用前则需进行安装操作，安装命令如下：

```
pip install 模块 1，模块 2，…
```

需要注意的是，pip 为在线工具，使用时需要有良好的网络环境。另外，使用 pip 时最好升级 pip，以获得最新的模块版本。pip 升级指令如下：

```
pip install --upgrade pip
```

2. 包

包体现了模块的结构化管理思想，包由模块文件构成，将众多具有相关功能的模块文件结构化组合形成包。从编程开发的角度看，两个开发者 A 和 B 有可能把各自开发且功能不同的模块文件取了相同的名字。如果第三个开发者通过名称导入模块，则无法确认导入的是哪个模块。为此，开发者 A 和 B 可以构建一个包，将模块放到包文件夹下，通过“包 . 模块名”来指定模块。示例：

```
import 包名称 . 模块名称
```

一个包文件一般由 __init__.py 和其他诸多 .py 文件构成。该 __init__.py 内容可以为空，也可以写入一些包执行时的初始化代码。init.py 是包的标志性文件，Python 通过一个文件夹下是否有 __init__.py 文件来识别文件夹是否为包文件。

3. 库

Python 中的库是借用其他编程语言的概念，没有特别具体的定义。Python 库着重强调其功能性。在 Python 中，具有某些功能的模块和包都可以被称为库。模块由诸多函数组成，包由诸多模块机构化组成，库中也可以包含包、模块和函数。

1.6 代码规范

良好的代码不仅是可用的，还应该是易维护的。规范的代码格式可增加代码的易读性，减少语法问题，提升编写效率。Python 有较严格的代码格式，这也是 Python 不同于其他编程语言之处。

1. 注释

为方便阅读和维护，代码编写时需要对关键的代码和重要的逻辑进行注释。

(1) 单行注释：注释可独占一行，以“#”开头，空一格后写注释内容；也可与代码同行在行尾注释，在 PyCharm 中可利用【Ctrl+/】组合键实现快速注释，再按一次该组合键可实现取消注释。

(2) 多行注释：三对双引号（推荐使用）或单引号包裹注释内容，通常用于说明函数或类的功能。也可以用鼠标选中多行代码，然后按【Ctrl+/】组合键实现多行注释。

2. 缩进

缩进常见于选择结构、函数定义、类定义、异常处理、循环等结构中，可体现代码的逻辑从属关系，以英文半角空格为基本单位。在 Python 中对缩进是有严格要求的，一般以四个空格表示一级缩进，级数相同的代码块应具有相同的缩进量。缩进可以通过【Tab】键控制，也可通过输入空格实现。缩进有误会提示以下异常：

```
IndentationError: expected an indented block after function definition on line 1
```

小提示：Python 3 不允许混合使用 Tab 符和空格。

3. 换行

在 PyCharm 代码区有一条灰色的虚线，如图 1-27 所示，这其实是一个限位标志，Python 建议每行代码不超过 79 个字符。Python 会隐式连接括号（圆括号、中括号和大括号）内的行，所以如果单行代码过多应该换行显示。

```
document.add_paragraph('first item in ordered list', style='List Number'
)

records = (
    (3, '101', 'Spam'),
    (7, '422', 'Eggs'),
    (4, '631', 'Spam, spam, eggs, and spam')
)
```

图 1-27　PyCharm 代码长度限位标志

4. 标识符命名

标识符就是名称，主要作用是指代变量、函数、类、模块等对象。Python 中不能随意定义标识符，既要起到区分、对应作用，也需要遵循以下规则：

（1）标识符是由英文字母（A ～ Z 和 a ～ z）、下画线和数字组成，但第一个字符不能是数字。

（2）标识符不能和 Python 中的关键字相同。

（3）标识符中，不能包含空格、@、% 以及 $ 等特殊字符。

（4）在 Python 中，标识符中的字母是严格区分大小写的，如 SUM、sum 是两个不同的标识符。

（5）在 Python 中，以下画线开头的标识符有特殊含义，应避免使用以下画线开头的标识符。例如：

_height，以单下画线开头的标识符表示不能直接访问的类属性。

__add，以双下画线开头的标识符表示类的私有成员。

__init__，以双下画线开头，再以双下画线开头结尾的标识符，是专用标识符。

本章小结

本章首先介绍了 Python 的热度、语言特点、主要应用等，然后介绍了 Python 自带编辑器 IDLE、第三方工具 PyCharm 和 Jupyter Notebook 的下载、安装及简单使用，最后介绍了 Python 模块的安装、导入与使用，以及编写代码过程中需要遵守的代码规范。

通过本章的讲解，希望读者能快速认识 Python 程序，能熟练搭建 Python 开发环境，并遵守代码编写规则。

拓展阅读

编程语言是为了方便人类与计算机进行交流而产生的。随着计算机技术的不断发展，优秀的编程语言越来越多，它们不断推动着计算机技术的发展。编程语言可大致分为低级语言、高级语言，每种语言都有其特定的用途和不同的发展轨迹。

低级语言主要包括机器语言以及汇编语言。计算机工作的本质是输入 / 输出 0 和 1，计算机也只能理解二进制。在计算机产生初期，编程人员只能使用基于二进制的指令集合控制计算机，这些指令集合就是机器语言。机器语言的主要缺点是难学、难写、难记、难检查、难修改，只有极少数的计算机专业人员会使用。汇编语言于 1947 年创建，用于通用计算机中的编程。其原理是编程人员在编译器中写入助记符，编译器会将这些文字指令翻译成二进制指令，再送到 CPU 执行。汇编语言的优点在于代码执行效率高，可控性强，适合用于嵌入式软件开发、操作系统开发和硬件驱动程序开发等领域。

高级语言是参照数学语言而设计的近似于日常会话的语言，一条汇编语言一般对应一条机器语言，但一行高级编程语言可能会转换成几十条二进制指令，而且使用高级语言编程不用关注寄存器或内存中的位置，相对低级语言而言有较高的可读性，更易理解。1957 年，IBM 公司的约翰·贝克斯（John Backus）创造出了第一个计算机高级语言——FORTRAN，程序中所用运算符和运算表达式很容易理解，使用也很方便，与同时期的汇编语言相比，可将代码量缩减至 1/20。当时一种编程语言和编译器通常只能运行于一种计算机，如果更换或升级计算机，所有程序可能需要重新编写。1959 年，工业界、学术界、政府计算机专家组成数据系统语言委员会，开发了可在不同机器上使用的“面向商业的通用语言”，简称 COBOL，之后的所有编程语言都参照 COBOL，实现“一次编写，到处运行”。1964 年，BASIC 语言正式发布，该语言只有 26 个变量名，17 条语句，12 个函数和 3 个命令。Pascal 语言是第一个结构化编程语言，具有语法严谨、层次分明等特点。1970 年，美国贝尔实验室的肯·汤普森（Ken Thompson）设计出了 B 语言。1972—1973 年，贝尔实验室的丹尼斯·麦卡利斯泰尔·里奇（Dennis M.Ritchie）在 B 语言的基础上设计出了 C 语言。1973 年，汤普森和里奇合作用 C 语言大量改写了 UNIX 操作系统。随着 UNIX 广泛使用，C 语言得到了很大的推广。

高级语言的发展分为两个阶段，以 1980 年为分界线，前一阶段属于结构化语言或者称为“面向过程”（Procedure Oriented）的语言，是以什么正在发生为主要目标进行编程，特点是将整个程序分解成若干函数，函数之间互相传递数据进行处理，强调数据和操作的分离，处理数据时没有对象的概念，适用于简单的程序，处理速度快，耗费内存少。1980 年至今属于面向对象语言阶段。

面向对象编程（Object Oriented Programming，OOP）是另一种计算机编程范式，其中程序员通过定义一系列的对象来实现计算机的功能。这些对象包含了数据和对应的操作，可以看作封装了数据和操作的小规模程序。其最突出的特点为封装性、继承性和多态性。后来对 C++ 进行了改装，产生了两种语言，一种是 Java，另一种是 C#。Java 于 1995 年推出，是一个普遍适用的软件平台，其具有易学易用、平台独立、可移植、多线程、健壮、动态、安全等主要特性，主要被运用于电信、金融、交通等行业的信息化平台建设。C# 于 2000 年 6 月发布，是由 C 和 C++ 衍生出的一种安全的、稳定的、简单的、优雅的面向对象编程语言。它在继承 C 和 C++ 强大功能的同时去掉了一些复杂特性，综合了 Visual Basic 简单的可视化操作和 C++ 的高运行效率，操作能力强大、支持面向组件编程，使得程序员可以快速地编写各种基于 Microsoft .NET 平台的应用程序。近年来除去在大数据和人工智能领域应用很广的 Python 外，用于编写 Web 应用程序的 Ruby，适用服务器编程、网络编程的 Go，解决高并发和高安全性的系统编程语言 Rust 等，都是面向对象类型的编程语言。在实际应用中，面向过程编程和面向对象编程可以相互补充，并且在某些情况下可以结合使用。

高级编程语言的出现，可使计算机接收相同的代码，不必接触 CPU 特有的汇编码和机器码，降低了编程门槛。随着编程技术的进一步发展，未来计算机编程语言将总体会向动态语言、并发编程等方向发展，而且结合人工智能技术，可将编程人员从重复、复杂工作中解放出来，编程体验将朝智能、高效、人性化趋势发展。

思考与练习

一、单选题

1. 下面关于 Python 代码的说法正确的是（　　）。
   A. Python 的代码缩进可由编程人员自由选择
   B. 由于 Python 的灵活性，其命名没有特定要求
   C. 要合理使用代码中的空格，避免不必要使用
   D. Python 代码的编排无特定要求，可随意换行
2. Python 自带的简单集成开发环境是（　　）。
   A. IDLE　　B. PyCharm　　C. PyDev　　D. Visual Studio Code
3. Python 程序源文件的扩展名是（　　）。
   A. .Python　　B. .pyc　　C. .pp　　D. .py
4. Python 是一种面向（　　）的高级计算机程序语言。
   A. 接口　　B. 对象　　C. 函数　　D. 服务
5. 下面关于 Python 代码的编排说法错误的是（　　）。
   A. 代码换行时使用反斜杠
   B. 代码可随意换行和空行
   C. 一个函数的代码尽量能显示在一个屏幕内
   D. 类中的函数尽量适中，不要过多
6. 下面关于 Python 代码的注释说法错误的是（　　）。
   A. # 这是注释 A　　B. // 这是注释 B
   C. ''' 这是注释 C'''　　D. """ 这是注释 D"""
7. 在 PyCharm 代码编辑时可使用（　　）组合键注释。
   A.【Shift+Enter】　　B.【Ctrl+Alt+I】
   C.【Shift+F10 】　　D.【Ctrl+/】
8. IDLE 中用于显示编辑器的输出，也可用于编写运行单行 Python 语句的窗口是（　　）。
   A. 编辑器窗口　　B. 计算窗口　　C. Shell 窗口　　D. 配置窗口
9. 关于 Python 变量命名规则，说法错误的是（　　）。
   A. 变量名可以字母或下画线开头，但不能以数字开头
   B. 变量名不能包含空格，但可使用下画线来分隔其中的单词
   C. 不能将 Python 关键字和函数名用作变量名
   D. 在变量名中使用大写字母不会导致错误，所以变量名大小写随使用

10. 关于 Python 程序缩进的描述，以下选项中错误的是（　　）。

A. Python 语言不采用严格的"缩进"来表明程序的格式框架

B. Python 单层缩进代码属于之前最邻近的一行非缩进代码，多层缩进代码根据缩进关系决定所属范围

C. Python 语言的缩进可以采用 Tab 键实现

D. 判断、循环、函数等语法形式能够通过缩进包含一批 Python 代码，进而表达对应的语义

二、多选题

1. IDLE 包含的类型窗口有（　　）。

A. 编辑器窗口　　B. 计算窗口　　C. Shell 窗口　　D. 配置窗口

2. 下面关于 Python 描述正确的是（　　）。

A. Python 是一种解释型的高级计算机程序语言

B. Python 不是跨平台的程序语言

C. Python 解释器负责将 Python 代码翻译成机器语言

D. Python 简洁，易于人们理解和学习

3. 集成开发环境所拥有的功能有（　　）。

A. 代码编写功能　　B. 分析功能　　C. 编译功能　　D. 调试功能

4. PyCharm 描述正确的是（　　）。

A. PyCharm 是由 JetBrains 推出的一款 Python 集成开发环境

B. PyCharm 拥有调试、语法高亮、项目管理、代码跳转、智能提示、自动完成、单元测试、版本控制等功能

C. PyCharm 社区版是免费提供的

D. PyCharm 中可以非常方便地安装第三方库

5.Python 代码风格一般是指（　　）。

A. 缩进　　B. 命名　　C. 空格　　D. 编排

三、判断题

1. 计算机能直接识别高级程序语言。（　　）

2. Python 是跨平台的程序语言，它可以运行在 Windows、Mac 和各种 Linux/UNIX 系统上。（　　）

3. 可以在 PyCharm 项目视图区创建项目，在项目中创建 Python 文件。（　　）

4. Python 代码注释一般分为单行注释和多行注释。（　　）

5. PyCharm 免费社区版功能足以满足学习需求。（　　）

四、简答题

1. 简述 Python 语言的特点及主要应用。

2. 简述在 Linux 中安装 Python 的主要步骤。

3. 简述如何导入与使用模块。

第2章 Python基础

知识目标

• 熟悉变量的定义和使用；掌握常用数据类型和运算符的使用方法。

能力目标

• 能够使用变量、数据类型和运算符编写简单的程序代码。

素质目标

• 培养学生思考及动手能力，提高学生自主学习能力。

学习一门编程语言，首先要掌握该编程语言的基础知识。本章将详细介绍 Python 中的变量、基本数据类型及数据类型间的转换，然后介绍各类运算符的使用。

2.1 变量

变量是编程的起点。所有的编程语言都支持变量，Python 也不例外。在 Python 中不需要声明变量，但是要对变量进行赋值，赋值以后该变量才会被创建，且在定义变量时不需要指定类型，而是由为变量赋值的数据的类型所决定。Python 中数据类型可以分为数字型和非数字型，其中数字类型主要有整型（int）、浮点型（float）、复数类型（complex）、布尔类型（bool），非数字类型包括字符串、元组、列表、字典、集合等。实际使用过程中，可以将不同类型的数据赋值给同一个变量，所以变量的类型是可以改变的。

变量

2.1.1　变量的赋值

在 Python 中，使用变量前要先进行赋值。变量的赋值通过等号（=）来实现，等号左边是变量名，右边是向变量中存储的数据，语法格式如下：

```
变量名 =value
```

变量赋值即创建变量，所以赋值之后就可以直接使用了。

例 2-1　创建一个变量 name 并进行赋值。

```
name= 张三
```

例 2-1 中创建的变量为字符串类型的，如果给变量赋值的是一个数字，那么该变量就会成为一个数字型变量。

例 2-2　创建一个变量 age 并赋值一个数字。

```
age=20              # 创建变量 age 并赋值为 20，该变量为数字型的
```

由此可见，变量的类型是可变的，这取决变量赋值的数据类型。Python 中可以用 type( ) 函数获取变量所指对象的类型。

例 2-3　type( ) 函数查看变量类型。

```
name= 张三
print(type(name))
age=20
print(type(age))
```

运行结果如下：

```
<class 'str'>
<class 'int'>
```

在 Python 中，允许为多个变量赋值同一个数据，称为连续赋值。

例 2-4　为 number1、number2、number3 三个变量均赋值 100。

```
number1=number2=number3=100
```

除此之外，还可以同时为多个变量赋值不同类型的数据，称为交叉赋值。

例 2-5　为 name，age，number 三个变量进行交叉赋值。

```
name,age,number=' 张三 ',20,10
```

其中，name 为字符型，age 和 number 为数字型。

2.1.2　变量的命名规则

变量的命名必须遵守相关的语法规范，否则运行时会报错。命名规则如下：

（1）变量名由数字、字母和下画线“_”组成，但是不能以数字作为第一个字符。

（2）严格区分大小写，两个同样的字符，大写和小写格式不同，所表示的意义就是完全不同的。例如，number、Number、NUMBER 代表的是完全不相关的三个变量。

（3）不能和 Python 关键字（保留字）相同。如 is、for、print 都是关键字。可以使用以下命令查看 Python 中的关键字：

```
import keyword
print(keyword.kwlist)
```

运行结果如下：

```
['False', 'None', 'True', 'and', 'as', 'assert', 'async', 'await', 'break',
'class', 'continue', 'def', 'del', 'elif', 'else', 'except', 'finally', 'for',
'from', 'global', 'if', 'import', 'in', 'is', 'lambda', 'nonlocal', 'not', 'or',
'pass', 'raise', 'return', 'try', 'while', 'with', 'yield']
```

小提示：在定义变量时，在“=”的两边各加一个空格；如果变量名由多个单词组成时，单词之间可以使用 _（下画线）连接，如 first_number、last_number...... 这些命名规则是变量命名时一种习惯用法，并不是强制规则。

2.1.3 变量的输入和输出

1. 变量的输入

变量的输入是指用代码接收用户从键盘输入的内容并将接收到的字符串作为返回值，一般将该值赋给一个变量以便后续使用。在 Python 中，使用 input( ) 函数获取用户从键盘上输入的信息，其基本格式如下：

```
variable=input("提示文字")
```

其中，variable 为存储用户输入信息的变量，双引号中是用于提示用户要输入相应的信息，可不写，直接输入字符。例如，想要获取用户从键盘输入的姓名，并存储到变量 name 中，其实现代码如下：

```
name=input("请输入姓名：")
```

这里，用户输入的任何内容都会被当作字符串来处理。如果想要实现输入数字类型，需要进行类型转换。例如，想要输入整型的数字，其实现代码如下：

```
age=int(input("请输入年龄："))
```

例 2-6 实现两个数值的相加。

```
a=int(input("请输入 a 的值："))
b=int(input("请输入 b 的值："))
c=a+b
print(c)
```

运行结果如下：

```
请输入 a 的值：1
请输入 b 的值：2
3
```

2. 变量的输出

输出是将程序运行结果向用户展示。Python 中使用 print() 函数将信息以字符串形式输出到屏幕。其基本格式如下：

```
print(输出的内容)
```

例 2-7　print( ) 函数的简单使用。

```
print("hello")
print(100)
print("我爱"+ "中国")
print( )            #输出空行
```

运行结果如下：

```
hello
100
我爱中国
```

例 2-8　输出变量值。

```
name='张三'
print(name)
age=20
print(age)
```

运行结果如下：

```
张三
20
```

结合使用表示不同类型的数据。比如 %s 表示字符串；%d 表示十进制整数；%f 表示是浮点数。

例 2-9　请输出以下内容：我的名字叫张三，今年 18 岁。

```
name='张三'
age=18
print("我的名字叫%s，今年%d岁。" % (name,age))
```

运行结果如下：

```
我的名字叫张三，今年18岁。
```

2.2 基本数据类型

在 Python 中，内存中的存储数据可以使用多种类型。变量的数据类型是由该变量的赋值数据的数据类型来决定的。本节将详细介绍 Python 中常用的基本数据类型。

2.2.1 数字型

在 Python 中，数字型有整型（int）、浮点型（float）、复数类型（complex）、布尔类型（bool）。下面分别介绍这四种类型。

1. 整型

整型就是指没有小数部分的数字，Python 中的整型包括正整数、0 和负整数。Python 可以处理任意大小的整数。可容纳的整数取值范围不受限制，无论是很小的数字，还是很大的数字，Python 都可以处理，所以 Python 中的整数只有一种类型，不需要根据数字大小选用不同的数字类型。

在 Python 中，整数可以用不同的进制来表示，如十进制整数、二进制整数、八进制整数和十六进制整数。

（1）十进制整数。十进制整数由 0 ～ 9 的十个数字组合而成，是大家最熟悉的整数表现形式。例如，10、0、-1020、111111111111111 等这些都是十进制整数。在使用十进制整数时，不能以 0 作为数字的开头（本身值为 0 除外）。

（2）二进制整数。二进制整数仅由 0 和 1 两个数字构成。在使用二进制时以 0b 或 0B 开头。例如，0b101（十进制数为 5）、0B1010（十进制为 10）。

（3）八进制整数。八进制整数由 0 ～ 7 八个数字组合而成。在使用八进制时以 0o 或 0O 开头（第一个是数字 0，第二个是大 / 小写的字母 O）。例如，0o120(十进制为 80)、-0O101（十进制为 -65）

（4）十六进制整数。十六进制整数由 0 ～ 9 十个数字和 A ～ F（a ～ f）六个字母组合而成。使用十六进制时以 0x 或 0X 开头（第一个是数字 0，第二个是大 / 小写的字母 X）。例如，0x1a（十进制为 27）、0X2B（十进制为 43）。

例 2-10　整数的使用。

```
a=123
print(a)
b=0b1111011
print(b)
c=0o173
print(c)
d=0x7b
print(d)
```

运行结果如下：

```
123
123
123
123
```

由结果可知，同一数字可以用不同进制表示。例 2-10 中，在变量赋值时采用了不同进制的表现形式，但是运行结果都为数字 123。

2. 浮点型

浮点型是指带小数的数字，由整数部分和小数部分组成。Python 中的浮点数有两种表示形式。

（1）十进制形式。十进制是大家熟悉的表示形式，如 12.5、24.0、0.1。浮点数必须包含一个小数点，否则会在运行时被当作整数处理。

（2）科学记数法形式。科学记数法是以指数形式表示为 *a*E*n* 或 *a*e*n*，一般是特别小或者特别大的浮点数会使用这种表示方法。其中，*a* 为尾数部分，是一个十进制小数；*n* 为指数部分，是一个十进制整数；E 或 e 是固定字符，含义相同，就是以 10 为底的幂的指数，整个表达式等价于 $a\times10^n$。

例 2-11　科学记数法示例。

1.2E5=1.2×10^5，其中 1.2 是尾数，5 是指数。

0.6E−2=0.6×10^{-2}，其中 0.6 是尾数，−2 是指数。

3. 复数类型

复数是 Python 的内置类型，可以直接使用。复数的表示形式与数学中一样，由实部和虚部相加组成，复数的虚部用 j 或 J 表示，具体形式为 real+imagj。其中，real 为实部，imag 为虚部，虚数部分后面加字符 j 或 J。复数的实数部分和虚数部分都为浮点数。例如 1.5+2.5j、2−3.4j、3J。

例 2-12　复数的实数和虚数部分。

```
a=1+0.6j
print(a.real)
print(a.imag)
```

运行结果如下：

```
1.0
0.6
```

4. 布尔类型

布尔类型用布尔值 True 和 False 来表示。True 的值是 1，False 的值是 0。

常用的布尔型的运算有 and、or 和 not 运算，运算规则如下：

（1）and 与运算，只有所有都为 True 时，其结果才能为 True。

（2）or 或运算，只有其中有一个为 True 时，其结果就为 True。

（3）not 非运算，它是一个单运算，非 True 为 False，非 False 为 True。

例 2-13　布尔运算示例。

```
x=True
y=False
print(x and y)
print(x or y)
print(not x)
print(not y)
```

运行结果如下：

```
False
True
False
```

```
True
```

布尔值也可以和数字进行运算，如 True+10=11。布尔运算比表达式的优先级要低。

例 2-14 布尔值与数字运算。

```
print(1<2 and 1<0)
```

运行结果如下：

```
False
```

2.2.2 字符串

字符串格式化

字符串是由一串连续的字符组成的，一般使用 ''（单引号）、""（双引号）或 ''''''/""""""（三引号）括起来，引号本身是一个符号，不属于字符串的一部分。字符串的内容可以使用任意字符，既可以是英文字符，也可以是中文字符。

例 2-15 字符串示例。

```
str1='Hello world'
print(str1)
str2="I'm fine"
print(str2)
```

运行结果如下：

```
Hello world
I'm fine
```

小提示：上述例题中字符串 I'm fine 本身包括 "'" 字符，所以使用引号的嵌套来处理，用不同的引号将字符串括起来。

1. 字符串的转义

在 Python 中，字符串中常常存在一些以反斜杠 "\" 表示有特殊含义的字符，这些字符称为转义字符。具体说明见表 2-1。

表 2-1 常用的转义字符

转义义符	说明	转义义符	说明
\	续行符（在行尾）	\n	换行符
\\	反斜杠符号本身	\r	回车
\'	单引号	\f	换页
\"	双引号	\oyy	八进制数
\b	空格	\xyy	十六进制数

小提示：\o、\x 后跟的数字是根据 ASCII 码表，如 \o12 代表换行。

如果单引号或者双引号本身就是字符串中的字符，需要使用转义字符 "\" 来处理。

例 2-16　转义字符"\'"的使用。

```
str2='I\'m fine'
print(str2)
```

运行结果如下：

```
I'm fine
```

当程序中使用的字符串特别长需要换行时，可以在行尾加上转义字符"\"续行符，表示下一行和上一行是在同一行。

例 2-17　续行符"\"的使用。

```
str3='this is a very long \
string'
print(str3)
```

运行结果如下：

```
this is a very long string
```

当字符串长度超过一行时，必须使用三引号将长字符串括起来赋值给变量，因为单引号与双引号不可以跨行。例如：

```
str3='''this is a very long
    string'''
print(str3)
```

小提示：由于字符串中的转义字符都使用"\"开头，因此当字符串本身含有"\"时，就需要使用"\\"对其进行转义。例如，最常用的路径"C :\Windows\users\01"，程序中需要写成"C :\\Windows\\users\\01"，当路径较多时，需要写多个"\\"，此时可使用以"r"开头的原始字符，原始字符串不会对"\"进行转义。因此，路径可写成 r"C :\Windows\users\01"。

2. 字符串拼接

字符串拼接就是将多个字符串拼接到一起，即合并为一个字符串。一般使用"+"连接多个字符串。

例 2-18　字符串的拼接。

```
str1='Hello, '
str2='World'
print(str1+str2)
```

运行结果如下：

```
Hello, World
```

有时候，需要将字符串和数值拼接到一起，而 Python 中是不能将字符串和数值直接拼接的，必须先将数值转换成字符串。可以用 str() 或 repr() 函数把数值转换成字符串。

例 2-19　字符串和数值拼接。

```
a=10
str1='是一个数字'
print(str(a)+str1)              #使用 str( )将数值转换成字符串
print(repr(a)+str1)             #使用 repr( )函数将数值转换成字符串
```

运行结果如下：

```
10是一个数字
10是一个数字
```

3. 字符串截取

一个字符串中包含多个字符，而这些字符都是有顺序的，这个顺序号称为索引（index）。Python 中可以通过这个索引来截取字符串中的单个或者多个字符。具体的语法格式如下：

```
strname[index]                  #截取单个字符
strname[start:end:step]         #截取多个字符
```

strname 表示字符串名字。

index 表示索引值。字符串开头向后的索引从 0 开始依次计数；字符串末尾向前的索引从 −1 开始。

start 表示截取的首个字符的索引（包含该字符）。默认值为 0，从字符串的第一个字符开始截取。

end 表示截取的最后一个字符的索引（不包含该字符）。默认为字符串的最后一个字符。

step 表示距离。从 start 开始，每个 step 截取一个字符，直至 end 索引处的字符。默认值为 1，可省略。

例 2-20 单个字符串截取。

```
str1='Hello world'
print(str1[1])
print(str1[-1])
```

运行结果如下：

```
e
d
```

例 2-21 多个字符串截取。

```
str1='Hello World'
print(str1[1:4])            #截取从索引 1 到 4 的字符子串
print(str1[1:-3])           #截取从索引 1 到 -3 的字符子串
print(str1[2:8:2])          #从索引 1 到 8，每隔 2 个字符取出一个字符
print(str1[3:])             #截取从索引 2 开始到末尾的字符子串
print(str1[:5])             #截取从开始到索引 5 的字符子串
```

运行结果如下：

```
ell
```

```
ello Wo
loW
lo World
Hello
```

4. 字符串格式化

Python 支持格式化字符串的输出。常用格式化输出有两种方式：百分号 % 和 format。format 的功能要比百分号 % 方式强大。format 可以自定义字符填充空白、字符串居中显示、转换二进制、整数自动分割、百分比显示等功能。

(1)% 格式化。格式化输出字符串使用 % 格式符，其格式为：格式化字符串 % 被格式化的值（可以是一个值，也可以是多个值）。常见的格式化符号见表 2-2。

表 2-2　字符串格式化符号

符　号	说　明	符　号	说　明
%s	格式化字符串	%u	格式化无符号整数
%d	格式化整数	%o	格式化无符号八进制数
%f	格式化浮点数	%x	格式化无符号十六进制数
%c	格式化字符及其 ASCII 码	%X	格式化无符号十六进制数（大写）
%e	用科学记数法格式化浮点数	—	—

% 字符串格式化最基本的用法是将一个或者多个值插入有字符串格式符 % 的字符串中。

例 2-22　格式化字符串的使用方法。

```
str1='我的名字是%s' %'张三'
print(str1)
str2='我的名字是%s, 今年%d岁.' % ('张三', 23)
print(str2)
```

运行结果如下：

```
我的名字是张三
我的名字是张三，今年23岁
```

由例 2-22 可知，在字符串中的 %s 和 %d 都是字符串格式化符号（s 表示字符串格式，d 表示整数），字符串中有几个 % 占位符，后面就写相同数量的变量值，顺序要一一对应。

(2) str.format 格式化。format 格式化是通过 { } 和 : 来代替 % 的一种方法。format() 函数不限制参数的个数，位置也可不按顺序。例如：

```
str1="我的名字是{ }, 今年{ }岁"
print(str1.format('张三',23))
str2="我的名字是{1}, 今年{0}岁"
print(str2.format(23,'张三'))
```

```
str3="我的名字是{name}，今年{age}岁"
print(str3.format(name='张三',age=23))
```

str1 中使用 { } 作为占位符，str2 使用 { 整数 } 作为占用符，str3 使用 { 变量名 } 作为占用符。也可以混合使用，比如 { } 和 { 整数 } 混用、{ 整数 } 和 { 变量名 } 混用。

2.2.3 数据类型转换

Python 的变量可以赋值不同的数据类型，但有时也需要进行数据类型的转换。数据类型转换可以使用内置函数，这些函数是将数据类型作为函数名，最后返回一个转换后的新值。常用的数据类型转换函数见表 2-3。

表 2-3 常用数据类型转换函数

函 数 数 式	说 明
int(x)	将 x 转换为整数
float(x)	将 x 转换为小数
complex(real, imag)	创建一个复数（real 为实数，image 为虚数）
str(x)	将 x 转换为字符串
chr(x)	将 x 转换为对应 ASCII 字符
repr(x)	将 x 转换为字符串格式
unichr(x)	将 x 转换为 Unicode 字符
ord(x)	将 x 转换为它的整数值
hex(x)	将 x 转换为十六进制数
oct(x)	将 x 转换为八进制数
del(x)	删除变量 x

例 2-23 使用 int( )、float( )、str( ) 函数实现类型转换。

```
a=int(1.2)      #强制转换为整型 1
print("a 数据类型为：",type(a))
b=float(2)      #强制转换为浮点型 2.0
print("b 数据类型为：",type(b))
c=str(3.0)      #强制转换为字符串类型
print("c 数据类型为：",type(c))
```

运行结果如下：

```
a 数据类型为：<class 'int'>
b 数据类型为：<class 'float'>
c 数据类型为：<class 'str'>
```

例 2-24　使用 hex( ) 函数和 oct( ) 函数将数字 8 转换为十六进制数和八进制数。

```
print(hex(8))
print(oct(8))
```

运行结果如下：

```
0x8
0o10
```

2.3 运算符

运算符是用于数学计算、比较大小和逻辑运算的一些特殊字符。Python 中常用的运算符有算术运算符、赋值运算符、比较运算符、逻辑运算符等。不同的运算符和变量一起组成表达式，然后再进行各种运算。下面介绍几种常用的运算符。

2.3.1　算术运算符

算术运算符应用较多，用于完成一些基本算数运算。运算规则与数学中的运算相同，先乘除后加减，通过加 ( ) 可以调整计算的优先级。Python 中常用的算术运算符见表 2-4。

表 2-4　算术运算符

运　算　符	说　　明	实　例
+	加，两个对象相加	a+b
-	减，两个对象相减，结果可以是负数	a-b
*	乘，两个对象相乘或字符串重复多次	a*b
/	除，两个数相除，返回浮点数	a/b
//	取整除数，返回整数部分	a//b
%	取模，返回除法的余数	a%b
**	幂（a**b, 返回 a 的 b 次方）	a**b

例 2-25　算术运算符的使用。

```
a=10
b=20
x=a+b                # 加法运算
print("加法 :",x)
x=a-b                # 减法运算
```

```
print("减法:",x)
x=a/b                    #除法运算
print("除法:",x)
x=a%b                    #取模运算
print("取模:",x)
```

运行结果如下：

```
加法:30
减法:-10
除法:0.5
取模:10
```

2.3.2 赋值运算符

赋值运算符主要用于给变量赋值，可以使用基本赋值运算符“=”直接把值赋给变量，也可以跟算术运算符结合使用，经过运算之后再赋值给左边的变量。Python 中常用赋值运算符见表 2-5。

表 2-5 赋值运算符

运 算 符	说 明	实 例
=	简单的赋值运算符	a=10 将 10 赋值给 a
+=	加法赋值运算符	a+=b 等同于 a=a+b
-=	减法赋值运算符	a-=b 等同于 a=a-b
*=	乘法赋值运算符	a*=b 等同于 a=a*b
/=	除法赋值运算符	a/=b 等同于 a=a/b
//=	取整数赋值运算符	a//=b 等同于 a=a//b
%=	取模赋值运算符	a%=b 等同于 a=a%b
**=	幂赋值运算符	a**=b 等同于 a=a**b

在使用赋值运算符前，需要对变量进行初始化。

例 2-26 赋值运算符的使用。

```
a=20
b=6
c=a+b                    #简单的赋值
print("1.",c)
c+=a                     #加法赋值
print("2.",c)
c*=b                     #乘法赋值
print("3.",c)
```

运行结果如下：

```
1. 26
2. 46
3. 276
```

2.3.3　比较运算符

比较运算符也称为关系运算符，用来比较两个变量或者表达式的大小，结果返回布尔值 True 或 False。比较运算符通常会用在条件语句中进行判断。Python 中常用比较运算符见表 2-6。

表 2-6　比较运算符

运　算　符	说　　明	实例（假设变量 a 为 10，b 为 5）
==	等于，比较两个对象是否相等	a==b 返回 False
!=	不等于，比较两个对象是否不相等	a!=b 返回 True
>	大于	a > b 返回 True
<	小于	a < b 返回 False
>=	大于等于	a >=b 返回 True
<=	小于等于	a <=b 返回 False

例 2-27　比较运算符的使用。

```
a=2
b=6
print(a==b)
print(a!=b)
print(a>b)
print(a<b)
print(a>=b)
print(a<=b)
```

运行结果如下：

```
False
True
False
True
False
True
```

2.3.4 逻辑运算符

逻辑运算符是对布尔值（True 或 False）进行运算，并且得到的结果仍为一个布尔值。Python 中的逻辑运算符见表 2-7。

表 2-7 逻辑运算符

运 算 符	说 明	实 例
and	逻辑与运算	True and False=False
or	逻辑或运算	True or False=True
not	逻辑非运算	not True=False

例 2-28 逻辑运算符的使用。

```
a=True
b=False
print(a and b)
print(a or b)
print(not a)
print(not(a and b))
```

运行结果如下：

```
False
True
False
True
```

2.3.5 位运算符

位运算符是二进制数字运算，参与运算的两个值的二进制数值按位运算。Python 中的位运算法见表 2-8。

表 2-8 位运算符

运 算 符	说 明	实 例
&	与运算，1 &1 为 1，其余为 0	a & b
|	或运算，0|0 为 0，其余为 1	a | b
^	异或运算，相异为 1，相同为 0	a ^ b
~	取反运算，1 变为 0，0 变为 1	~ a
<<	向左移动指定位数	a << n
>>	向右移动指定位数	a >> n

例 2-29 位运算符的使用。

```
a=10            #10=1010
b=6             #6=0110
c=a & b
print("1. ",c)
c=a | b
print("2. ",c)
c=a ^ b
print("3. ",c)
c= ～ a
print("4. ",c)
c=a<<2
print("5. ",c)
```

运行结果如下：

```
2
14
12
-11
40
```

2.4 实训案例——爱心表白

2.4.1 任务描述

Turtle 库是 Python 中一个很流行的绘制图像的函数库，它从一个横轴为 x、纵轴为 y 的坐标系原点 (0,0) 位置开始，根据一组函数指令的控制，在这个平面坐标系中移动，像一只小海龟，在爬行的路径上绘制了图形。请利用 Turtle 库，绘制图 2-1 所示的“爱心表白”图形。常用绘图命令如下：

图 2-1 “爱心表白”图形

turtle.forward(distance)：前进 distance 指定的距离，方向为海龟的朝向。

turtle.right/left(angle)：右转 / 左转 angle 角度。

turtle.penup( )：移动时不绘制图形，提起笔，用于另起一个地方绘制时用。

turtle.pendown( )：移动时绘制图形，落笔。

turtle.goto(x,y)：将画笔移动到坐标为（x, y）的位置。

2.4.2 实现思路

（1）绘制爱心框图，具体尺寸如图 2-2 所示，长度单位为 px（像素）。以右半爱心说明：提笔至 (0,150) 坐标，“笔迹”默认向 x 正轴方向运动，向左偏转 45°，向前移动 150 px 距离；向右偏转 45°至水平，向前移动 100 px 距离；向右偏转 45°，向前移动 100 px 距离；向右偏转 45°至垂直向下，向前移动 100 px 距离；向右偏转 45°，向前移动至 y 轴（连接辅助线，可算出 e 长度）。

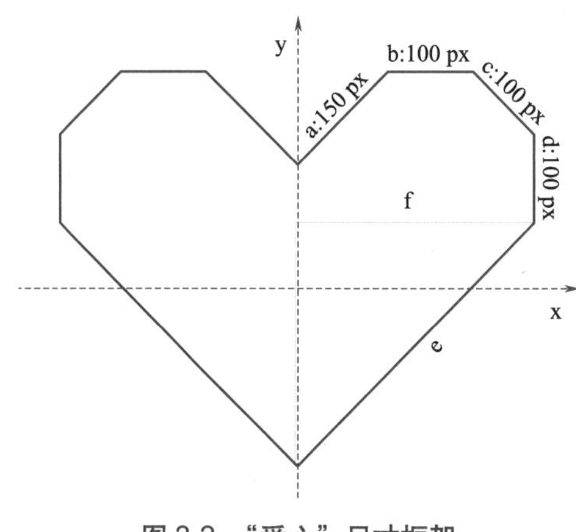

图 2-2 “爱心”尺寸框架

（2）填充所绘制心形框图。开始绘制框图前先使用 begin_fill( ) 方法做标记，绘制结束后使用 end_fill( ) 方法结尾，使用 fillcolor(*args') 方法设置填充色，可将’red’等字符串作为变量。

（3）设计爱心内字母位置。“I”和“U”位置对称，“I”左上角位于 (-105,200)，宽 100 px，高 100 px。“LOVE”这四个字母略小，各 50 px 宽、80 px 高。

2.4.3 代码实现

```
import turtle
import math
turtle.screensize( )        # 可添加参数设置画布大小及颜色，返回默认大小 (400,300)
tur=turtle                  # 实例化
tur.penup( )                # 移动时不绘制图形，提起笔，用于另起一个地方绘制时用
tur.goto(0,150)
tur.pendown( )              # 落下画笔，之后移动画笔将绘制形状
tur.pencolor('red')         # 设置画笔颜色
tur.begin_fill( )           # 准备填充，在绘制要填充的形状之前调用
tur.fillcolor('red')        # 设置图形填充颜色
tur.speed(5)                # 设置绘画速度
tur.left(45)                # 箭头左转 45° （初始 x 正轴方向）
tur.forward(150)            # 前进 150 px 距离，方向为箭头的朝向
tur.right(45)               # 箭头右转 45°
tur.forward(100)
```

```
tur.right(45)
tur.forward(100)
tur.right(45)
tur.forward(100)
tur.right(45)
tur.forward(250+math.sqrt(2)*100)       # 具体距离为 250+100 √2
tur.right(90)
tur.speed(5)
tur.forward(250+100*math.sqrt(2))
tur.right(45)
tur.forward(100)
tur.right(45)
tur.forward(100)
tur.right(45)
tur.forward(100)
tur.right(45)
tur.forward(150)
tur.end_fill( )                         # 填充上次调用 begin_fill() 之后绘制的形状
# 绘制文字
#tur.goto(-10,0)
tur.right(45)                           # 控制箭头向下
tur.pencolor('white')
tur.pensize(5)                          # 调整画笔宽度
tur.speed(1)
#I
tur.penup( )
tur.goto(-205,200)
tur.pendown( )
tur.goto(-105,200)
tur.goto(-155,200)
tur.goto(-155,100)
tur.goto(-105,100)
tur.goto(-205,100)
#L
tur.penup( )
tur.goto(-106,80)
tur.pendown( )
tur.goto(-106,0)
tur.goto(-56,0)
#O
tur.penup( )
tur.goto(-50,40)
```

```
tur.pendown( )
tur.circle(25, extent=360)
#V
tur.penup( )
tur.goto(5,80)
tur.pendown( )
tur.goto(30,0)
tur.goto(55,80)
#E
tur.penup( )
tur.goto(140,80)
tur.pendown( )
tur.goto(90,80)
tur.penup( )
tur.goto(140,40)
tur.pendown( )
tur.goto(90,40)
tur.goto(90,80)
tur.goto(90,0)
tur.goto(140,0)
#U
tur.penup( )
tur.goto(105,200)
tur.pendown( )
tur.goto(105,150)
tur.circle(50, extent=180)
tur.goto(205,200)
```

爱心中“O”和“U”弧度的绘制通过使用画圆函数 circle(radius,extent=None) 实现。其中参数 radius 指定弧度所在圆的半径，参数 extent 为轨迹始末夹角，比如半圆的取值为 180，圆心位置在笔迹箭头左边 radius 个单位，如果 radius 为正值则朝逆时针方向绘制圆弧，否则朝顺时针方向。绘制圆弧时要注意笔迹箭头的朝向，绘制完心形框架时，笔迹箭头与 x 轴夹角为 45°，需要将箭头向右偏转 45°，此时就会绘制出“U”正确的圆弧部分。

本章小结

本章介绍了 Python 中变量的用法，包括变量的赋值、变量的命名及变量的输入 / 输出和变量；然后介绍了 Python 中常用的基本数据类型，包括整型、浮点型、复数等；最后学习了各种运算符，并附了相应的实例。通过本章的学习，能够熟练地使用 Python 的各类型数据和运算符，为后面的学习打下良好的基础。

拓展阅读

中国是世界四大文明古国之一。在世界数学发展史上，中国的数学成就占有相当重要的位置。在人类文化发展的初期，中国人对数学的研究成果，实际上远远领先于古巴比伦和古埃及。早在五六千年以前，中国人就发明了简洁的数学符号，到了三千多年前的商朝（公元前 1600—前 1046 年），刻在甲骨和陶器上的数字已经十分常见。通过对当时甲骨文的研究，发现其中有表示一、十、百、千、万……的 13 种计数单位，甲骨卜辞中甚至还有奇数、偶数和倍数的概念。春秋战国时期，我国就已经能熟练地运用十进位制算筹记数法，它和现代通用的十进位笔算记数法基本一样。秦始皇统一六国以后，发布了统一度量衡制度的法令。汉代刘徽在《九章算术注》中介绍，开方不尽时用十进分数（微数，即小数）去逼近，首先提出了关于十进小数的概念。西汉末年，制定了全国通用的新标准，那时基本上都采用十进制了。这些记数文字的形状，在后世虽有所变化而成为现在的写法，但记数方法却从未中断，一直被沿袭，并日趋完善。十进位值制的记数法是古代世界中最先进、科学的记数法，对世界科学和文化的发展有着不可估量的作用。

中国人最早使用十进制的另一个例证，是现行数字符号 0 原本起源于中国的古籍。中国古人在删除文章中错字的时候，采用的就是“圈除”这种方法，久而久之，0 就成为表示“不存在”，也就是“零”的符号了。而古印度正式使用 0 这个符号，已经是公元 876 年前后的事了。只有表示“零”的符号 0 产生后，人类发明的十进制才算完备。因此，中国是当之无愧的“十进制故乡”。

在计算数学方面，中国大约在商周时期已经有了四则运算，到春秋战国时期整数和分数的四则运算已相当完备。其中，出现于春秋时期的正整数乘法歌诀“九九歌”，堪称是先进的十进位记数法与简明的中国语言文字相结合之结晶，这是任何其他记数法和语言文字所无法产生的。从此，“九九歌”成为数学的普及和发展最基本的基础之一，一直延续至今。其变化只是古代的“九九歌”从“九九八十一”开始，到“二二如四”止，而现在是由“一一得一”到“九九八十一”。中国古人发明的算盘，则被世界公认为现代计算机的前身。

微积分的创始人之一——法国数学家莱布尼茨认为，中国是现代计算机理论中“二进制”的故乡。莱布尼茨认为，《易经》中的八卦图形，所记录的内容就是“二进制”的思想。按照他的说法，《易经》中的“太极生两仪，两仪生四象，四象生八卦……”无疑就是“二进制”思想的体现了。所以说，古代中国的数学家，不愧为现代数学理论的奠基人；古代中国的数学研究成果，不愧为现代数学理论的基础。

思考与练习

一、单选题

1.Python 不支持的数据类型有（　　）。

A. char　　B. int　　C. float　　D. list

2. 下列选项中合法的标识符有（　　）。

A. _7a_b　　B. break　　C. _a$b　　D. 7ab

3. 运行指令 print(type(1/2)); 的结果类型是（　　）。

A. 0.5　　B. int　　C. double　　D. float

4. 执行代码 a=9 b=2 a**=b print(a) 的结果是（　　）。

A. 18　　B. 81　　C. 11　　D. 7

5. 执行代码 print(18<<2) 的结果是（　　）。

A. 72　　B. 36　　C. 9　　D. 4

6. 下列数据中不属于字符串的是（　　）。

A. ‘hm’　　B. “hello”　　C. “py02”　　D. Word

7. 当需要在字符串中使用特殊字符时，Python 使用（　　）作为转义字符。

A. \　　B. /　　C. #　　D. %

8. 假设 x=1，则 x*=3+5**2 的运算结果是（　　）。

A. 27　　B. 28　　C. 语法错误　　D. 0

9. 表示 x 与 y 之取余的运算符是（　　）。

A. x / y　　B. x%y　　C. x//y　　D. x**y

10. 关于字符串下列说法错误的是（　　）。

A. 单引号和双引号的作用相同

B. 字符串以 \0 标志字符串的结束

C. 既可以用单引号，也可以用双引号创建字符串

D. 双引号和三引号的作用不同

二、多选题

1. 下列关于 Python 中标识符的命名规则，正确的有（　　）。

A. 标识符可以由字母、下画线和数字组成

B. 标识符可以用数字开头

C. 区分字母大小写

D. 类名一般使用首字母大写的单词

2. 下列选项中，符合规范的变量名是（　　）。

A. a#6B　　B. _2ab　　C. ab_A2　　D. AB9

3. 下列选项中，Python 支持的数据类型有（　　）。

A. int　　B. char　　C. float　　D. Dict

4. 整数类型常用的计数方式有（　　）。

A. 二进制　　B. 八进制　　C. 十进制　　D. 十六进制

5. Python 的多行注释使用的符号是（　　）。

A. 三对双引号　　B. 三对单引号　　C. 两对双引号　　D. 两对单引号

6. 如果想实现人机交互的功能，需要使用的函数是（　　）。

A. input()　　B. print()　　C. int()　　D. float()

三、判断题

1. Python 变量名必须以字母或下画线开头，并且区分字母大小写。 ( )
2. Python 变量使用前必须先声明，并且一旦声明就不能在当前作用域内改变其类。 ( )
3. 在 Python 中 0xad 是合法的十六进制数字表示形式。 ( )
4. 判断以下变量使用是否正确：print=8 b 。 ( )
5. 复数的实数部分 real 和虚数部分 imag 都是浮点型。 ( )
6. Python 中的标识符不区分大小写。 ( )
7. 字符串中第一个字符的索引是 0。 ( )

四、编程题

1. 编程演示 == 操作符。

（1）使用数字 print(5==6)。

（2）使用变量 x=5y=8print(x==y)。

2. 编写并运行以下程序内容：

```
a="Hello"
b="Python"
print("a+b 输出结果: ",a+b)
print("a*2 输出结果: ",a*2)
print("a[1] 输出结果: ",a[1])
print("a[1:4] 输出结果: ",a[1:4])
```

第3章

数据结构

知识目标

• 掌握序列、列表和字典的概念；掌握列表和字典的常用操作。

能力目标

• 能够在程序代码中正确使用序列、列表和字典。

素质目标

• 培养学生思考及动手能力，提高学生自主学习能力。

数据结构是由数字、字符甚至其他数据结构以某种方式组合在一起的数据元素的集合。Python 中常见的数据结构有列表、元组、字典和集合。其中，列表和元组属于序列（sequence）类型，是一组元素的顺序组合；而字典属于映射（mapping）类型，映射类型是“键 - 值”数据项的组合，每个元素是一个键值对；集合既不是序列，也不是属于映射。下面将介绍列表、元组、字典和集合的基本操作。

3.1 序列

序列（sequence）数据类型是 Python 的基础数据结构，是一组有顺序的元素的集合。序列数据类型是 Python 内置的组合数据类型，可以实现复杂数据的处理。

3.1.1 序列数据概述

序列数据可以包含一个或多个元素（元素可以是其他序列数据），也可以是一个没有任何元素的空序列。

Python 内置的序列数据类型包括元组（tuple）、列表（list）和字符串（str）。下面以列表和元组为例进行说明。

元组也称定值表，用于存储值固定不变的表。定义元组格式如下：

```
t1=(1,2,3)
```

打印输出 t1，其结果为 (1,2,3)。打印输出 t1[2]，其结果为 3。

列表也称为表，用于存储其值可变的表。定义列表格式如下：

```
l2=[1,2,3]
```

列表在定义后可对其数据进行修改，如 l2 [2] = 4，此时打印输出 l2，其结果为 [1,2,4]。

3.1.2 序列数据的基本操作

1. 长度、最大值、最小值、求和

通过内置函数 len( )、max( )、min( ) 可以获取序列的长度、序列中元素的最大值、序列中元素的最小值；内置函数 sum( ) 可以获取列表或元组中的各元素之和。如果有非数值元素，则导致 TypeError；对于字符串 (str)，也将导致 TypeError。

例 3-1 序列数据的求和示例。

```
t1=(1,2,3,4)
print(sum(t1))
t2=(1,'a',2)
print(sum(t2))
s='1234'
print(sum(s))
```

运行结果如下：

```
10
TypeError: unsupportedoperandtype(s) for+:'int'and'str'-11
TypeError: unsupportedoperandtype(s) for+:'int'and'str'
```

例 3-2 序列的长度、最大值、最小值操作示例。

```
s='chinese'
print(len(s))
print(max(s))
print(min(s))
t=(1,4,9)
print(len(t))
print(max(t))
print(min(t))
lst=[2,3,7,8,0]
print(len(lst))
```

```
print(max (lst))
print(min(lst))
```

运行结果如下：

```
7
's'
'c'
3
9
1
5
8
0
```

2. 索引

序列是可迭代对象，如有一个序列 s，可以通过索引下标访问序列 s 的元素，如 s[i]。

假设序列 S='Python'，序列 S 的索引下标示意图如图 3-1 所示。

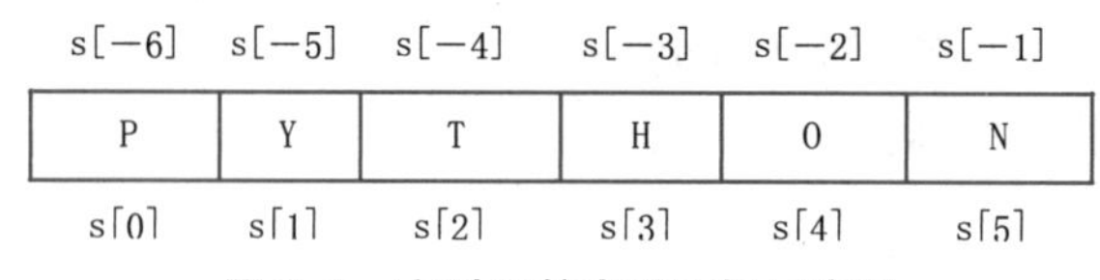

图 3-1 序列 S 的索引下标示意图

索引下标从 0 开始，第 1 个元素为 s[0]，第 2 个元素为 s[l]，依此类推，最后一个元素为 s[len(s)−1]。

小提示：如果索引下标越界，则报错 IndexError: string index out of range；如果索引下标不是整数，则报错 TypeError: string indices must be integers。

例 3-3 序列的索引访问示例。

```
s='abcdef
print(s[0], s[2], s[3], s[-1])
t=('a','e','i','o','u')
print(t[0], t[1], t[-1], t[-5])
lst=[1,2,3,4,5]
print(lst[0], lst, lst[2], lst[-2])
```

运行结果如下：

```
a c d f
a e u a
1 [1, 2, 3, 4, 5] 3 4
```

3. 切片

切片（slice）操作可以理解为截取序列 s 的一部分。切片操作的基本形式如下：

```
s[i: j]
```

或者

```
s[i: j: k]
```

其中，i 为序列开始下标（包含 s[i]）；j 为序列结束下标（不包含 s[j]）；k 为步长。如果省略 i，则从下标 0 开始；如果省略 j，则直到序列结束为止；如果省略 k，则步长为 1。

小提示：下标也可以为负数。如果截取范围内没有数据，则返回空元组；如果超过下标范围，则不报错。

例 3-4　序列的切片操作示例。

```
s='abcdef'
print(s[1:3], s[3:10], s[:2], s[::2])
t=('a','b','c','d','e')
print(t[-2:-1], t[-2:], t[::],t[1:-1])
lst=[1,2,3,4,5 ]
print(lst[:2], lst[:1], lst[1:], lst[:])
```

运行结果如下：

```
be def ab ace
('d',) ('d', 'e') ('a', 'b', 'c', 'd', 'e') ('b', 'c', 'd')
[1, 2] [1] [2, 3, 4, 5] [1, 2, 3, 4, 5]
```

4. 比较和排序

两个序列支持比较运算操作（＜，＜=，==，!=，＞=，＞），字符串比较运算按顺序逐个元素进行比较。

例 3-5　序列的比较运算示例。

```
s1='abc'
s2='abc'
s3='abcd'
s4='cba'
print(s1>s4,s2<=s3,s1==s2,s1!=s3)
t1=(1,2)
t2=(1,2)
t3=(1,2,3)
t4=(2,1)
print(t1<t4,t1<=t2,t1==t3,t1!=t2)
s1=['a','b']
s2=['a','b']
s3=['a','b','c']
s4=['c','b','a',]
print(s1<s2,s1<=s2,s==s2,s1!=s3)
```

运行结果如下：

```
False True True True
```

```
True True False False
False False False True
```

对于一个序列，通过内置函数 sorted( ) 可以返回该序列的排序列表。内置函数 sorted( ) 的使用方法如下：

```
sorted(iterable,key=None,reverse=False)
```

其中，iterable 是可迭代类型；key 是用于计算比较键值的函数(带一个参数)，如 key=str.lower( )；reverse 是排序规则，默认为正序排列，reverse=True 表示反序。

例 3-6 序列的排序操作示例。

```
s1='AcbF'
print(sorted(s1))
print(sorted(s1,key=str.lower))
print(sorted (s1,key=str.lower, reverse=True))
s2=[1,8,2]
print(sorted(s2))
print(sorted(s2,reverse=True))
```

运行结果如下：

```
['A','F','b','c']
['A','b','c','F']
['F','c','b','A']
[1,2,8]
[8,2,1]
```

3.2 列表

列表 (list) 是一组元素有序排列的数据结构，是 Python 中最常用到的数据类型之一。Python 中使用中括号 [ ] 来创建列表。在创建一个列表后，用户可以访问、修改、添加或删除列表中的元素，即列表是可变的数据类型。在 Python 中没有数组，可以使用列表代替。

列表

3.2.1 列表的创建

1. 使用列表赋值创建列表

列表赋值采用在方括号中以逗号分隔，其基本形式如下：

```
list=[x1,x2,…,xn]
```

例 3-7 使用列表赋值创建列表实例对象的示例。

```
list1=[ ]                                   #空列表
list2=[1,2,3,4,5]                           #元素为 int 型
list3=['Python','程序设计','高级语言']        #元素为 String 型
```

```
list4=['小君',18,98.5]                    #元素为混合类型
```

大家可能会疑惑，创建一个空列表有什么作用？在实际开发中，可能无法提前预知列表中包含多少个元素及每个元素的值，只知道将会用一个列表来保存这些元素。当有了空列表后，程序就可以向这个列表中添加元素。此处需注意，列表中的元素是可变的，这意味着可以向列表中添加、修改和删除元素。

2. 使用列表生成式创建列表

列表生成式也称列表解析表达式，可以简单、高效地处理一个可迭代对象，并生成结果列表，通常用于快速生成一个列表。列表生成式的形式如下：

```
[expr for il in 序列1 if cond_expr]
```

表达式 expr 使用每次迭代的序列 1内容计算生成一个列表。如果指定了条件表达式 cond_expr，则只有满足条件的元素参与迭代。

例 3-8　列表生成式示例。

```
list1=[i**2 for i in range(10)]
print(list1)
list2=[i for i in range(10) if i% 2==0]
print(list2)
```

运行结果如下：

```
[0,1,4,9,16,25,36,49,64,81]
[0,2,4,6,8]
```

本例实现输出两个列表，一个是 0 ～ 9 的平方值组成的列表，另一个是由 0 ～ 9 之间的偶数组成的列表。

3.2.2　列表的序列操作

列表支持序列的基本操作，包括索引访问、切片操作、连接操作、重复操作、成员关系操作、比较运算操作，以及求列表的长度、最大值、最小值等。

列表是可变对象，故用户可以改变列表对象中元素的值，也可以通过 del 删除某元素，使用方法如下：

```
del s[下标]
```

列表是可变对象，故用户可以改变其切片的值，也可以通过 del 删除切片，使用方法如下：

```
del s[i:j]          #移去列表的一系列元素，等同于s[i:j]=[]
```

del 删除切片等同于如下方法：

```
s[i: j]=[]
```

列表的切片与字符串的切片类似，列表的切片可以从列表中取得多个元素并组成一个 新列表。

例 3-9　列表的索引、切片示例。

```
list1=[1,2,3,4,5,6,7,8]
```

```
print(list1[1])
print(list1[-2])
print(list1[2:6])
print(list1[2:6:2])
print(list1[:6] )
print(list1[2:])
```

运行结果如下：

```
2
7
[3,4,5,6]
[3,5]
[1,2,3,4,5,6]
[3,4,5,6,7,8]
```

值得注意的是，对原列表进行切片操作后返回一个新列表，原列表并没有发生任何变化。

3.2.3 列表的常用操作

列表中存储了不同数据类型的元素，当创建完了表后，就需对这些元素进行操作，常用的有修改元素、添加元素、删除元素、统计元素个数等。

1. 修改元素

修改列表中的元素非常简单，只需索引需要修改的元素并对其赋新值即可。

例 3-10 修改列表中的元素。

```
list1, list2=['Python','Java','C'],[1,2,3]
list1[0],list1[1]='www.baidu.com','www.163.com'
print(list1)
list1[1:]=list2[0:2]
print(list1)
```

运行结果如下：

```
['www.baidu.com','www.163.com','C']
['www.baidu.com',1,2]
```

2. 添加元素

向一个列表中添加元素，可以使用表 3-1 中的内置函数。

表 3-1 列表添加元素常用函数

函　数	说　明
append (obj)	在列表末尾添加元素 obj
extend (seq)	在列表末尾一次性添加另一个序列 seq 中的多个元素
insert (index, obj)	将元素 obj 插入列表的 index 位置处

例 3-11　向列表中添加元素。

```
list1, list2=[ ], ['www.baidu.com','www.163.com']
list1.append('edu')
print(list1)
list1.extend(list2)
print(list1)
list1.insert(1,'program')
print(list1)
```

运行结果如下：

```
['edu']
['edu',' www.baidu.com','www.163.com']
['edu','program','www.baidu.com','www.163.com']
```

本例代码中，第 2 行通过 append( ) 函数向空列表 listl 中添加元素 'edu'；第 4 行通过 extend( ) 函数向列表 list1 末尾依次添加 list2 中的元素；第 6 行通过 insert( ) 函数向列表 list1 中下标为 1 处添加元素 'program'。

3. 删除元素

在列表中删除元素的方法有多种，常用函数见表 3-2。

表 3-2　列表删除元素常用函数

函　数	说　明
pop (index=−1)	删除列表中 index 处的元素（默认 index=−1），并且返回该元素的值
remove (obj)	删除列表中第一次出现的 obj 元素
clear( )	删除列表中所有元素

例 3-12　列表中删除元素。

```
list=['edu','language','program','百度','Python']
name=list.pop( )
print(list,name)
name=list.pop(1)
print(list,name)
list.append('edu')
print(list)
list.remove('edu')
print(list)
list.clear( )
print(list)
```

运行结果如下：

```
['edu','language','program','百度'] Python
['edu','program','百度'] language
['edu','program','百度','edu']
['program','百度','edu']
[ ]
```

本例代码中，第 2 行通过 pop( ) 函数删除列表 list 中最后一个元素并将删除的元素赋值给 name；第 4 行通过 pop( ) 函数删除列表中下标为 1 处的元素并将删除的元素赋值给 name；第 6 行向列表中添加元素 'edu'，此时列表中有两个 'edu'；第 8 行删除列表中第一次出现的 'edu' 这个元素。

4. 统计元素个数

count( ) 函数可以统计列表中某个元素的个数。

例 3-13 统计列表中某个元素的个数。

```
list=['高等教育','高级语言','程序设计','高级语言']
print(list.count('高级语言'))
```

运行结果如下：

```
2
```

本例代码中第 2 行使用 count( ) 函数统计列表 list 中元素 '高级语言' 的个数。

3.3 元组

元组（tuple）是一组有序序列，包含零个或多个对象引用。元组和列表类似，但元组是不可变的对象，即用户不能修改、添加或删除元组中的元素，仅可以访问元组中的元素。元组中是使用小括号 ( ) 的一系列元素。

3.3.1 元组的创建

使用元组赋值创建元组实例对象。元组赋值采用在圆括号中以逗号分隔的元素定义，圆括号可以省略。其基本形式如下：

```
x1,x2,x3,…,xn
```

或者

```
(x1,x2,x3,…,xn)
```

其中，xl, x2, …, xn 为任意对象。

例 3-14 使用元组赋值创建元组实例对象。

```
t1=1,2,3
t2=( )
```

```
t3=1,
t4='a','b','c'
t5=2.0
il=(1)
print (tl,t2,t3,t4,t5,il)
```

运行结果如下：

```
(1,2,3) ( ) (1,) ('a','b','c') 2.0 1
```

小提示：如果元组中只有一个元素，则后面的逗号不能省略。这是因为 Python 解释器将 (x1) 解释为 x1。例如，将 (1) 解释为整数 1，将 (1,) 解释为元组。

用户也可以通过创建 tuple 对象来创建元组，其基本形式如下：

```
tuple( )          #创建一个空元组
tuple(iterable) #创建一个元组，包含的项目为可枚举对象 iterable 中的元素
```

例 3-15　使用 tuple 对象创建元组实例对象的示例。

```
t1=tuple( )
t2=tuple("abc")
t3=tuple([1,2,3])
t4=tuple(range(3))
print(t1,t2,t3,t4)
```

运行结果如下：

```
( ) ('a','b','c') (1,2,3) (0,1,2)
```

3.3.2　元组的序列操作

元组支持序列的基本操作，包括索引访问、切片操作、连接操作、重复操作、成员关系操作、比较运算操作，以及求元组的长度、最大值、最小值等。

例 3-16　元组的序列操作示例。

```
t1=(1,2,3,4,5,6,7,8,9,10)
print(len(t1))
print(max(t1))
print(sum(t1))
```

运行结果如下：

```
10 10 55
```

元组可以使用下表索引来访问元组中的一个元素，也可以使用切片访问多个元素。

例 3-17　元组的索引操作示例。

```
tuple=('高等教育','高级语言','程序设计')
print(tuple[0])
```

```
tuple1=tuple[0:-1]
print(tuple1)
tuple2=tuple [1:]
print(tuple2)
```

运行结果如下：

```
高等教育
('高等教育','高级语言')
('高级语言','程序设计')
```

初学者学习元组时，可能会疑惑既然有列表，为什么还需要元组，这是因为元组的速度比列表快。如果定义了一系列常量值，而所作的操作仅仅是对它进行遍历，那么一般使用元组而不是列表。元组对需要修改的数据进行保护，这样将使得代码更加安全。一些元组可用作字典键。

3.3.3 元组的常用操作

元组的常用操作涉及元组的遍历、元组的运算和元组与列表转换等。本节将对这些内容进行详细讲述。

1. 元组的遍历

元组的遍历与列表的遍历类似，都可以通过 for 或 while 循环实现。

例 3-18 元组的遍历示例。

```
tuple=('高等教育','高级语言','程序设计')
for name in tuple:
print(name)
```

运行结果如下：

```
高等教育
高级语言
程序设计
```

for 循环依次将列表中的元素赋值给 name，并通过 print( ) 函数输出。

2. 元组的运算

元组的运算与列表的运算类似。

例 3-19 元组的运算示例。

```
tuple1=('高等教育','高级语言','程序设计')
tuple2=('Python','baidu')
print(tuple1+tuple2)
print(tuple2*3)
print('高等教育' in tuple1)
print('Java' not in tuple2)
```

运行结果如下：

```
('高等教育','高级语言','程序设计','Python','baidu')
```

```
('Python','baidu','Python','baidu','Python','baidu')
True
True
```

3. 元组与列表转换

list( ) 函数可以将元组转换为列表，而 tuple( ) 函数可以将列表转换为元组。

例 3-20　元组和列表之间的转换示例。

```
tuple1=('高等教育','高级语言','程序设计')
list1=list(tuple1)
print(list1)
tuple2=tuple(list1)
print(tuple2)
```

运行结果如下：

```
['高等教育','高级语言','程序设计']
('高等教育','高级语言','程序设计')
```

本例代码中第 2 行通过 list( ) 函数将元组 tuple1 转换为列表 list1；第 4 行通过 tuple( ) 函数将列表 list1 转换为元组 tuple2。

3.4 字典

列表与元组都是通过下标索引元素，由于下标不能代表具体的含义，为此 Python 提供 了另一种数据类型——字典，这为编程带来了极大的便利。

3.4.1 字典的概念和创建

1. 字典的概念

在现实生活中，字典可以查询某个词的语义，即词与语义建立了某种关系，通过词的索引便可以找到对应的语义。

字典

在 Python 中，字典也如现实生活中的字典一样，使用“词 - 语义”的方式进行数据构建，其中词对应键（key），语义对应值（value），即键与值构成某种关系，通常将两者称为键值对，这样通过键可以快速找到对应的值。

字典也是由元素构成的，但与之前所学的列表和元组不同，字典中的每个元素都是一个键值对，构造形式如下：

```
d={key1:value1,key2:value2,…}
```

字典可由多个元素构成，元素之间用逗号隔开，整体用大括号括起来。每个元素是一个键值对，键与值之间用冒号隔开，如 key1 : value1，其中 key1 是键，value1 是值。

因为字典是通过键来索引值的，所以键必须是唯一的，而值并不要求不唯一，例如：

```
student={'name':'小明','name':'小明','score1':98,'score2':98}
```

```
#如运行print(student)，结果为{'name':'小明','score1':98,'score2':98}
```

在 student 字典中，有两个元素的键为 'name'，有两个元素的值为 98。从输出结果可看出，如果字典中存在相同键的元素，那么只会保留后面的元素；如果键不同，那么值可以相同。另外，键不能是可变数据类型（如列表），而值可以是任意数据类型，例如：

```
student={['name1','name2']:'小刚'}  #TypeError: unhashable type:'list'
```

该语句在程序运行时会引发错误。

通过以上的学习，可以总结出字典具有以下特征：字典中的元素是以键值对的形式出现的；键不能重复，而值可以重复；键是不可变数据类型，而值可以是任意数据类型。

2. 字典的创建

了解了字典的概念后，接下来学习如何创建一个字典。

（1）创建空白字典：

```
dict={ }                                        #创建了一个空字典
```

（2）创建字典时指定元素：

```
dict={'name':'小明','id':'1100018','score': 99}  #在创建字典时指定其中的元素
```

字典中的值可以取任何数据类型，但键必须是不可修改的，如字符串、元组。例如：

```
dict={'1100099': ['小刚',98],( 2001,'大一'): ['小明',99] }
```

（3）使用 dict( ) 创建字典。

例 3-21 使用 dict( ) 创建字典。

```
items=[('name','小明'),('score',98)]              #列表
d=dict(items)
print(d)
```

运行结果如下：

```
{'name':'小明','score':98}
```

本例代码中，第 1 行定义了一个列表，列表中的每个元素为元组；第 2 行通过 dict( ) 函数将列表转换为字典并赋值给 d。此外，在使用 dict( ) 函数时，还可以通过设置关键字参数创建字典。

例 3-22 设置 dict( ) 的关键字参数创建字典。

```
d=dict(name='小明',score=98)
print(d)
```

运行结果如下：

```
{'name':'小明','score':98}
```

本例代码中，第 1 行通过设置 dict( ) 中参数来指定创建字典的键值对。

3.4.2　字典的常用操作

在实际开发中，字典使得数据表示更加完整，因此它是应用最广的一种数据类型。想要熟练运用字典，就必须熟悉字典中常用的操作。字典的常用操作包括计算字典中元素个数，访问字典元素值，修改字典元素值、添加字典元素、删除字典元素等，下面将对这些操作进行详细介绍。

1. 计算字典中元素个数

与前面所学的序列类型数据相同，字典中元素的个数可以通过 len( ) 函数来获取。

例 3-23　通过 len( ) 函数获取字典中元素的个数。

```
dict={'百度':'北京大学','Python':'高级语言'}
print(len(dict))
```

运行结果如下：

```
2
```

2. 访问字典元素值

列表与元组是通过下标索引访问元素值，字典则是通过元素的键来访问值。

例 3-24　访问字典元素值。

```
dict={'百度':'北京大学','Python':'高级语言'}
print(dict['百度'] )
print(dict['Python'] )
```

运行结果如下：

```
北京大学
高级语言
```

本例代码中，第 2 行与第 3 行通过键访问所对应的值并通过 print( ) 函数输出。如果访问不存在的键，则运行时程序会报错。有时不确定字典中是否存在某个键而又想访问该键对应的值，则可以通过 get( ) 函数实现。

例 3-25　get( ) 函数的用法示例。

```
dict={'百度':'北京大学', 'Python':'高级语言'}
name1=dict.get('go')                # 不存在该键时，返回 None，而不是报错
print(name1)
name2=dict.get('百度')              # 存在该键时，返回对应的值
print(name2)
name3=dict.get('Java','编程')       # 不存在该键时，返回指定值，即第 2 个参数
print(name3)
```

运行结果如下：

```
None
北京大学
编程
```

本例代码中，第 2 行通过 get( ) 函数获取 'go' 对应的值，字典中不存在这个键，此时返回 None，而不是报错；第 4 行通过 get( ) 函数获取 ' 百度 ' 对应的值，字典中存在这个键，此时返回 ' 北京大学 '；第 6 行通过 get( ) 函数获取 'Java' 对应的值，字典中不存在这个键，此时返回指定值 ' 编程 '。

3. 修改字典元素值

字典中除了通过键访问值外，还可以通过键来修改值。

例 3-26 修改字典中元素的值。

```
std={'name':'小明','score':99}
print(std)
std['name']='小君'
std['score']=100
print(std)
```

运行结果如下：

```
{'name':'小明','score':99}
{'name':'小君','score':100}
```

本例代码中，第 3 行与第 4 行通过键修改所对应的值。从运行结果可发现，修改后字典中的元素的值发生了变化。

4. 添加字典元素

通过键修改值时，如果键不存在，则会在字典中添加该键值对。

例 3-27 向字典中添加元素。

```
std={'name':'Python','score':100}
std['name']='C#'           # 该键存在，修改键对应的值
std['age']=18              # 该键不存在，添加该键值对
print(std)
```

运行结果如下：

```
{'name': 'C#',' score': 100,'age': 18}
```

本例代码中，第 2 行修改键 'name' 时所对应的值为 'C#'；第 3 行原本是修改键 'age' 的值为 18，但因该键不存在，因此将键值对 ('age':18) 添加到字典中。此外，还可以通过 update( ) 函数修改某键对应的值或添加元素。

例 3-28 update( ) 函数的用法。

```
std={'name':'小明','score':100}
new={'name':'小君'}
std.update(new)            # 修改键所对应的值
print(std)
add={'age':18}
std.update(add)            # 添加元素
print(std)
```

运行结果如下：

```
{'name':'小君','score':100}
{'name':'小君','score':100,'age':18}
```

本例代码中，第 2 行修改键 'name' 所对应的值为 '小君'；第 5 行将键值对 ('age' : 18) 添加到字典 std 中。

5. 删除字典元素

删除字典中的元素可以通过“del 字典名［键］”的格式实现。

例 3-29　删除字典中指定的元素。

```
std={'name':'小明','score':100}
del std['score']
print(std)
```

运行结果如下：

```
{'name':'小明'}
```

本例代码中，第 2 行通过 del 删除字典中的键值对 ('score' : 100)。

如果想删除字典中所有元素，则可以使用 clear( ) 函数实现。

例 3-30　删除字典中的所有元素。

```
std={'name':'小明','score':100}
std.clear( )
print(std)
```

运行结果如下：

```
{ }
```

本例代码中，第 2 行通过 clear( ) 函数删除字典中所有的元素，此时该字典变为一个空字典。

注意：使用“del 字典名”可以删除字典，删除后，字典就完全不存在了。

例 3-31　通过 del 删除字典。

```
std={'name':'小明','score':100}
del std
print(std)
```

运行结果如下：

```
NameError: name 'std' is not defined.
```

本例代码中，第 2 行通过 del 删除字典，第 3 行试图访问删除后的字典，程序会提示 std 未定义。

6. 复制字典

有时需要将字典复制一份以便用于其他操作，原字典数据不受影响，这时可以通过 copy( ) 函数来实现。

例 3-32　复制一个字典。

```
std={'name':'小明','score':100}
```

```
s=std.copy( )
del s['score']
print(s)
print(std)
```

运行结果如下：

```
{'name':'小明')
{'name':'小明','score':100)
```

本例代码中，第 2 行通过 copy( ) 将字典 std 中数据复制一份赋值给字典 s；第 3 行删除字典 s 中的元素 ('score':100)。从运行结果可发现，程序对字典 s 的操作并不会影响字典 std。

7. 获取字典中的所有键

keys( ) 函数可以获取字典中所有元素的键。

例 3-33 获取字典中所有元素的键。

```
std={'name':'小明','score':100}
print(std.keys( ))
for key in std.keys( ):
    print(key)
```

运行结果如下：

```
dict_keys(['name','score'])
name
score
```

本例代码中，第 2 行打印 keys( ) 函数的返回值；第 3、4 行通过 for 循环遍历 keys( ) 函数返回值并打印每一项。

8. 获取字典中的所有值

values( ) 函数可以获取字典中所有元素键所对应的值。

例 3-34 获取字典中所有元素键所对应的值。

```
std={'name':'小明','score':100}
print (std.values( ))
for value in std.values ( ):
    print(value)
```

运行结果如下：

```
dict_values(['小明',100])
小明
100
```

本例代码中，第 2 行打印 values( ) 函数返回值并打印每一项；第 3 行和第 4 行通过 for 循环遍历 values( ) 函数返回值并打印每一项。

9. 获取字典中所有的键值对

items( ) 函数可以获取字典中所有的键值对。

例 3-35　获取字典中所有的键值对。

```
std={'name':'小明','score':100}
print (std.items( ))
for item in std. items( ):
    print(item)
```

运行结果如下：

```
dict_items([('name','小明'),('score',100)])
('name','小明')
('score',100)
```

本例代码中，第 2 行打印 items( ) 函数的返回值；第 3 行和第 4 行通过 for 循环遍历 items( ) 函数值并打印每一项。从运行结果可看出，每一项都是键与值组成的元组。

此外，将 items( ) 函数与 for 循环结合可以遍历字典中的键值对。

10. 随机或指定删除元素

popitem( ) 函数可以从字典中随机返回并删除一个元素。

例 3-36　随机返回并删除一个元素。

```
std={'name':'小明','score':100,'school':'工商学院'}
item=std.popitem( )
print(item,std)
```

运行结果如下：

```
('school','工商学院') {'name':'小明','score':100}
```

本例代码中，第 2 行执行 popitem( ) 函数后，删除字典中最后一个元素。注意该函数返回的是一个元组。

此外，使用 pop( ) 函数可以根据指定的键删除元素。

例 3-37　根据指定的键删除元素。

```
std={'name':'小明','score':100,'school':'工商学院'}
item=std.pop('score')
print(item,std)
```

运行结果如下：

```
100 {'name':'小明','school':'工商学院'}
```

本例代码中，第 2 行执行 pop( ) 函数后，删除字典中键为 'score' 的元素。注意该函数返回键所对应的值，而不是键值对。

3.5 集合

Python 还包含一种数据类型——集合。和前面所学的列表和元组不同，集合是一组无序且不重复的元素。因为集合中的元素无序，所有不能用索引进行访问。

3.5.1 集合的创建

集合（set）的创建可以使用大括号 { } 或者 set( ) 函数。如果要创建一个空集合，必须使用 set( ) 函数，因为 { } 创建的是空字典。基本格式如下：

```
s1={x1,x2,x3,...}
```

或

```
s2=set( )
```

其中，集合中的元素是无序的、不重复的任意对象；set( ) 函数可以将列表、元组、字符串等对象转换为集合。具体示例如下：

```
s1={'a','b','c','d'}
s2=set('abcd')                  #创建字符串集合
s3=set( )                       #创建空集合
s4=set(['a','b','c','d'])       #把列表转换为集合
```

例 3-38 集合的创建示例。

```
s1={10,2,3,50}
s2=set('hello')
s3=set(['a','b','c'])
print(s1)
print(s2)
```

运行结果如下：

```
{3,2,10,50}
{'h','o','l','e'}
{'b','c','a'}
```

由运行结果可以看出，集合并没有按照定义的顺序进行输出，这是因为集合的输出结果跟内部存储结构和输出方式有关，每次运行输出的结果都可能不一样；集合中的元素不能重复，输出时默认会将重复的元素删除，所以 s2 输出时只剩 {'h', 'o', 'l', 'e'}，重复的 l 字母被删掉了一个；s3 通过 set( ) 函数将列表转换为集合。

3.5.2 集合的常用操作

集合虽然是无序的，但是在创建完集合后，可以对集合中的元素进行操作，如访问与遍历、添加元素、删除元素、复制集合、统计元素个数等，也可以跟序列数据一样求集合的长度、最大值、最小值等。

1. 访问与遍历

因为集合内的数据是无序的，不能通过下标索引访问元素值，所以通过 for 或 while 循环完成对集合中元素的逐个访问。

例 3-39　集合的遍历。

```
s1={'a','b','c','d'}
for i in s1:
    print(i,end=' ')
```

运行结果如下：

```
b c a d
```

本例代码中，for 循环依次将集合中的元素赋值给 i 并通过 print( ) 函数输出。

例 3-40　判断某一元素是否在集合中。

```
s1={'a','b','c','d'}
print('b' in s1)
print('e' in s1)
```

运行结果如下：

```
True
False
```

2. 添加集合元素

集合在创建后，无法更改元素，但是可以添加新元素。Python 中通过内置函数 add( ) 和 update( ) 向集合中添加元素。add( ) 函数用于添加单个元素；update( ) 函数可以添加多个元素。

例 3-41　集合元素添加的示例。

```
s1={'a','b','c','d'}
s1.add('e')
print(s1)
s1.update({'m','n'})
print(s1)
```

运行结果如下：

```
{'c','b','a','e','d'}
{'c','b','a','n','e','d','m'}
```

本例代码中，第 2 行通过 add( ) 函数给集合 s1 中添加一个元素 e；第 4 行通过 update( ) 函数继续添加两个元素。使用 update( ) 函数添加多个元素时也可以使用如下代码：

```
s1={'a','b','c','d'}
s1.add('e')
print(s1)
s2={'m','n'}
s1.update(s2)
print(s1)
```

小提示：add( ) 函数只能向集合中添加数字、字符串、元组或者布尔类型（True 和 False）值，不能是列表、字典、集合，否则会报 TypeError 错误，但 update( ) 函数可以向集合中添加列表、元组、字典等，多个元素间用逗号隔开。

3. 删除集合元素

在集合中删除元素的方法有多种。常用函数见表 3-3。

表 3-3　列表删除元素常用函数

函　数	说　明
remove( )	删除指定元素，如元素不存在，会报 KeyError 错误
discard( )	删除指定元素，如元素不存在，不执行任何操作，也不会报错
pop( )	随机返回一个元素并删除，如集合为空，会报 KeyError 错误
clear( )	删除列表中所有元素

例 3-42　集合元素删除的示例。

```
s1={'a','b','c','d'}
s1.remove('a')    # 删除指定元素 a
print(s1)
s1.discard('m')   # 删除指定元素 m（元素不存在）
print(s1)
s1.pop( )
print(s1)
s1.clear( )
print(s1)
```

运行结果如下：

```
{'b','c','d'}
{'b','c','d'}
{'c','d'}
set( )            # 空集合
```

clear( ) 函数可以清空集合，但是不能删除集合，想要彻底删除集合，可以使用 del s1 删除集合 s1。

4. 复制集合

集合中的元素不能重复，但是两个集合可以相同，需要复制集合用于其他操作时，可以通过 copy( ) 函数来实现。

例 3-43　复制集合的示例。

```
s1={'a','b','c','d'}
s2=s1.copy( )
print(s1)
print(s2)
```

运行结果如下：

```
{'a','c','d','b'}
{'a','c','d','b'}
```

5. 统计集合元素个数

同前面所学的序列一样。可以通过内置函数 len( ) 返回集合中元素的个数。

例 3-44　统计集合元素个数的示例。

```
s1={'a','b','c','d'}
s2={'a','b','c','d','d'}
n1=len(s1)
n2=len(s2)
print(n1)
print(n2)
```

运行结果如下：

```
4
4
```

由运行结果可以看出，统计集合中元素个数时也会将重复的元素删除，所以两个结果都是 4。

3.5.3　集合的运算

Python 中的集合直接也可以进行数学集合运算，如交集、并集、差集等，这些运算可以通过运算符和方法调用两种方式来实现。

1. 子集与父集

子集是指某个集合是另一个集合的一部分，也称部分集合。使用运算符 < 执行子集操作或者使用方法 issubset( ) 实现。

例 3-45　子集示例。

```
s1=set('ab')
s2=set('abcd')
print(s1<=s2)
print(s1.issuperset(s1))
```

运行结果如下：

```
True
True
```

从结果可以看出，两种方法返回结果相同。

子集与父集是相对的，上述例题中，s1 是 s2 的子集，则 s2 是 s1 的父集，可用使用方法 issuperset( ) 完成。修改例 3-45 的代码如下：

```
s1=set('ab')
s2=set('abcd')
```

```
print(s1<=s2)
print(s2.issubset(s1))
```

运行结果如下：

```
True
True
```

由于 s1 是 s2 的子集，s2 是 s1 的父集，所以第 3 行也可以写成 print(s2>=s1)，运行结果是一样的。

2. 并集

并集是指将多个集合的所有元素集合在一起构成新的集合，不包含这些集合外的其他元素。使用运算符 | 执行并集操作或者使用方法 union( ) 实现并集。

例 3-46 并集示例。

```
s1=set('ab')
s2=set('cd')
print(s1|s2)
print(s1.union(s2))
```

运行结果如下：

```
{'a','c','b','d'}
{'a','c','b','d'}
```

可以看出，两种方法返回结果相同，选用其中一种即可。

3. 交集

交集是指既属于集合 s1 又属于集合 s2 的元素构成的新集合。使用运算符 & 执行交集操作或者使用方法 intersection( ) 实现交集。

例 3-47 交集示例。

```
s1=set('ab')
s2=set('abcd')
s3=set('cd')
print(s1& s2)
print(s1.intersection (s3))
```

运行结果如下：

```
{'b','a'}
set( )
```

由运行结果可知，如果两个集合之间没有相同的元素，则返回一个空集合。

4. 差集

差集是指所有属于 s1 但不属于 s2 的元素构成的集合。使用运算符 & 执行差集操作或者使用方法 difference( ) 实现差集。

例 3-48 差集示例。

```
s1=set('abef')
s2=set('abcd')
print(s1-s2)
print(s1.difference(s2))
print(s2-s1)
print(s2.difference(s1))
```

运行结果如下：

```
{'e','f'}
{'e','f'}
{'d','c'}
{'d','c'}
```

注意：s1 和 s2 所在的位置不同，得到的差集是不一样的。

5. 对称差

对称差是指属于其中一个集合而不属于另一个集合的元素组成的集合，即由两个集合不相同的元素组成的新集合。使用运算符“^”执行差集操作或者使用方 symmetric_difference( ) 实现对称差。

例 3-49　对称差示例。

```
s1=set('abef')
s2=set('abcd')
print(s1^s2)
print(s1. symmetric_difference (s2))
```

运行结果如下：

```
{'c','f','d','e'}
{'c','f','d','e'}
```

3.6 实训案例——手机通讯录

3.6.1　任务描述

手机通讯录是一种存储联系人信息的应用程序，可以帮助用户记录和管理联系人的信息，如姓名、手机号、邮箱、家庭地址等。它可以帮助用户快速查找联系人，并且可以让用户更新联系人的信息，以便保持联系人信息的准确性。本案例开发一个具有添加、删除、修改、查看联系人信息及退出系统功能的简易版手机通讯录，该系统的功能菜单如下：

```
================================
输入 1: 添加联系人
输入 2: 删除联系人
```

```
输入 3: 修改联系人
输入 4: 查看某个联系人
输入 5: 查看全部联系人
输入 6: 退出操作
==============================
```

用户可以通过输入编号，选择想执行的操作：

输入 1，则会执行添加联系人的操作：用户按照系统提示依次录入联系人姓名、联系人手机号、邮箱和家庭地址。

输入 2，则会执行删除联系人的操作：用户按照系统提示输入待删除的联系人姓名。

输入 3，则会执行修改联系人的操作：用户按照系统提示输入待修改联系人的姓名、手机号、邮箱和家庭地址。

输入 4，则会执行查看某个联系人的操作：用户按照系统提示输入待查看的联系人姓名。

输入 5，则会执行查看全部联系人的操作：可以看到全部联系人信息。

输入 6，则会执行退出系统的操作：结束程序运行。

3.6.2 实现思路

（1）创建一个空列表，使用该列表存储联系人信息。

（2）打印通讯录的功能菜单。

（3）接收用户输入的操作序号，并根据序号执行相应的操作。

注意：使用字典元素存储联系人的姓名、手机号、邮箱和家庭地址，并使用列表执行增加、删除、修改和查看字典元素的操作。

3.6.3 代码实现

```
contact_list=[]
#1.打印通讯录的功能菜单
print("="*30)
print("输入 1: 添加联系人")
print("输入 2: 删除联系人")
print("输入 3: 修改联系人")
print("输入 4: 查看某个联系人")
print("输入 5: 查看全部联系人")
print("输入 6: 退出操作")
print("="*30)
#2.业务处理
while True:
    fun_num=int(input("请输入要操作的序号:"))
    #2.1 添加联系人
    if fun_num==1:
        name=input("请输入联系人姓名:")
```

```
        tel=input(" 请输入联系人手机号 :")
        email=input(" 请输入邮箱 :")
        address=input(" 请输入家庭地址 :")
         contact_list.append({"name":name,"tel":tel,"email":email,"address":add
ress})
        print(" 添加联系人成功 ")
    #2.2 删除联系人
    elif fun_num==2:
        if len(contact_list)!=0:
            name=input(" 请输入要删除的联系人姓名 :")
            for contact in contact_list:
                if contact["name"]==name:
                    contact_list.remove(contact)
                    print(" 删除联系人成功 ")
                    break
            else:
                print(" 删除联系人失败，通讯录中没有该联系人 ")
        else:
            print(" 通讯录中没人，不能执行此操作 ")
    #2.3 修改联系人
    elif fun_num==3:
        if len(contact_list)!=0:
            name=input(" 请输入要修改的联系人姓名 :")
            for contact in contact_list:
                if contact["name"]==name:
                    for key,value in contact.items( ):
                        print(f"{key}:{value}")
                    mod_name=input(" 请输入要修改的联系人姓名 :")
                    mod_tel=input(" 请输入要修改的联系人手机号 :")
                    mod_email=input(" 请输入要修改的邮箱 :")
                    mod_address=input(" 请输入要修改的家庭地址 :")
                    contact["name"]=mod_name
                    contact["tel"]=mod_tel
                    contact["email"]=mod_email
                    contact["address"]=mod_address
                    print(" 修改联系人成功 ")
                    break
            else:
                print(" 修改联系人失败，通讯录中没有该联系人 ")
        else:
            print(" 通讯录中没人，不能执行此操作 ")
    #2.4 查看某个联系人
```

```
    elif fun_num==4:
        if len(contact_list)!=0:
            name=input("请输入要查看的联系人姓名:")
            for contact in contact_list:
                if contact["name"]==name:
                    for key,value in contact.items( ):
                        print(f"{key}:{value}")
                    break
            else:
                print("查看联系人失败，通讯录中没有该联系人")
        else:
            print("通讯录中没人，不能执行此操作")
    #2.5 查看全部联系人
    elif fun_num==5:
        if len(contact_list)!=0:
            for contact in contact_list:
                for key,value in contact.items( ):
                    print(f"{key}:{value}")
        else:
            print("通讯录中没人，不能执行此操作")
    #2.6 退出
    elif fun_num==6:
        print("退出操作")
        break
```

3.6.4 代码测试

运行程序，用户多次输入 1，添加多个联系人，运行结果如下：

```
==============================
输入 1: 添加联系人
输入 2: 删除联系人
输入 3: 修改联系人
输入 4: 查看某个联系人
输入 5: 查看全部联系人
输入 6: 退出操作
==============================
请输入要操作的序号:1
请输入联系人姓名:TianYi
请输入联系人手机号:13111111111
请输入邮箱:1@qq.com
请输入家庭地址:BJ
添加联系人成功
```

```
请输入要操作的序号 :1
请输入联系人姓名 :TianEr
请输入联系人手机号 :13222222222
请输入邮箱 :2@qq.com
请输入家庭地址 :SH
添加联系人成功
请输入要操作的序号 :1
请输入联系人姓名 :TianSan
请输入联系人手机号 :13333333333
请输入邮箱 :3@qq.com
请输入家庭地址 :GZ
添加联系人成功
```

用户输入 5，查看全部联系人，运行结果如下：

```
请输入要操作的序号 :5
name:TianYi
tel:13111111111
email:1@qq.com
address:BJ
name:TianEr
tel:13222222222
email:2@qq.com
address:SH
name:TianSan
tel:13333333333
email:3@qq.com
address:GZ
```

用户输入 2，删除某个联系人，输入 5 再次查看全部联系人，验证该联系人是否删除成功，运行结果如下：

```
请输入要操作的序号 :2
请输入要删除的联系人姓名 :TianSan
删除联系人成功
请输入要操作的序号 :5
name:TianYi
tel:13111111111
email:1@qq.com
address:BJ
name:TianEr
tel:13222222222
email:2@qq.com
address:SH
```

用户输入 3，修改某个联系人，输入 5 再次查看全部联系人，验证该联系人是否修改成功，运行结果如下：

```
请输入要操作的序号：3
请输入要修改的联系人姓名：TianYi
name:TianYi
tel:13111111111
email:1@qq.com
address:BJ
请输入要修改的联系人姓名：Tyanjun
请输入要修改的联系人手机号：13144444444
请输入要修改的邮箱：4@qq.com
请输入要修改的家庭地址：liulin
修改联系人成功
请输入要操作的序号：5
name:Tyanjun
tel:13144444444
email:4@qq.com
address:liulin
name:TianEr
tel:13222222222
email:2@qq.com
address:SH
```

用户输入 4，查看某个联系人，运行结果如下：

```
请输入要操作的序号：4
请输入要查看的联系人姓名：TianEr
name:TianEr
tel:13222222222
email:2@qq.com
address:SH
```

用户输入 6，退出程序，运行结果如下：

```
请输入要操作的序号：6
退出操作
```

本章小结

本章主要学习了 Python 中的数据结构。首先介绍了序列的概念和一些基本操作；然后详细介绍了列表（list）、元组（tuple）、字典（dict）、集合（set）的概念和常用操作，包括访问、修改、添加和删除列表中的元素，元组的索引访问、切片操作、连接操作、重复操作、成员关系操作、比较运算操作，计算字典中元素个数，访问、添加、修改、删除字典元素，以及集合中的统计元素个数、添加元素、删除元素、复制集合、集合运算等。通过对本章的学习，可以了解以上几种数据结构并掌握数据结构的使用。

拓展阅读

组合数据类型能够将多个同类型或不同类型的数据组织起来，通过单一的表示使数据操作更有序、更容易。根据数据之间的关系、组合数据类型可以分为三类：序列类型、集合类型和映射类型。Python 中字符串、列表、元组都是序列类型，集合是集合类型，字典是映射类型。

组合数据类型由多个数据组合而来，就如个体与集体之间的关系，集体是由多个个体组成的。只有集体中的每个人都努力发光发热，集体才会爆发出巨大的能量。一个集体的成功，离不开许多人的奉献，个人必须做到与集体同进退，共荣辱，这样才是一个成功的集体。

习近平同志强调："青年的命运，从来都同时代紧密相连。"一个民族只有寄希望青春、永葆青春，才能兴旺发达。新时代的青年生逢其时，施展才干的舞台无比广阔，实现梦想的前景无比光明，唯有自觉把个人的理想追求融入党和国家事业，以实现中华民族伟大复兴为己任，在新时代广阔天地中贡献自己青春的智慧和力量。厚植家国情怀，发扬艰苦奋斗的精神，坚定理想信念，互帮互助，团结一心，形成同心共圆中国梦的强大合力，为实现中华民族伟大复兴努力奋斗。

思考与练习

一、单选题

1. 下列方法中，可以对列表元素排序的是（　　）。

A. sort( )　　B. reverse( )　　C. max( )　　D. list( )

2. 阅读下面的程序：

```
li_one=[2,1,5,6]
print(sorted(li_one[:2]))
```

运行程序，输出结果是（　　）。

A. [1 ,2]　　B. [2 ,1]　　C. [1 ,2 ,5 ,6]　　D. [6 ,5 ,2 ,1]

3. 下列方法中，默认删除列表最后一个元素的是（　　）。

A. del　　B. remove( )　　C. pop( )　　D. extend( )

4. 阅读下面程序：

```
lan_info={'01':'Python','02':'Java','03':'PHP'}
lan_info.update({'03':'C++'})
print(lan_info)
```

运行程序，输出结果是（　　）。

A. {'01': 'Python', '02': 'Java', '03': 'PHP'}

B. {'01': 'Python', '02': 'Java', '03': 'C++'}

C. {'03': 'C++','01': 'Python', '02': 'Java'}

D. {'01': 'Python', '02': 'Java'}

5. 阅读下面程序：

```
set_01={'a','c','b','a'}
set_01.add('d')
print(len(set_01))
```

运行程序，输出结果是（　　）。

A. 5　　B. 3　　C. 4　　D. 2

6. 下列字典或列表的创建方式错误的是（　　）。

A. obj={ }　　B. obj={[]}　　C. obj=[{ }]　　D. obj={0:1}

7. 设有列表 list=[1,2,3,4,5], 则下列选项中为空的是（　　）。

A. list[1:1]　　B. list[1:−1]　　C. list[1:]　　D. list[:−2]

8. 关于 Python 字典下面说法正确的是（　　）。

A. 字典中的存储是由“键 - 值”对形成

B. 字典的 key 可以重复

C. 创建空字典使用 dic( )

D. 字典的可以通过索引取值

二、填空题

1. 使用内置的________函数可创建一个列表。

2. Python 中列表的元素可通过________或________两种方式访问。

3. 使用内置的________函数可创建一个元组。

4. 字典元素由________和________组成。

5. 通过 Python 的内置方法________可以查看字典键的集合。

6. 调用 items( ) 方法可以查看字典中的所有________。

三、判断题

1. 列表只能存储同一类型的数据。（　　）

2. 元组支持增加、删除和修改元素的操作。（　　）

3. 列表的索引从 1 开始。（　　）

4. 字典中的键唯一。（　　）

5. 集合中的元素无序。（　　）

6. 字典中的元素可通过索引方式访问。（　　）

7. 在列表中可嵌套另一个列表。（　　）

8. 在一个字典中，键是可以重复的。（　　）

9. 可以使用 del 删除集合中的部分元素。 (　　)

10. 列表可以作为集合的元素。 (　　)

四、简答题

1．列举 Python 中常用的组合数据类型，并简单说明它们的异同。

2．简单介绍删除字典元素的几种方式。

五、编程题

1．已知列表 li_num1=[4, 5, 2, 7] 和 li_num2=[3, 6]，请将这两个列表合并为一个列表，并将合并后的列表中的元素按降序排列。

2．已知元组 tu_num1=('p', 'y', 't', ['o', 'n'])，请向元组的最后一个列表中添加新元素“h”。

3．已知字符串 str= 'skdaskerkjsalkj'，请统计该字符串中各字母出现的次数。

4．已知列表 li_one=[1,2,1,2,3,5,4,3,5,7,4,7,8]，编写程序实现删除列表 li_one 中重复数据的功能。

第4章 流程控制

知识目标

- 了解程序的执行流程；掌握选择结构、循环结构的使用方法。

能力目标

- 能够在程序中使用选择结构语句、循环结构语句。

素质目标

- 培养学生思考解决问题的能力。

程序设计都需要遵循一定的规则，并且要根据需求在程序中加入相应的控制流程。Python 使用控制结构来更改程序中语句的执行顺序以实现不同的功能。在 Python 语句中，对于语句的执行有顺序结构、选择结构、循环结构三种基本控制结构。所有复杂的程序都可以由这三种基本控制结构组合而成，程序总体是按照顺序结构执行，可以在顺序结构中加入一些选择结构和循环结构。

4.1 顺序结构

顺序结构是程序按照从左到右、自上而下的顺序依次执行语句，执行完一条语句后，不需要做任何判断选择，直接执行下一条语句，直至整个程序结束。

顺序结构是程序中最基础的结构，流程如图 4-1 所示。

顺序结构比较简单，不需要单独的关键字来控制，只要按照程序中所写的语句顺序一条一条执行完成即可。

例 4-1　顺序结构示例。

```
a=3
b=5
x=a+b
print(x)
y=a-b
print(a-b)
```

运行结果如下：

```
8
-2
```

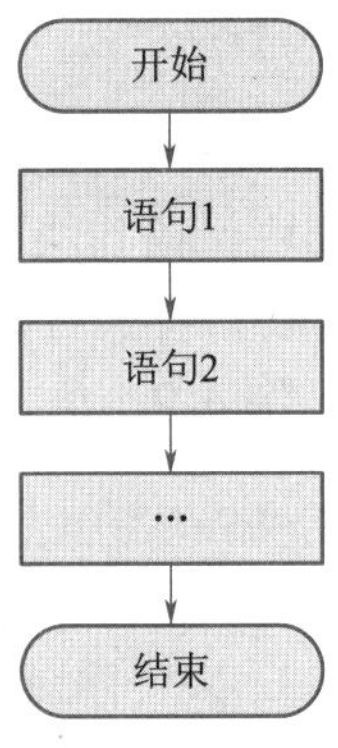

图 4-1　顺序结构流程图

该程序按照顺序结构执行，先定义 a 和 b 两个变量并赋值，然后定义变量 x，执行 print 语句输出结果。程序的运行是按照语句顺序一步一步地执行，直到执行完所有语句。

4.2 分支结构

分支结构又称选择结构，根据条件表达式的判断结果而选择不同的语句执行。就像是十字路口一样，有多条路可以选择，但同一时刻只能选择其中某一条路来走。在分支结构中，有单分支、双分支、多分支几种结构。分支结构的程序在实际运行时选择其中一条分支的语句执行。分支结构流程图如图 4-2 所示。

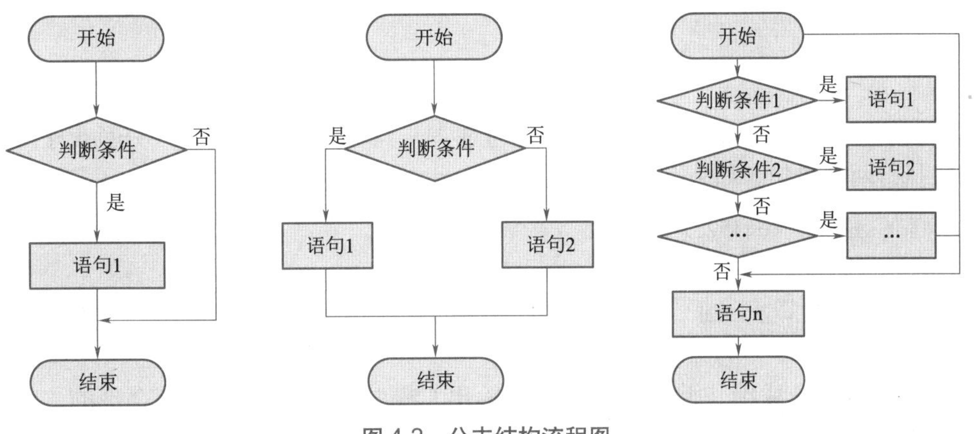

图 4-2　分支结构流程图

4.2.1　单分支

单分支结构是最简单的选择语句，首先执行 if 语句判断表达式是否为真，当 if 条件表达式为真时，执行语句块中的语句；否则，直接跳过该语句块，执行后面的语句。if 语句的语法格式如下：

```
if 条件表达式：
```

```
语句块
```

if 条件表达式后面要用冒号结束。当 if 中的条件表达式返回结果为 True 时，执行“：”后的语句块，语句块可以是一条语句，也可以是多条语句组合，如果是多条语句时，所有语句的缩进长度要一样，否则会出现逻辑错误。

例 4-2 单条语句示例。

```
score=int(input('请输入分数:'))
if score>=60:
    print("合格")
```

运行结果如下：

```
请输入分数： 70
合格
```

该程序需要用户从键盘输入一个分数，输入以后，程序执行 if 语句判断该数是否大于等于 60，如果是，则输出合格；否则不作任何输出。

例 4-3 多条语句示例。

```
score=int(input('请输入分数:'))
if score>=60:
    print("合格")
    print("恭喜通过")
```

运行结果如下：

```
请输入分数： 70
合格
恭喜通过
```

该程序比例 4-2 多了一条语句 print("恭喜通过")，当程序判断用户输入分数大于等于 60 时，程序会依次执行两条语句。如果上述代码中第二个 print( ) 没有缩进：

```
score=int(input('请输入分数'))
if score>=60:
    print("合格")
print("恭喜通过")
```

运行程序后，无论成绩是否大于 60，都会输出 "恭喜通过"，显然是不合理的，但是程序却不会报错，所以当 if 条件表达式后有多条语句时，必须使用相同缩进。

4.2.2 双分支

双分支结构，即有两个分支语句可选择，根据条件表达式的返回值的真假执行不同的语句。常用 if...else 语句，其语法格式如下：

```
if 条件表达式:
  语句块 1
```

```
else:
  语句块2
```

如果if条件表达式返回值为True，则执行if条件表达式下的语句块；如果条件表达式返回值为False，则执行else的语句块。双分支结构中，else语句不能独立使用，且else语句的缩进必须和它所对应的if语句相同。

例4-4 使用if...else语句判断输入的成绩是否合格。

```
score=int(input('请输入分数:'))
if score>=60:
    print("合格")
else:
    print("不合格")
```

运行结果如下：

```
请输入分数:70
合格
请输入分数:30
不合格
```

该程序就是一个选择结构的程序，程序执行的过程中会按照输入成绩的值而选择不同的语句来执行，如果输入的成绩大于60，则执行print("合格")；如果输入的成绩小于60，则执行print("不合格")。

4.2.3 多分支

多分支结构用于有多种分支选择时，如果符合其中某个条件，即条件表达式为真时，就会执行该条件表达式下面的语句。多分支语句使用if...elif...else，语法格式如下：

```
if 条件表达式1:
    语句块1
elif 条件表达式2:
    语句块2
…
elif 条件表达式n:
    语句块n
else:
    语句块
```

上述的条件表达式可以是任意类型的，程序运行时，首先判断条件表达式1的真假，如果条件表达式1的最后返回结果为True，就会执行相应的语句块1；否则会继续向下判断表达式2；直到其中一个条件表达式的返回值为True；如果所有表达式的返回值都为False，则执行else下面的语句块。

例4-5 使用if...elif...else语句输出成绩的等级。

```
score=float(input("请输入分数: "))
```

```
if score>=90:
   print("优秀")
elif score>=80:
   print("良好")
elif score>=70:
    print("中等")
elif score>=60:
    print("及格")
else:
    print("不及格")
```

运行结果如下：

```
请输入分数:85
良好
请输入分数:65
及格
请输入分数:50
不及格
```

该程序是根据输入的成绩判断出相应的等级，但是当输入大于 100 或者小于 0 的成绩时，程序依然会正常执行，所以需要对输入成绩进行限制，可以使用下面的程序来实现。

例 4-6 根据输入的分数输出成绩等级，分数范围是 0 ～ 100。

```
score=float(input("请输入分数:"))
if  score<0 or score>100:
    print ("输入错误，请重新输入")
else:
    if score>=90:
        print("优秀")
    elif score>=80:
        print("良好")
    elif score>=70:
        print("中等")
    elif score>=60:
        print("及格")
    else:
       print("不及格")
```

上面程序使用了条件语句嵌套，把 if...elif...else 结构放在了 if...else 结构中。在编写程序时，可以根据实际需要选择不同的嵌套方式，但使用时特别注意不同级别语句块的缩进量。上述例也可以用 if...elif...else 放在另一个 if...elif...else 结构的方法来实现。

例 4-7 使用 if...elif...else 嵌套实现输出成绩等级。

```
score=float(input("请输入分数:"))
```

```
if score>=70:
    if score>=90:
        print("优秀")
    elif score>=80:
        print("良好")
    else:
        print("中等")
elif score>=60:
    print("合格")
else:
    print("不合格")
```

4.3 循环结构

循环结构是指在满足一定的条件下重复执行某段代码。当满足给定的条件时，进入循环重复执行语句块中的语句，直到不满足该条件时，会跳出循环继续执行后面的语句。Python 中常见的循环结构有 while 循环和 for 循环。循环结构流程图如图 4-3 所示。

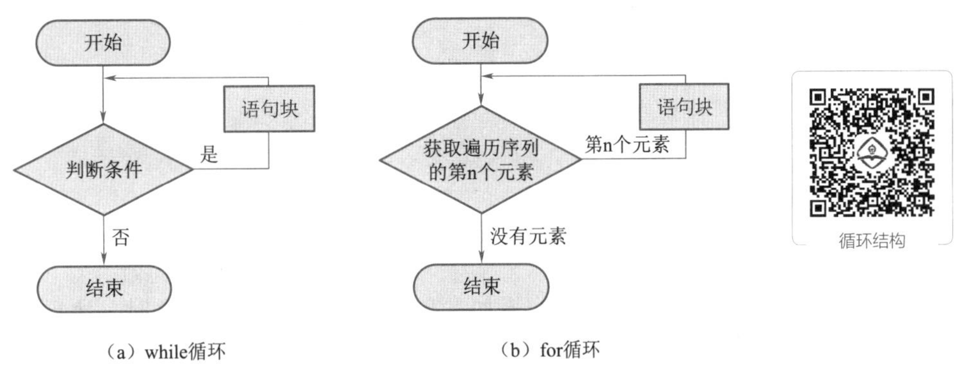

（a）while循环　（b）for循环

图 4-3　循环结构流程图

4.3.1　while 循环

while 循环语句是在循环条件下执行循环语句，解决多次重复的问题。当程序执行到 while 语句时，首先要判断条件表达式的真假。如果表达式为真，执行循环语句，之后再返回 while 继续判断表达式的真假；若还为真，进入下一次循环，如此直到判断表达式为假，结束循环，跳过循环语句执行与 while 同级别缩进的后续语句。

1. while 语句的使用

while 语句的语法结构：

```
while 循环条件 :
    循环语句
```

其中，循环语句可以是单条语句，也可以是多条语句。多条语句时，所有语句的缩进长度要一样。

例 4-8 循环输出数字 1 ～ 6。

```
num=1
while num<=6:
    print(num)
    num+=1
```

运行结果如下：

```
1
2
3
4
5
6
```

例 4-9 用 while 循环实现数字累计相加求和。

```
number=1
sum=0
while number<=10:
     sum+=number
     number+=1
print(sum)
```

运行结果如下：

```
55
```

该程序实现了从数字 1 ～ 10 的累加求和。当数字小于等于 10 时，执行循环语句，一旦数字大于 10，不满足条件，则跳出循环执行 print 语句，输出求和的结果。

如果循环条件一直判断为真，循环体一直执行，程序会进入死循环。所以在设置循环条件时要注意避免死循环。比如修改例 4-9 中循环条件：

```
number=1
sum=0
while number>0:    # 表达式结果为 True
     sum+=number
     number+=1
print(sum)
```

无论程序执行多少次，number 的值会一直大于 0，程序就会进入无限循环中，没有执行 print(sum)，所以没有任何输出，可以使用【Ctrl+C】组合键退出程序。一般情况下，要避免这种漏洞，但是有时无限循环会应用在服务器端，处理客户端的问题。

2. whil…else…语句的使用

while 语句也可以结合 else 使用，当 while 循环条件不满足，即循环条件判断为 False 时，结束循环，执行 else 语句块。其语法结构如下：

```
while 循环条件 :
  循环语句
else:
  语句块
```

例 4-10　while...else 语句的使用。

```
n=1
while n<=3:
    print(n)
    n+=1
else:
    print("end")
```

运行结果如下：

```
1
2
3
end
```

该程序循环打印数字 1 ～ 3，当循环结束后，执行 else 后的语句，输出 end 字符串。

4.3.2　for 循环

for 循环也是一种循环结构。它是一种遍历型循环，主要用于对某个序列中的元素进行遍历，遍历完该序列中所有元素后，自动退出循环，一般用于有确定的循环次数的场景。 for 循环经常用于遍历字符串、列表、字典等数据结构。基本语法结构如下：

```
for <variable > in <sequence > :
   循环语句
```

其中，variable 是一个控制变量，sequence 是可遍历序列，序列里可以保存多个元素，如列表、元组、字典等。

for 循环中，每次循环都会将变量 n 依次设置为序列 sequence 中的元素，默认按照序列里的排列顺序，然后执行循环语句，当遍历完序列中的所有元素后，退出循环。

例 4-11　for 循环创建数值列表。

```
for n in range(1,6):
    print(n)
```

运行结果如下：

```
1
```

```
2
3
4
5
```

本例中，range( ) 是 Python 内置函数，可生成一个数字序列，用法为 range(start,end,step)。其中，start 是起始值，可省略，默认从 0 开始；end 是结束值，不能省略；step 表示步长，即两个数之间的间隔数值，可省略，默认值为 1。如果 range( ) 函数只有一个参数，它指定的一定是 end；如果有两参数，则指定的是 start 和 end；如果有三个参数，最后一个为 step。

例 4-12 使用 for 循环实现例 4-8 从 1 到 10 的相加求和。

```
sum=0
for n in range(1,11):
   sum+=n
print(sum)
```

运行结果如下：

```
55
```

例 4-13 遍历字符串。

```
str_seq='Hello'
count=0
for str in str_seq:
   print("当前字符: %s" %str)
```

运行结果如下：

```
当前字符: H
当前字符: e
当前字符: l
当前字符: l
当前字符: o
```

例 4-14 遍历列表。

```
list=['张三','李四','王五']
print("班级学生有:")
for name in list:
    print(name)
```

运行结果如下：

```
班级学生有:
张三
李四
王五
```

上述例题也可以通过索引进行循环遍历，代码如下：

```
list=['张三','李四','王五']
print("班级学生有:")
for index in range(len(list)):
    print(list[index])
```

运行结果如下：

```
班级学生有:
张三
李四
王五
```

程序中使用了内置函数 range( ) 和 len( )，len( ) 是返回列表的长度，即列表中元素的个数。range( ) 返回一个数字序列。

例 4-15　遍历字典。

```
list={'张三': 18, '李四': 20, '王五': 21}
#使用 for( ) 循环遍历字典中所有 key 和 value，使用 items( ) 方法返回所有键值对列表
print("各位学生年龄:")
for key,value in list.items( ):
    print('%s 的年龄是 %d 岁' %(key,value))
#遍历字典中的所有键，keys( ) 返回字典中所有 key 的列表
print("学生名单:")
for key in list.keys( ):
    print(key)
#遍历字典中的所有 value 值，values( ) 返回字典中所有 value 的列表
print("学生年龄:")
for value in list.values( ):
    print(value)
```

运行结果如下：

```
各位学生年龄:
张三的年龄是 18 岁
李四的年龄是 20 岁
王五的年龄是 21 岁
学生名单:
张三
李四
王五
学生年龄:
18
20
21
```

在 Python 中，for 和 else 可以结合使用，基本格式如下：

```
for <variable > in <sequence > :
  循环语句
else:
  语句块
```

for…else 语句的使用方法与 while...else 语句一样，当 for 循环正常执行结束后，程序会继续执行 else 中的语句块。

4.3.3 循环嵌套

在 Python 中，可以使用循环嵌套，即在一个循环内加入另一个循环。while 循环和 for 循环都可以进行循环嵌套，在 while 或 for 循环的循环体中嵌套另一个 while 循环或 for 循环，为了保证程序的可读性，嵌套一般不超过 3 层。

例 4-16 循环打印“*”。

```
row=1    # 行数
while row<6:
    col=1   # 列数
    while col<=row:
        print("*",end='')
        col+=1
    else:
        print( )
        row+=1
```

运行结果如下：

```
*
**
***
****
*****
```

例 4-17 打印九九乘法表。

```
for x in range(1,10):
    for y in range(1,x+1):
        print(str(x)+"*"+str(y)+ "="+str(x*y),end="")
    print( )
```

运行结果如下：

```
1*1=1
1*2=2  2*2=4
1*3=3  2*3=6  3*3=9
```

```
1*4=4  2*4=8   3*4=12  4*4=16
1*5=5  2*5=10  3*5=15  4*5=20  5*5=25
1*6=6  2*6=12  3*6=18  4*6=24  5*6=30  6*6=36
1*7=7  2*7=14  3*7=21  4*7=28  5*7=35  6*7=42  7*7=49
1*8=8  2*8=16  3*8=24  4*8=32  5*8=40  6*8=48  7*8=56  8*8=64
1*9=9  2*9=18  3*9=27  4*9=36  5*9=45  6*9=54  7*9=63  8*9=72  9*9=81
```

4.3.4 break 语句

在 while 或 for 循环结束前，如果想提前离开循环，可以使用 break 语句跳出当前的循环，跳出该循环后程序继续执行循环体后面的语句。break 语句经常和 if 语句结合使用，表示在某个条件下，跳出该循环。

例 4-18　break 语句跳出 while 循环的使用示例。

```
a=1
while a<=10:
    print(a)
    a+=1
    if a==5:
        break
    else:
        print("错误")
print("over")
```

运行结果如下：

```
1
错误
2
错误
3
错误
4
over
```

该程序执行循环过程中，当 a 为 5 时，使用 break 语句跳出了该循环，程序不再执行下面的语句，所以程序没有执行 else 语句，直接执行了循环外的 print 语句。

例 4-19　for、break 配合使用示例。

```
for n in [1,2,3,4,5]:
    print(n)
    if n==3:
        break
    else:
        print("错误")
```

```
print("over")
```

运行结果如下：

```
1
错误
2
错误
3
over
```

从运行结果可以看出，当 n 遍历到 3 时，程序通过 break 语句跳出循环。

4.3.5　continue 语句

continue 语句也可以跳出循环，但是与 break 语句不同。continue 语句是中断循环中的某次执行，而继续进入下一次的循环，即跳过循环体中程序还没有执行的语句，但不跳出当前循环，所以 continue 语句表示的是跳出某一次循环。

例 4-20　continue 与 while 语句结合使用示例。

```
a=0
while a<=10:
    a+=1
    if a==5:
        continue
    print(a)
print("over")
```

运行结果如下：

```
1
2
3
4
6
7
8
9
10
11
over
```

由运行结果可知，当 a 为 3 时，continue 终止了本次循环，导致后面 print(a) 没有执行，所以没有输出数值 3，但是程序进入下一次循环，输出了后面的值。

例 4-21　continue 与 for 语句结合使用示例。

```
str="hello"
```

```
for i in str:
    if i=="l":
        continue
    print(i)
print ("over")
```

运行结果如下：

```
h
e
o
over
```

4.4 实训案例

4.4.1　简易计算器

1. 任务描述

设计一个简易计算器：用户输入两个操作数，一个运算符，运算符只为加（+）、减（-）、乘（*）、除（/）时，进行计算输出结果。

2. 实现思路

（1）用户输入两个操作数，一个运算符，使用 input( ) 函数进行接收。

（2）把接收的两个操作数使用 float( ) 函数转为浮点类型。

（3）因有四种运算符，故需要四个分支，每个分支进行一项运算。

（4）在进行“除”运算时，除数不能为零；故在“除”分支中，先判断除数是否为 0。

（5）将计算结果，使用 print( ) 函数进行打印。

3. 代码实现

```
first=float(input("请输入第一个数: "))
second=float(input("请输入第二个数 : "))
op=input("请选择运算符 (+ -* /): ")
result=0.0
if op=="+":
    result=first+second
elif op=="-":
    result=first-second
elif op=="*":
    result=first*second
elif op=="/":
    if second=="0":
```

```
        print("除数不能为 0")
    else:
        result=first/second
print(result)
```

运行结果如下：

```
请输入第一个数: 2
请输入第二个数: 4
请选择运算符 (+ -* /): *
8.0
```

4.4.2 逢 7 拍手游戏

1. 任务描述

逢 7 拍手游戏的规则是：从 1 开始顺序数数，数到有 7，或者是 7 的倍数时，就拍一手。本案例要求编写代码模拟逢 7 拍手游戏，实现输出 100 以内拍手，当遇到 7 或是 7 的倍数时，输出“*”代替“拍手”。

2. 实现思路

（1）用 range( ) 函数创建 1 ～ 100 的整数列表，再用 for 迭代遍历。

（2）对遍历的整数进行判断，用 7 对整数进行取余运算，判断结果是否为 0，如为 0 则为 7 的倍数；再用 str( ) 函数把整数转成字符串，用成员运算符 in 判断字符串中是否含 7。

（3）遍历的整数如为 7 或 7 的倍数，则输出“*”，否则直接输出该整数。

3. 代码实现

```
for i in range(1,101):
    # 判断条件: 不是 7 的倍数据，也不包含 7
    if i % 7==0 or "7" in str(i):
        # 输出 *，去掉换行符
        print("*",end="、")
    else:
        print(i,end='、')
```

运行结果如下：

```
1、2、3、4、5、6、*、8、9、10、11、12、13、*、15、16、*、18、19、20、*、22、23、24、25、26、*、*、29、30、31、32、33、34、*、36、*、38、39、40、41、*、43、44、45、46、*、48、*、50、51、52、53、54、55、*、*、58、59、60、61、62、*、64、65、66、*、68、69、*、*、*、*、*、*、*、*、*、*、80、81、82、83、*、85、86、*、88、89、90、*、92、93、94、95、96、*、*、99、100、
```

4.4.3 获取指定范围的素数

1. 任务描述

素数 (prime number) 又称质数，除了 1 和它本身以外不能被其他自然数整除，有无限个。本案例要求给定一个指定范围，求出这个范围内的所有素数。

2. 实现思路

(1) 要求用户输入两个数，分别是范围的最小值和最大值，用 input( ) 函数接收。

(2) 对接收的两个数使用 int( ) 函数转为整数类型。

(3) 使用 for 在指定范围内进行迭代遍历。

(4) 判断遍历的每一个数，是否能被除了 1 和本身的其他数整除，如不能，则为素数，输出。

3. 代码实现

```
lower=int(input("输入区间最小值: "))
upper=int(input("输入区间最大值: "))
for num in range(lower,upper+1):
    #素数大于 1
    if num>1:
        for i in range(2,num):
            if(num%i)==0:
                break
        else:
            print(num,end='、')
```

运行结果如下：

```
输入区间最小值: 2
输入区间最大值: 50
2、3、5、7、11、13、17、19、23、29、31、37、41、43、47、
```

本章小结

本章主要学习了 Python 中的流程控制相关内容。首先介绍了顺序结构、分支结构和循环结构的运行流程，之后分别详细讲述了分支结构中的 if 语句、if...else 和 if...elif...else 语句和循环结构中的 while 和 for 循环语句、continue、break 语句的使用方法，通过案例展示了各种语句的详细使用方法和技巧。熟练使用控制结构是 Python 学习所必须掌握的基础知识，希望大家可以积极地进行练习，加深理解。在实际运用中，会将选择结构和循环结构相互嵌套使用，完成一些复杂的功能。所以，在前面学习要先打好基础，巩固练习，后面学起来会比较轻松。

拓展阅读

孟子曰：“鱼，我所欲也；熊掌，亦我所欲也。二者不可得兼，舍鱼而取熊掌者也。生，亦我所欲也；义，亦我所欲也。二者不可得兼，舍生而取义者也。生亦我所欲，所欲有甚于生者，故不为苟得也；死亦我所恶，所恶有甚于死者，故患有所不辟也。”

这段话，讲的是面对取舍时应该如何抉择。在人生道路上，不可避免地要进行诸多选择，关于择向、择优、择业、择偶的选择。不同的选择会产生不同的结果，我们一定要学会明辨是非，能做出正确的选择，朝正确的人生方向发展。尤其是在当今时代，网络信息传播迅速，内容丰富杂乱。必须要有正确的认识，分辨对错的能力，传播正能量，远离垃圾信息，树立正确的世界观、人生观、价值观，养成良好的职业道德。要以时代楷模作为榜样，大力宣传学习做一个有理想、有道德、有高尚情操，有利于社会、有利于国家的人。

思考与练习

一、单选题

1. 关于条件判断结构，描述错误的是（　　）。

A. if 语句可以单独使用，不需要 else　　B. if 语句可以和 else 配对使用

C. else 语句可以单独是想用，不需要 if　　D. if 语句可以和多个 elif 语句一起使用

2. 以下关于循环结构的描述，错误的是（　　）。

A. 遍历循环使用 for < 循环变量 > in < 循环结构 > 语句，其中循环结构不能是文件

B. 使用 range( ) 函数可以指定 for 循环的次数

C. for i in range(5) 表示循环 5 次，i 的值是 0 ～ 4

D. 用字符串做循环结构的时候，循环的次数是字符串的长度

3. 若 k 为整型，则下述 while 循环执行的次数为（　　）。

```
k=1000
while k>1:
print(k)
k=k/2
```

A. 9　　B. 10　　C. 11　　D. 1000

4. 下列 Python 语句中正确的是（　　）。

A. min=x if x<yelse y　　B. max=x>y and x : y

C. if (x>y) print x　　D. while True : pass

5. 下面程序的运行结果是（　　）。

```
s=0
for i in range(1,10):
s+=i
else:
print(1)
```

A.1　　B. 5　　C. 10　　D. 55

6. 用来跳出最内层 for 或 while 循环的是（　　）。

A.break　　B. continue　　C. else　　D. goto

7. 下面的 if 语句统计满足“性别（gender）为男、职称（rank）为教授、年龄（age）小于 40 岁”条件的人数，正确的语句为（　　）。

A. if(gender==" 男 " or age<40 and rank==" 教授 "): n+=1

B. if(gender==" 男 " and age <40 and rank==" 教授 "): n+=1

C. if(gender==" 男 " and age <40 or rank==" 教授 "): n+=1

D. if(gender==" 男 " or age <40 or rank==" 教授 "): n+=1

8. 下面的程序段求 x 和 y 两个数中的大数，其中不正确的是（　　）。

A. maxNum=x if x>y else y

B. maxNum=math.max(x,y)

C. if(x>y): maxNum=xelse: maxNum=y

D. if(y>=x): maxNum=ymaxNum=x

9. 执行下列 Python 语句将产生的结果是（　　）。

```
i=1
if(i):
print(True)
else:
print(False)
```

A. 输出 1　　B. 输出 True　　C. 输出 False　　D. 编译错误

10. 在以下 for 语句结构中，哪个不能完成 1 ～ 10 的累加功能

A. for i in range (10, 0): total+=i　　B. for i in range (1, 11): total+=i

C. for i in range (10, 0, −1): total+=i　　D. for i in (10, 9, 8, 7, 6, 5, 4, 3, 2, 1): total+=i

二、判断题

1. 循环语句可以嵌套使用。（　　）

2. 每个 if 语句后面都要使用冒号。（　　）

3. elif 语句可以单独使用。（　　）

4. 在循环中 continue 语句的作用是跳出当前循环。（　　）

5. 为了让代码更加紧凑，编写 Python 程序时应尽量避免加入空格和空行。（　　）

6. 如果仅仅是用于控制循环次数，那么使用 for i in range(20) 和 for i in range(20, 40) 的作用是等价的。（　　）

三、编程题

1. 循环输出字符串 Runoob，碰到字母 o 跳过输出。

2. 求 1 ～ 100 之间所有偶数之和。

第5章

函　数

知识目标

•了解函数的作用，掌握函数的定义和使用、函数参数的传递机制，掌握局部变量和全局变量，掌握高阶函数、匿名函数和闭包函数。

能力目标

•能够理解变量的作用域，能够熟练使用自定义函数解决实际问题。

素质目标

•培养学生耐心、严谨、踏实的工作作风，培养学生规范书写代码、思维系统全面的良好职业素养。

函数（function）由一系列指令组成，是封装好的、可重复使用的、用来实现某种功能的代码段。

使用函数最主要有两个作用：

（1）流程分解。在设计大型程序时，可依据目标将其分割成若干子片段，不仅使程序结构简单化，给维护也能带来便利。另外，撰写大型程序时通常都是团队合作，可按功能分配给不同人员，同步开发缩短工期。

（2）精简代码。在一个程序中，常常需要在不同的位置实现相同的功能，此时可以将这些重复的指令编写为函数形式，需要用时再加以调用，不仅可减少代码编写总工时，还可使程序简洁、易读。

5.1 函数的定义及调用

5.1.1 函数的定义

使用def关键词可以自定义一个某种功能的函数，def关键词后跟的是一个语句，且是可执行的语句。当执行def语句时将会创建一个新的函数对象，封装这个函数的代码并将这个对象赋值给函数名。Python中所有的语句都是实时运行的，def语句也一样，所以它可以存在于语句可以出现的任何地方，也可以嵌套在其他的语句中。定义函数时需要符合以下规则：

（1）函数代码块要以def关键词开头，后接函数名称和圆括号( )，以冒号结尾。

（2）函数的参数视功能需要，可有可无，定义时置于圆括号之间，多个参数用逗号隔开。

（3）函数的第一行可选择性的放置函数说明。

（4）冒号示意后接函数体，且函数体整体要缩进。

（5）Return[返回值]可有可无，用在函数体的结束部分，多个返回值用逗号隔开。

小提示：函数的不能重复定义，也就是不同函数的名称不能重复；如果使用return语句但其后不带表达式，则相当于返回None。

定义函数的格式语法如下：

```
def 函数名(参数1,参数2,…):
"""函数_文档字符串"""
函数功能具体代码
return[返回值1,返回值2,…]
```

当Python运行到这里并执行了def语句时，它将会创建一个新的函数对象，封装这个函数的代码并将这个对象赋值给变量名。典型的应用是，将函数定义语句编写在模块文件之中。

5.1.2 函数的调用

Python允许在程序中的任何地方且不限次数地运行函数。这就是调用（Calling）函数。

例5-1 定义两个函数，分别输出“How are you”和“Fine,thank you”。

```
def H_au( ):
 print('How are you?')          #输出How are you
 #函数结束
def F_3q( ):
 print('Fine,thank you!')       #输出Fine,thank you!
H_au( )                         #调用函数
F_3q( )                         #调用函数
```

运行结果如下：

```
How are you?
Fine,thank you!
```

5.2 函数的参数及返回值

函数体可以获取参数，函数可以利用这参数实现预定的结果。参数相当于变量，当调用函数时参数被确定，且在函数运行时均已赋值完成。使用函数时要注意两个术语：在定义函数时给定的参数名称称作“形参”(Parameters)；在调用函数时用户指定的参数值称作“实参”(Arguments)。

5.2.1 参数传递

参数传递

在 Python 中严格意义上不能说值被传递或引用被传递，应该说对象被传递。传递的对象可以分为不可变（immutable）类型和可变（mutable）类型。

不可变类型：如 string（字符串）、tuple（元组）和 number（数值）。

可变类型：如 list（列表）、dict(字典)。

例 5-2 定义两个函数变量分别为 list 和 string 类型，在函数体内改变参数值，对比两个函数的函数体内外值的变化。

```
def changelist(mylist):
  "修改传入的列表"
  mylist.append([40,50,60,70])
  print("列表当前值为：",mylist)
  return
def changestr(mystr):
  "修改传入的字符串"
  mystr=mystr+',world'
  print("字符串当前值为：",mystr)
  return
mylist=[10,20,30]
changelist(mylist)
print("函数外值为：",mylist)
mystr='hello'
changestr(mystr)
print("函数外值为：",mystr)
```

运行结果如下：

```
函数内值为：[10,20,30,[40,50,60,70]]
函数外值为：[10,20,30,[40,50,60,70]]
函数内值为：hello,world
函数外值为：hello
```

本例中，changestr(mystr) 传递的只是 mystr 的值，changestr(mystr) 内部修改 mystr 的值，只是修改另一个复制的对象，不会影响 mystr 本身。changelist(mylist) 则是将 mylist 真正地传过去，修改后 changelist(mylist) 外部的 mylist 也会受影响。

5.2.2 参数类型

调用函数时可使用的参数类型有必备参数、默认参数、关键字参数、可变参数。

1. 必备参数

必备参数须以正确的顺序传入函数，且调用时的参数数量必须和定义时的一样。

例 5-3 定义一个需要参数的函数，调用时不引用参数，观察运行结果。

```
def showstr(str):
  print(str)                    #"打印任何传入的字符串"
  return
showstr( )
```

运行结果如下：

```
Traceback (most recent call last):
  File "C:\Users\PycharmProjects\functionProject\5.3.py", line 7, in <module>
  showstr( )
TypeError: showstr( ) missing 1 required positional argument: 'str'
```

本例中，调用函数时缺少参数会报错，提示缺少必要的参数 'str'。

2. 默认参数

默认参数是指在定义函数的时候提供一些默认值，如果在调用函数的时候没有传递该参数，则自动使用默认值，否则使用传递时该参数的值。用法是在函数定义时附加一个赋值运算符“=”来为参数指定默认参数值。

小提示：默认形参要放在所有非默认形参之后，否则会报如下异常：

```
SyntaxError: non-default argument follows default argument
```

例 5-4 观察提供默认值的函数，调用时不传递参数的结果。

```
def add(x,y,z=1):               #z是默认参数，必须放在所有必选参数的后面
  print('sum=',x+y+z)
add(1,1)
add(1,1,5)
```

运行结果如下：

```
sum=3
sum=7
```

本例中，add(1,1) 在调用时没有指定 z 参数值，所以使用默认参数取值为 1+1+1=3，add(1,1,5) 在调用时 z 参数使用定义值，所以结果为 1+1+5=7。

3. 关键字参数

函数中可以使用命名（关键字）而非位置（内存空间）来指定函数中的参数。此时的参数没有具体类型、没有明确赋值，只是一个名字，这就是关键字参数（KeywordArguments）使用关键字参数有两大优点：第一，不再需要考虑参数的顺序，函数的使用将更加灵活；第二，其余参数都具有默认参数值的情况下，可只对那些希望赋予的参数赋值。

例 5-5 调用函数时，使用关键字参数。

```
def func(a,b=2,c=3):
  print('a=',a,',b=',b,',c=',c)
func(1,3)
func('hello',c=5)
func(c=10,a=20)
```

运行结果如下：

```
a=1,b=3,c=3
a=hello,b=2,c=5
a=20,b=2,c=10
```

本例中，函数 func( ) 中 a 为没有默认参数值的参数。func(1,3) 参数 a 获得了数值 1，参数 b 获得了数值 3，c 为默认参数值 3。func('hello',c=5) 参数 a 按照位置对应关系先获得了字符串 'hello'。由于命名匹配参数 c 获得了数值 5，参数 b 为默认参数值 2。func(c=10,a=20) 中，尽管 a 在 c 之前定义，但在调用时还是可以准确地对应赋值。

4. 可变参数

例 5-6 调用函数时，使用可变参数。

```
def total(str,*numbers,**phonebook):
  print('str',str)
  #遍历元组中的所有项目
  tuple=[single_item for single_item in numbers]
  print(tuple)
  #遍历字典中的所有项目
  for first_part, second_part in phonebook.items( ):
  print(first_part,second_part)
print(total('list',1,2,3,W=111,L=222,Z=333))
```

运行结果如下：

```
str list
[1,2,3]
W 111
L 222
Z 333
None
```

本例中，total( ) 函数定义参数的方式称为参数的打包，如果函数在定义时无法确定需要接收多少个数据，那么可以在定义函数时为形参添加“*”或“**”。

比如 *param 形式的参数，表示接收以元组形式打包的多个值。从 *param 开始直到结束的所有位置，参数都将被收集并汇集成一个称为“param”的元组。

类似地，**param 参数表示接收以字典形式打包的多个值。从 **param 开始直至结束的所有关键字参数都将被收集并汇集成一个名为 param 的字典。

5.2.3 返回值

Python 的 return 语句可以出现在函数体的任何地方。它表示函数调用的结束，并且可以选择在退出函数时从函数中返回 return 后跟的值或表达式。return 语句是非必需的，如果没有使用，那么函数将会在控制流执行完函数主体时结束。

函数的返回值多种多样，可以是任意类型的对象，如字符串、数值、列表、字典等；可以是一个表达式，函数会直接运行表达式，然后返回；可以是函数本身，利用这点可以实现递归调用。不带参数值的 return 语句返回 None，并将结果返回至函数调用处。

1. 多条返回语句

例 5-7 比较两个数的大小，返回最大值。

```
def maximum(x,y):
  if x>y:
    return x
  elif x==y:
    return '两个数相等'
  else:
    return y
print(maximum(2,3))
print(maximum(4,3))
print(maximum(3,3))
```

运行结果如下：

```
3
4
两个数相等
```

本例中，虽然有多个 return 语句，但需注意的是，最终真正执行的最多只有 1 个，且一旦执行，函数运行会立即结束。

2. 多个返回值

例 5-8 创建 func( ) 函数，返回 a 与 c 的和，及 b 与 c 的差。

```
def func(a,b,c):
  x=a+c
  y=b-c
  return x,y
vol=func(50,50,10)
print(vol)
```

运行结果如下：

```
(60,40)
```

本例中，函数 func( ) 返回了两个值，通过观察输出结果，return 返回的多个值以元组的形式保存了下来。

3. 递归函数

例 5-9 求 5!。

```
def fact(n):
  if n==1:
  return 1
  return n*fact(n-1)
print(fact(5))
```

运行结果如下：

```
120
```

本例中，return 语句返回的是包含函数的表达式，运算原理是 fact(5)=5*fact(4), fact(4)=4*fact(3)……结果为 5*4*3*2*1=120。

如果一个函数在执行过程中直接或间接调用了函数自身，则这种调用方法称为递归调用，这种函数类型称为递归函数。

5.3 变量的作用域

程序中的变量不是随便在哪个位置都可以访问，变量赋值的位置决定了访问的权限。变量起作用的范围就是变量的作用域（Scope）。最基本的两种变量作用域为全局（Global）变量和局部（Local）变量。

5.3.1 局部变量

局部变量拥有一个局部作用域，局部变量只能在其被声明的函数内部访问，不会以任何方式与函数外部的同名变量产生关系。

例 5-10 定义一个函数实现两数相加功能，函数体内外有同名变量 x。

```
x=50
def func(x,y):
  sum=x+y
  print(sum)
func(2,3)
```

运行结果如下：

```
5
```

通过本例可以看到最终输出结果为 5，说明函数外定义的 x=50 与函数没有关系。

5.3.2 全局变量

全局变量可以在全局作用域内被访问。调用函数时，所有在函数内声明的变量名称都将被加入到作用域中。全局变量需要在函数内部以global语句声明，声明时可以同时指定多个全局变量，如global x, y, z。

例5-11 在函数func( )内定义全局变量x，通过赋值观察x取值变化。

```
x=50
def func( ):
  global x
  print('x 的值为 ',x)
  x=2
  print('x 的值为 ',x)
func( )
print('x 的值为 ',x)
```

运行结果如下：

```
x 的值为 50
x 的值为 2
x 的值为 2
```

函数体开始阶段用global语句声明x是全局变量，因此，当对func( )中x赋值时，将对程序内所有的变量x生效改动。

5.4 内置函数

Python提供了许多内置函数，这些函数随Python启动会被自动加载，有非常快的运行速度，在任何时候都可直接使用。前面的章节频繁出现的print( )就是一个典型。Python中常见内置函数见表5-1～表5-10。

表5-1 数学运算相关函数

函　数	作　用
abs	求数值的绝对值
divmod	返回两个数值的商和余数
max	返回可迭代对象中的元素中的最大值或所有参数的最大值
min	返回可迭代对象中的元素中的最小值或所有参数的最小值
pow	返回两个数值的幂运算值或其与指定整数的模值
round	对浮点数进行四舍五入求值
sum	对元素类型是数值的可迭代对象中的每个元素求和

表 5-2　类型转换相关函数

函　数	作　用
bool	根据传入的参数逻辑值，创建一个新的布尔值
int	根据传入的参数，创建一个新的整数
float	根据传入的参数，创建一个新的浮点数
complex	根据传入参数，创建一个新的复数
str	返回一个对象的字符串表现形式（给用户）
bytearray	根据传入的参数，创建一个新的字节数组
bytes	根据传入的参数，创建一个新的不可变字节数组
memoryview	根据传入的参数，创建一个新的内存查看对象
ord	返回 Unicode 字符对应的整数
chr	返回整数所对应的 Unicode 字符
bin	将整数转换成二进制字符串
oct	将整数转化成八进制数字符串
hex	将整数转换成十六进制字符串
tuple	根据传入的参数，创建一个新的元组
list	根据传入的参数，创建一个新的列表
dict	根据传入的参数，创建一个新的字典
set	根据传入的参数，创建一个新的集合
frozenset	根据传入的参数，创建一个新的不可变集合
enumerate	根据可迭代对象创建枚举对象
range	根据传入的参数，创建一个新的 range 对象
iter	根据传入的参数，创建一个新的可迭代对象
slice	根据传入的参数，创建一个新的切片对象
super	根据传入的参数，创建一个新的子类和父类关系的代理对象
object	创建一个新的 object 对象

表 5-3 序列操作相关函数

函 数	作 用
all	判断可迭代对象的每个元素是否都为 True 值
any	判断可迭代对象的元素是否有为 True 值的元素
filter	使用指定方法过滤可迭代对象的元素
map	使用指定方法去作用传入的每个可迭代对象的元素，生成新的可迭代对象
next	返回可迭代对象中的下一个元素值
reversed	反转序列生成新的可迭代对象
sorted	对可迭代对象进行排序，返回一个新的列表
zip	聚合传入的每个迭代器中相同位置的元素，返回一个新的元组类型迭代器

表 5-4 对象操作相关函数

函 数	作 用
help	返回对象的帮助信息
dir	返回对象或者当前作用域内的属性列表
id	返回对象的唯一标识符
hash	获取对象的哈希值
type	返回对象的类型，或者根据传入的参数，创建一个新的类型
len	返回对象的长度
ascii	返回对象的可打印表字符串表现方式
format	格式化显示值

表 5-5 反射操作相关函数

函 数	作 用
vars	返回当前作用域内的局部变量，和其值组成的字典，或者返回对象的属性列表
isinstance	判断对象是否是类或者类型元组中任意类元素的实例
issubclass	判断类是否是另外一个类或者类型元组中任意类元素的子类
hasattr	检查对象是否含有属性

续表

函　数	作　用
getattr	获取对象的属性值
setattr	设置对象的属性值
delattr	删除对象的属性
callable	检测对象是否可被调用

表 5-6　变量操作相关函数

函　数	作　用
globals	返回当前作用域内的全局变量和其值组成的字典
locals	返回当前作用域内的局部变量和其值组成的字典

表 5-7　交互操作相关函数

函　数	作　用
print	向标准输出对象打印输出
input	读取用户输入值

表 5-8　文件操作相关函数

函　数	作　用
open	使用指定的模式和编码打开文件，返回文件读写对象
close	关闭文件

表 5-9　编译执行相关函数

函　数	作　用
compile	将字符串编译为代码或者 AST 对象，使之能够通过 exec 语句来执行或者 eval 进行求值
eval	执行动态表达式求值
exec	执行动态语句块
repr	返回一个对象的字符串表现形式（给解释器）

表 5-10　装饰器相关函数

函　数	作　用
property	标示属性的装饰器
classmethod	标示方法为类方法的装饰器
staticmethod	标示方法为静态方法的装饰器

5.5 函数式编程

常见的编程范式有过程式编程、面向对象编程，函数式编程也是其中一种。函数式编程的一大特性就是：可以把函数当成变量来使用，如将函数赋值给其他变量、把函数作为参数传递给其他函数、函数的返回值也可以是一个函数等。

5.5.1 高阶函数

在 Python 中变量是可以指向函数的。

例 5-12　把内置函数 abs( ) 赋值给 func 变量，观察 func 的类型。

```
func=abs
print(func(-100))
print(type(func))
```

运行结果如下：

```
100
<class 'builtin_function_or_method'>
```

abs( ) 是内置求绝对值的功能函数，给 func 变量传入 -100 后，可以获得与使用 abs( ) 函数一样的结果，并且通过 type( ) 函数查到 func 类型显示内置函数，说明 func 本质使用的就是 abs( ) 函数，也就说明 func 变量只是指向了 abs( ) 函数。

既然变量可以指向函数，而函数参数也可以接收变量，那么函数是可以接收另一个函数作为参数的。在函数式编程中，可以将函数当作变量一样自由使用。一个函数可以作为参数传给另外一个函数，或者一个函数的返回值为另外一个函数（若返回值为该函数本身，则为递归），只要满足其一，则这样的函数称之为高阶函数。

例 5-13　创建指向函数的函数。

```
def squ(x):
  return x**2
def add(a,b,func):
  return func(a)+func(b)
```

```
result=add(10,20,squ)
print(result)
```

运行结果如下：

```
500
```

上例中定义了一个 add( ) 函数，然后定义了三个函数参数变量，分别为 a，b，func。通过函数内部语句可以发现变量 func 其实是另一个函数 squ( )，所以最终结果是将 10 和 20 各自取平方和相加得到 500。

5.5.2 匿名函数

前面讲到，可以使用 def 语句来定义一般函数，在 Python 中还提供了一个关键字 lambda 用于定义匿名函数。

1. 匿名函数语法

匿名函数，顾名思义，没有具体的函数名，它的形式如下：

```
lambda 参数：表达式
```

冒号前面是匿名函数的参数，需注意冒号后面是函数的返回值，这里不需要 return 关键字标识。lambda 函数可以接收任意数量的参数，但函数只能包含一个表达式。表达式是 lambda 函数执行的逻辑代码，它可以返回任何值，也可以不返回任何值。

例 5-14 使用 lambda 函数。

```
def double1(x):
  return 2*x
double2=lambda x: 2*x
mul=lambda x,y: x*y
print(double1(2))                   # 输出 def 定义函数结果
print((lambda x: 2*x)(2))           # 输出 lambda 函数结果
print(mul(2,3))                     # 输出多参数 lambda 函数结果
```

运行结果如下：

```
4
4
6
```

从本例中可以看到，由于匿名函数本质上是一个函数对象，可以将其赋值给另一个变量，再由该变量来调用函数。

小提示： 匿名函数的函数体只有一个表达式，所实现的功能通常比较简单，且因其“匿名”特性，无法被其他程序调用。

2. 匿名函数使用场景

lambda 函数一般用于创建临时的、小巧的函数和不需要函数名的场合。Python 中有些内置函数是以函数作为参数，如 filter( )、map( ) 等。这些内置函数在使用时常常与 lambda 函数一起使用。

（1）匿名函数作为返回值。实现相同的功能用 lambda 会比 def 定义显得更简洁。

例 5-15　使用 lambda 实现例 5-12。

```
def func(num):
  return lambda x : x*num
result1=func(10)
print(result1(5))
print(func(100)(6))
```

运行结果如下：

```
50
600
```

在本例中首先通过 def 关键词定义 func( ) 函数，需要传入一个参数 num，在函数体结束时返回一个匿名函数，匿名函数中的表达式获得 num 与一个未知数 x 相乘的结果返回，并且同样是可以重复使用的。

（2）filter( ) 函数。Python 中的 filter( ) 函数接收一个列表参数和一个 lambda 函数参数，用于过滤序列，过滤掉不符合条件的元素，返回由符合条件元素组成的新列表。它的语法如下：

```
filter(function,iterable)
```

这里的 function 是过滤条件，必须是一个返回布尔值的 lambda 函数。iterable 中的每个元素作为参数传递给函数进行判断，然后返回 True 或 False，最后将返回 True 的元素放到新列表中。

例 5-16　使用 filter( ) 函数过滤 1 ～ 10 中的奇数。

```
numbers_list=[1,2,3,4,5,6,7,8,9,10]
filtered_list=list(filter(lambda x: (x % 2==1),numbers_list))
print(filtered_list)
```

运行结果如下：

```
[1,3,5,7,9]
```

在本例中，先创建了一个整数列表 number_list, 接着创建了一个 lambda 函数来挑选其中的奇数。用此 lambda 函数作为参数传递给 filter( ) 函数，过滤后的结果保存在一个名为 filtered_list 的新列表中。

（3）map( ) 函数

map( ) 函数是另一个以函数和列表作为参数的内置函数。map 函数的语法如下：

```
map(function,iterable,...)
```

参数 function 传的是一个函数名，可以是内置的，也可以是自定义的。参数 iterable 传的是一个可以迭代的对象，如列表、元组、字符串。map( ) 函数主要是根据 function 定义的逻辑来作用于 iterable 的每一个元素，并将结果输出至一个新的列表。

map( ) 函数

例 5-17　使用 map( ) 函数对目标列表的所有元素求平方，并将结果输出至新列表中。

```
list_num=[1,2,3,4,5]
```

```
mylist=list(map(lambda x: (x**2),list_num))
print(mylist)
```

运行结果如下：

```
[1,4,9,16,25]
```

在 map( ) 函数中 iterable 参数后有省略号，意为可以传入多个 iterable，如果有多个 iterable 参数，map( ) 函数并行地从这些参数中取元素，并调用 function。

例 5-18 通过 map( ) 函数实现 list_1 与 list_2 相同位置元素的相加，将结果分别以列表形式和元素形式打印输出。

```
list_1=[1,2,3,4,5]
list_2=[6,7,8,9,10]
mylist=list(map(lambda x,y:(x+y),list_1,list_2))
a,b,c,d,e=map(lambda x,y:(x+y),list_1,list_2)
print(mylist)
print(a,b,c,d,e)
```

运行结果如下：

```
[7,9,11,13,15]
7 9 11 13 15
```

如果 map( ) 函数中多个 iterable 参数长度不一样怎么办？对于短的那个 iterable 参数会用 None 填补。但是需要注意的是，除非参数 function 支持 None 的运算，否则根本没意义。

例 5-19 通过 map( ) 函数实现三个不等长列表相同位置元素相加，将结果输出至列表。

```
list1=[1,2,3]
list2=[1,2,3,4]
list3=[1,2,3,4,5]
res1=list(map(lambda x,y,z:x+y+z,list1,list2,list3))
print(res1)
```

运行结果如下：

```
[3,6,9]
```

在本例中，list1、list2、list3 长度不相同，最短列表的由三个元素组成，所以输出的新列表长度最大成员数是 3。

5.5.3 闭包函数

1. 闭包概念

在 Python 中很多地方都会使用到闭包，那么究竟什么是闭包呢？如果一个函数返回了一个内部函数，该内部函数引用了外部函数的相关参数和变量，则把该返回的内部函数称为闭包（Closure）。

例 5-20 使用闭包函数。

```
from math import pow
def func(n):
  def inner_func(x):            #嵌套定义了 inner_func
    return pow(x,n)             #math 库求幂函数，注意这里引用了外部函数的 n
  return inner_func             #返回 inner_func
pow1=func(2)
print(pow1(6))
del func                        #删除 func( ) 函数
print(pow1(7))
```

运行结果如下：

```
36.0
49.0
```

本例中，unc(2) 先传入幂为 2，pow1(6) 传入底数 6，输出结果为 36。回看函数的定义过程发现，内部函数 inner_func( ) 就是一个闭包，因为它引用了外部函数 func( ) 的参数 n，将 func(2) 赋值给 pow1 变量后，pow1 实际指向的是函数 pow( )，而 n 这个变量的值并不会随着 func( ) 停用而消失，依然会被 pow1 引用。可以看到，即使在删除 func( ) 函数后，pow1(7) 依然可以输出目标结果。

2. 闭包作用

闭包中被内部函数引用的变量，不会因为外部函数结束而被释放掉，而是一直存在内存中，直到内部函数被调用结束。另外，闭包在运行时可以有多个实例，即使参数相同，但是实例并不相同。在例 5-20 基础上，将 func(3) 赋值给两个不同变量 p1、p2，如下所示：

```
p1=func(3)
p2=func(3)
print(p1==p2)
```

可以发现，运行结果为 False，说明 p1、p2 并不是相同的实例。

需要注意的是，在使用闭包时尽量避免引入循环变量，以如下示例说明。

例 5-21 在闭包函数中使用循环。

```
def num( ):
list1=[]
  for i in range(1,4):
def inner_func( ):
  return i*i
list1.append(inner_func)
  return list1
l1,l2,l3=num( )
print(l1( ),l2( ),l3( ))
```

运行结果如下：

```
9 9 9
```

在示例中，本意是计划在空列表 list1 中装填 1、4、9 三个新元素，但输出结果却为三个 9。

原因是函数 inner_func( ) 引用了外部函数的变量 i，但 inner_func( ) 并不是立刻执行，当 for 循环结束 i 的值为 3，inner_func( ) 返回的结果全为 9，所以最终结果都是 9。将 for 循环部分代码替换，如下所示：

```
def inner_func(x):
g=lambda :x*x
return g
list1.append(inner_func(i))
```

上述代码的关键在于函数内部调用外部的数据时，数据的值没有以最终形态被调用，所以可以在 inner_func( ) 内部再添加一个函数 g，原本返回 i*i 的结果变成返回函数 g，这样相当于在原始的 inner_func( ) 外加一个保护层，使数据可以实际形态被调用。

5.6 实训案例

5.6.1 猜数字游戏

1. 任务描述

要求具备两个功能：在给定范围内，计算机随机指定一个数字，用户在给定次数内猜大小；同理，也可以用户指定一个数字，让计算机去猜大小。

2. 实现思路

(1) 根据题目要求，将两个功能分别定义两个函数。

(2) 以“电脑出题你来猜”为例，在函数 U_guess( ) 定义时，指定随机数字的上下限，以及猜数字的次数，函数体中使用 input 函数接收数字，使用循环结构比对猜的数字和给定数值的大小。循环体中，当猜的数字大于给定值时，给出比对结果提示，次数消耗加 1；当猜的数字小于给定值时，给出比对结果提示，次数消耗加 1；当猜的数字等于给定值时，给出比对结果提示，跳出循环结构。

(3)“你来出题电脑猜”与上述步骤相似，具体是用户指定数字，计算机随机选数字来猜。

3. 代码实现

```
import random
def U_guess(start:int,end:int,num):
    rule='''
    游戏规则:
    1、随机生成一个 start 到 end 之间的整数。
    2、num 次猜数字的机会，如果没有猜正确，游戏结束。
    3、输入字母 q，则可中途退出游戏。
    '''
    print(rule)
    value=random.randrange(start, end)#随机生成一个 1～100 之间(不包括 100)的随机整数
```

```
    count=0       #统计所猜次数
    while count<num:
        count+=1                                   #每循环一次，count加1
        print(f"第{count}次猜")
        your_answer=input("请输入你的答案:")
        if your_answer.isdigit( ):
            your_answer=int(your_answer)  #将字符串转为整型
            if your_answer>value:
                print(f"略大那么一点，剩余{num-count}次机会")
            elif your_answer<value:
                print(f"略小那么一点，剩余{num-count}次机会")
            else:
                print(f"好厉害，只用{count}次就猜对了！！！")
                break
        elif your_answer=="q":
            print("退出游戏！")
            break
        else:
            print("输入内容必须为数字，请重新输入")
    print(f"结果为{value}谢谢惠顾，继续努力～")    #循环次数达到num，则游戏结束退出循环
def PC_guess(start:int,end:int,num):
    rule='''
    游戏规则:
    1.指定一个start到end之间的整数。
    2.生成随机数匹配答案
    3.num次猜数字的机会，如果没有猜正确，游戏结束。
    '''
    print(rule)
    your_answer=int(input('请输入答案:'))
    count=0
    guess=random.randrange(start, end)
    while count<num:
        count+=1
        if guess>your_answer:
            print(f'电脑猜{guess}，猜大了')
            end=guess -1
            if start!=end:
                guess=random.randrange(start, end)
            else:
                break
        elif guess<your_answer:
            print(f'电脑猜{guess}，猜小了')
            start=guess +1
            if start !=end:
```

```
                guess=random.randrange(start, end)
            else:
                break
        else:
            print(f'正确答案{your_answer}，电脑猜{count}次猜中了，给它666')
            break
    print(f"结果为{your_answer}谢谢惠顾，继续努力～")
            #循环次数达到num，则游戏结束退出循环
print("******功能表******\n输入1.电脑出题你来猜\n输入2.你来出题电脑猜\n其余字符退出游戏\n******************\n")
flag=1
while flag:
    match input("请输入指令："):
        case "1":
            U_guess(1,10,3)
        case "2":
            PC_guess(1,10,3)
        case default:
            flag=0
            print("退出游戏")
```

代码运行效果如图 5-1 所示。在程序主体部分使用 match 语句选择功能，函数 U_guess ( ) 中使用 isdigit( ) 方法判断 input 接收的内容是否为数字，如为数字进入与给定值比对的判断过程，如为字母 q 可跳出循环，输出“游戏结束”，如为其他内容则提示“重新输入”。函数 PC_guess ( ) 中，“end=guess -1”和“start=guess +1”是当计算机没有猜对时，根据比对给定值大或小的提示，调整选取下次所猜数字的范围；random.randrange( ) 方法的上下限值不能相等，否则会报错，“if start != end:”是为了判断当出现上下限相等的情况，跳出此次逻辑判断。

```
******功能表******
输入1.电脑出题你来猜
输入2.你来出题电脑猜
其余字符退出游戏
******************

请输入指令：1

    游戏规则：
    1. 随机生成一个start到end之间的整数。
    2. num次猜数字的机会，如果没有猜正确，游戏结束。
    3. 输入字母q，则可中途退出游戏。

第1次猜
请输入你的答案：
```

图 5-1　猜数字游戏运行效果

5.6.2 制作随机点名器

1. 任务描述

要求具备五个功能：导入给定花名册信息、以列表格式输出全部姓名、手动增加姓名、手动删除姓名、随机输出若干姓名达到点名目的。

2. 实现思路

(1) 根据题目要求，将五个功能分别定义五个函数。

(2) 用包含学号、姓名信息的字典格式数据模拟花名册数据，遍历后将其转存为只包含姓名的列表数据。

(3) 存储姓名的列表为全局变量，可方便对数据前后变化比对。

(4) 增加姓名数据时，对已存在姓名遍历，不能增加已存在的姓名。

(5) 删除姓名数据时，用 input( ) 函数接收姓名数据，对已存在姓名遍历，成功删除后做出提示，如果输入的姓名数据不存在，做出提示并重新输入。

(6) 点名时用随机数点名，点多个名时，要实现姓名不能重复。

(7) 通过 match 语句实现不同功能的选取。

3. 代码实现

```
import random
name_book={'01':'汪源','02':'易谦','03':'张山山','04':'吴刚','05':'李昂',
           '06':'宋鹏','07':'白强强','08':'江城','09':'王子涵','10':'关登',}
name_pool=[]
def input_name( ):
    for i in name_book.values( ):
        if i not in name_pool:
            name_pool.append(i)
    print("------花名册信息已收集------\n")
def output_name( ):
    print(f"全部同学名单为:{name_pool}\n数量为{len(name_pool)}")
def append_name( ):
name=input("请输入要增加的名字:")
    for i in name:
        if i not in name_pool:
            name_pool.extend(name)
def delete_name( ):
    flag=0
    name=input("请输入要删除的名字:")
    for i in name_pool:
        if i==name:
            name_pool.remove(name)
            flag=1
            print(f"已删除\"{name}\"")
```

```
    if flag==0:
            print("名字不存在，请重新输入")
            return delete_name( )
    def random_call( ):
        num=input("请输入点名个数：")
        buf=[]
        while len(buf)<int(num):
            index=random.randint(0, len(name_pool)-1)
            if list[index] not in buf:
                buf.append(list[index])
            else:
                pass
        print(f"被点到同学为{buf}")
     print("******功能表******\n0.导入花名册\n1.增加名字\n2.删除名字\n3.输出完整名单\n4.随机点名\n******************\n")
    while 1:
        match input("请输入指令："):
            case "0":
                input_name( )
            case "1":
                append_name( )
            case "2":
                delete_name( )
            case "3":
                output_name( )
            case "4":
                random_call( )
```

代码运行效果如图 5-2 所示。在函数 append_name( ) 中，实现增加姓名使用的是可输入多个元素的 extend( ) 方法，所以在增加数据时输入的参数 name 应为列表格式。在 delete_name( ) 函数中，通过标志 flag 使“名字不存在”提示得以有条件执行，当所输入的名字不在“姓名池”中，利用递归的原理，通过 return 返回原函数继续执行输入名字的操作。random_call( ) 有两种实现方法，一是使用随机数作为检索下标来指定列表中元素，点多个名时要剔除已检索过的下标；二是使用 random.shuffle( ) 方法将列表元素随机重新排列，此方法直接操作原始列表，因此需要先复制“姓名池”列表，点几个名就打印前几个元素即可。具体代码如下：

```
def random_call( ):
    num=input("请输入点名个数：")
    List=name_pool
    random.shuffle(List)
    print(List[0:num])
```

```
******功能表******
0.导入花名册
1.增加名字
2.删除名字
3.输出完整名单
4.随机点名
******************

请输入指令：0
------花名册信息已收集------

请输入指令：
```

图 5-2　随机点名器运行效果

本章小结

本章主要讲解了函数的相关知识，包括函数概述、函数的定义和调用、函数参数的传递、函数的返回值、变量作用域、特殊形式的函数，此外结合精彩实例演示了函数的用法。通过本章的学习，读者能深刻地体会到函数的便捷之处，熟练地在实际开发中应用函数。

拓展阅读

在做实际项目或者业务时，不可能一蹴而就，常常需要分块、分层地去实现，也就是需采用渐进式的开发过程。从代码组织层面上区分，纵向分层称为组件化开发，横向分块称为模块化开发。

组件化就是把重复的代码部分提炼出一个个组件供给上层功能使用，常见的“基础库”或者“基础组件”就是组件化的应用。组件的功能相对单一或者独立，以系统的视角来看位于最底层，被其他代码所依赖，如在Web开发中高频重复使用的按钮、输入框等。组件化开发的原则一般是高重用、低依赖。

模块化更类似于“框架”的概念，将不同的业务进行划分，同一类型的整合在一起，所以功能会相对复杂，但是都属于同一个业务。如页面中的注册、登录、个人信息等不同频道。

组件和模块的区别在于，组件是若干基本单位，就像楼里的台阶，多个组件可以组合成组件库，方便调用和复用，组件间也可以嵌套，小组件组合成大组件。模块更新独立的功能和项目，就像商城的女装区、餐饮区等，可以调用组件来组成模块，多个模块可以组合成业务框架。

组件化和模块化的好处如下：

（1）开发和调试效率高。随着功能越来越多，代码结构会越发复杂，要修改某一个小功能，可能要重新翻阅整个项目的代码，把所有相同的地方都修改一遍，重复劳动浪费时间和人力，效率低；使用组件化，每个相同的功能结构都调用同一个组件，只需要修改这个组件，即可全局修改。

（2）可维护性强。容易定位故障，便于后期代码查找和维护。

（3）耦合性低。模块化是可以独立运行的，如果一个模块产生了错误，不会影响其他模块的调用。

（4）版本管理更容易。如果由多人协作开发，可以避免代码覆盖和冲突。

思考与练习

一、单选题

1. 假设函数中不包括 global 保留字，对于改变参数值的方法，以下选项中错误的是（　　）。

   A. 参数是列表类型时，改变原参数的值

   B. 参数的值是否改变与函数中对变量的操作有关，与参数类型无关

   C. 参数是整数类型时，不改变原参数的值

   D. 参数是组合类型（可变对象）时，改变原参数的值

2. 下列参数中可用于求整数的绝对值的是（　　）。

   A. pows( )　　B. divmod( )　　C. abs( )　　D. eval( )

3. Python 使用（　　）关键字定义匿名函数。

   A. function　　B. func　　C. def　　D. lambda

4. 下列关于函数的说法中，描述错误的是（　　）。

   A. 不同函数中可以使用相同名字的变量

   B. 函数可以简化代码，使程序更具模块化

   C. 函数调用时，实参和形参的传递顺序可以不同

   D. 匿名函数没有返回值

5. 关于以下代码，描述错误的是（　　）。

```
x=10y=3print(divmod(x, y))
```

   A. 以上代码输出结果为 (3,1)

   B. 该例子中调用了函数 divmod( )

   C. 函数 divmod( ) 是除数和余数的计算

   D. 该方法返回的是一个元组 (a % b, a // b)

6. 运行以下代码，printll 函数的输出结果是（　　）。

```
n=10
def sum(x):
    global n
    n=50
    return n+x
print(sum(50))
```

   A.100　　B. 60　　C. 102　　D. 62

二、判断题

1. 函数是组织好的、实现单一功能或相关联功能的代码段。 ( )
2. 使用函数可以提高代码的复用性。 ( )
3. 匿名函数可以定义标识符。 ( )
4. 全局变量可以在整个程序的范围内起作用。 ( )
5. 不同函数内部可以包含同名变量。 ( )

三、编程题

1. 编写函数，计算 1 ～ 100 的自然数之和。
2. 编写函数，计算 1 ～ 5 阶乘之和。
3. 编写函数，实现反向显示一串字符，如 abcd。

第6章 面向对象

知识目标

- 理解面向对象编程思想，掌握类的定义和使用，掌握类属性和实例属性的使用，掌握类方法和静态方法的使用，掌握面向对象三大特性。

能力目标

- 会独立设计类，会使用类创建对象，并使用对象进行程序设计。

素质目标

- 培养学生动手能力，提高学生信息收集和自主学习能力。

面向对象是一种编程思想，在程序中把一切都看成对象，基于这些对象来编程，与之对应的是面向过程的编程思想。

6.1 概述

1. 面向对象与面向过程

概述

以生活中的“洗衣服”为例，有两种方式：手洗和机洗。手洗按以下顺序来进行：找盆、放衣服、放水、加洗衣液、搓洗、倒水、漂洗若干次、拧干、晾晒；机洗则按以下顺序进行：打开洗衣机、放衣服、加洗衣液、关闭洗衣机、按下“开始”按钮、晾晒。

对比以上两种洗衣服方式，可以发现机洗更简单；手洗需要我们参与洗衣服的各个环节，费时费力；而机洗只需要找到一台洗衣机，进行简单操作就可以完成洗衣服的工作，我们不需要关心洗衣机内部做了什么，省时省力。

我们进行总结：手洗采用的是面向过程的编程思想，注重解决事情的每一个步骤（即环节），需分析出解决问题的若干步骤，依次调用执行这些步骤来解决问题；机洗采用的是面向对象的编程思想，注重解决事情的对象（即参与者），需分析出这些对象，及各自的特征和行为，然后让各个对象之间发生相互作用来解决问题。

2. 类与对象的概念

上述案例中，具体的“洗衣机”可以理解为是对象，“设计洗衣机的图纸”可以理解为是类。

在生活中处处可以发现类与对象，如盖大楼时，“盖大楼的图纸”是类，“根据图纸盖的A楼、B楼、C楼”是对象。“人”是类，小明、小张等具体的个人是对象。

总之，类是一系列具有共同特征和行为的事物的统称，是一个抽象的概念，不真实存在。这里的特征就是属性，如洗衣机的颜色、重量等；行为就是方法，如洗衣机的洗衣服行为等。而对象，也叫实例，是依据类创建出来的真实存在的事物。

3. 类与对象的联系与区别

（1）联系：类是对象的抽象，而对象是类的具体实例，依据类可以创建对象，且可以创建多个。

（2）区别：类是抽象的，仅仅是模板，它不存在于现实中的时间与空间里；而对象是具体的，一个实实在在存在的事物。类是静态的概念，类本身不保存任何数据；对象是一个动态的概念，每一个对象都保存着区别于其他对象的数据。

6.2 定义类与创建对象

1. 定义类

在定义类时，使用class关键字，class之后是类的名称，类名必须满足标识符命名规则，且最好遵循大驼峰命名习惯。语法格式如下：

```
class 类名：
    类属性代码
    方法代码
```

例6-1　定义一个Person类，在该类中定义一个类属性arm，并赋值为2，再使用def关键字定了一个名为say的方法，实现打印输出一句话：“I am Person”。

```
class Person:
    arm=2
    def say(self):
        print("I am Person")
```

2. 创建对象

Python不同于其他语言，在创建对象时不使用new关键字，在对象名前也不用加var/val关键字、变量类型等。语法格式如下：

```
对象名 = 类名（）
```

例 6-2 使用例 6-1 定义的 Person 类创建一个对象 p，并打印该对象。

```
p=Person( )        # 创建对象
print(p)           # 打印对象
```

运行结果如下：

```
<__main__.Person object at 0x0000020E06159400>
```

6.3 方法

6.3.1 实例方法

实例方法是指不用任何装饰器修饰、第一个形参是 self 的方法，该方法属于实例（即对象）。

1. 定义实例方法

定义实例方法时至少有一个形参 self，之后的形参列表中形参可以没有，也可依据实际需要添加。语法格式如下：

```
def 方法名 (self[, 形参列表 ]):
    方法体
```

小提示：self 指的是调用这个方法的对象，类似 Java 中的 this；通常在定义构造方法、实例方法时，作为方法的第一个参数；当通过对象调用实例方法时，系统自动把这个对象作为第 1 个参数传给 self，开发者只需要传递后面的参数即可。

例 6-3 定义一个 say( ) 方法，该方法中只有一个形参 self，方法体中打印输出一句话。

```
class Person:
    def say(self):
        print("hello, 我是实例方法 ")
```

2. 调用实例方法

对于实例方法的调用，可以通过对象名调用。通过对象名调用方法时无须给 self 传值，系统会自动把调用方法的当前对象传入。语法格式如下：

```
对象名 . 方法名 ([ 实参列表 ])
```

例 6-4 创建 Person 类对象 p，并通过 p 调用 say( ) 方法。

```
p=Person( )
p.say( )
```

运行结果如下：

```
hello, 我是实例方法
```

6.3.2　类方法

类方法是指使用装饰器 @classmethod 修饰、第一个形参是 cls 的方法，它属于类的方法，主要用于访问或修改类属性。

1. 定义类方法

定义类方法时至少有一个形参 cls，之后的形参列表中形参可以没有，也可依据实际需要添加。语法格式如下：

```
@classmethod
def 方法名 (cls[, 形参列表 ]):
    方法体
```

小提示：cls 指的是类本身；在定义类方法时，通常要作为类方法的第一个参数；当通过类名调用类方法的时候，系统自动把这个类作为第 1 个参数传给 cls，开发者只需要传递后面的参数即可。

例 6-5　定义一个 say 方法，该方法中只有一个形参 cls，方法体中打印输出一句话。

```
class Person:
    @classmethod
    def say(self):          # 定义类方法
        print("hello，我是类方法 ")
```

2. 调用类方法

对于类方法调用，可以通过类名或对象名调用。通过类名调用方法时，无须给 cls 传值，系统自动把调用方法的类传入；同理，通过对象名调用方法时，也无须给 cls 传值，系统自动将对象所属的类传入。语法格式如下：

```
类名 . 方法名 ([ 实参列表 ])
对象名 . 方法名 ([ 实参列表 ])
```

例 6-6　创建 Person 类对象 p，并分别通过对象名 p 和类名 Person 调用 say( ) 方法。

```
p=Person( )
p.say( )
Person.say( )
```

运行结果如下：

```
hello，我是类方法
hello，我是类方法
```

6.3.3　静态方法

静态方法是指使用装饰器 @staticmethod 修饰、没有用 self/cls 作为形参的方法。静态方法其实和定义它的类没有直接关系，只是起到了类似函数的作用，故一般用来存放逻辑性的代码。

1. 定义静态方法

形参列表中形参可以没有，也可依据实际需要添加。语法格式如下：

```
@staticmethod
def 方法名([形参列表]):
  方法体
```

例 6-7 定义一个 show_time( ) 方法，在该方法中没有任何形参，方法体中使用 time 模块获取当前时间，并进行打印。

```
import time
class Person:
    @staticmethod
    def show_time( ):
        print(time.strftime("%H:%M:%S", time.localtime( )))
```

2. 调用静态方法

对于静态方法的调用，可以通过类名或对象名直接调用。语法格式如下：

```
类名.方法名([实参列表])
对象名.方法名([实参列表])
```

例 6-8 创建 Person 类对象 p，并分别通过对象名 p 和类名 Person 调用 show_time( ) 方法。

```
p=Person( )
p.show_time( )
Person.show_time( )
```

运行结果如下：

```
21:48:49
21:48:49
```

小提示：在静态方法中，因没有 self 参数，故无法访问实例属性、调用实例方法。在静态方法中，也因没有 cls 参数，故不可以直接访问类属性、调用类方法，但可通过类名访问类属性、调用类方法。

6.4 属性

6.4.1 实例属性

实例属性就是每个对象（即实例）独自拥有的属性，不与其他实例对象所共享。

1. 添加实例属性

实例属性添加很灵活，可以通过构造方法、实例方法内部的 self 添加，也可在类外通过实例对象进行添加。

（1）类内添加

可通过 self 进行添加属性，如 self.name="Tyanjun"，其中 name 是新属性。语法格式如下：

```
self.新的属性名=值
```

小提示：通过实例方法添加的实例属性，只有调用了该方法，才能在之后使用该属性。

（2）类构造方法和外添加

可通过对象名添加属性，如 p.age=38，其中 p 是 Person 类的实例对象，age 是新属性。语法格式如下：

```
对象名 . 新的属性名 = 值
```

小提示：类外添加实例属性这种方式是 Python 独创，Java 等其他语言无。但此种方式不常用，因这样操作，会弄不清一个对象有多少属性。

2. 删除实例属性

关键字 del 用于删除实例属性，具体可通过类内、类外两种方式删除。

（1）类内删除

在类内删除需用到实例方法内部的 self，如 del self.name。语法格式如下：

```
del self. 属性名
```

（2）类外删除

在类外删除要用到实例对象，如 del p.name，其中 p 是 Person 类的对象。语法格式如下：

```
del 对象名 . 属性名
```

3. 修改实例属性

修改实例属性与添加实例属性类似，区别在于操作的是否是新的属性，如添加用新的属性名，修改用已有的属性名。下边通过类内实例方法的 self、类外实例对象修改实例属性。

（1）类内修改。通过 self 对已有属性赋值可达到修改的功能，如 self.name="TianYi"，将之前的值由 "Tyanjun" 变为 "TianYi"。语法格式如下：

```
self. 属性名 = 修改值
```

（2）类外修改。同理，可直接把修改值赋给实例属性。语法格式如下：

```
对象名 . 属性名 = 修改值
```

4. 访问实例属性

访问实例属性，可以通过类内实例方法的 self 访问，同样也可通过类外对象访问。

（1）类内访问。通过 self 访问，如 self.name。语法格式如下：

```
self. 属性名
```

（2）类外访问。通过实例对象访问，如 p.name。语法格式如下：

```
对象名 . 属性名
```

小提示：添加、删除、修改、访问实例属性，只能通过 self 与实例对象，不能用类；在类外添加、删除实例属性，也称运行时操作，是 Python 独有的，Java 等其他语言无。

例 6-9　定义 Person 类，在 Person 类中定义三个方法：set_name( ) 方法、del_name( ) 方法、print_info( ) 方法，set_name( ) 方法中可添加、修改 name 属性，del_name( ) 方法中用于删除 name 属性，print_info( ) 方法可打印查看 name 和 age 属性值。

```
class Person:
    def set_name(self, name):
        self.name=name                  # 类内添加、修改属性
    def del_name(self):
        del self.name                   # 类内删除属性
    def print_info(self):
        print(self.name)                # 类内查看 name 属性
        print(self.age)                 # 类内查看 age 属性
p=Person( )
p.set_name('Tyanjun')
p.age=38                                # 类外添加属性
p.print_info( )
p.set_name('TianYi')
p.age=21                                # 类外修改属性
print(p.name)                           # 类外查看 name 属性值 : TianYi
print(p.age)                            # 类外查看 age 属性值 : 21
p.del_name( )
del p.age                               # 类外删除属性
```

运行结果如下：

```
Tyanjun
38
TianYi
21
```

本例中，通过 Person 类创建实例对象 p，通过 p.set_name( ) 方法在类内添加了 name 属性，属性值为 Tyanjun，在类外使用 p.age 新添加了 age 属性，属性值为 38，再调用 p.print_info( ) 方法，在类内打印查看 name 和 age 属性值；之后，再次通过 p.set_name( ) 方法在类内修改 name 属性，属性值为 TianYi，通过在类外使用 p.age 修改 age 属性，属性值为 21，接下来就是在类外打印查看 name 和 age 属性值。最后，通过 p.del_name( ) 方法，在类内删除了 name 属性，在类外直接用 del 删除了 p.age 属性。

6.4.2 类属性

类属性就是类所拥有的属性，被该类的所有实例对象所共有。

1. 添加类属性

类属性添加很灵活，可以通过直接在类内定义类属性添加，可以通过类内类方法的 cls 添加，也可以通过类外类名进行添加。

（1）类内定义添加。语法格式如下：

```
class 类名 :                            # 定义类
    新的属性名 = 属性值                 # 定义类属性
```

（2）类内添加。语法格式如下：

```
cls.新的属性名 = 值
```

小提示：通过类方法添加属性，只有调用执行了该类方法，属性添加才成功。

（3）类外添加。语法格式如下：

```
类名.新的属性名 = 值
```

2. 删除类属性

通过 del 关键字实现删除操作，删除类属性也可通过类内、类外两种方式删除，在类内删除需用到类方法内部的 cls，在类外删除要用到类名。

（1）类内删除。语法格式如下：

```
del cls.属性名
```

（2）类外删除。语法格式如下：

```
del 类名.属性名
```

3. 修改类属性

修改类属性与添加类属性类似，区别在于操作的是否是新的属性，如添加用新的属性名，修改用已有的属性名。下边通过类内类方法的 cls、类外类名修改类属性。

（1）类内修改。语法格式如下：

```
cls.属性名 = 修改值
```

（2）类外修改。语法格式如下：

```
类名.属性名 = 修改值
```

小提示：只能通过类名修改类属性，不能通过实例对象修改。如非要通过实例对象修改类属性，则会添加一个同名实例属性。

4. 访问类属性

访问类属性，可以通过类内类方法的 cls 访问，也可通过类外类名访问，需要注意的是在类外还可通过实例对象访问。

（1）类内访问。语法格式如下：

```
cls.属性名
```

（2）类外访问，通过类或实例对象访问。语法格式如下：

```
类名.属性名
```

或：

```
对象名.属性名
```

例 6-10　添加、删除、修改、访问类属性。定义 Person 类，在 Person 类中定义 arm 类属性，同时定义 set_arm( ) 方法，用于修改 arm 类属性；定义 del_arm( ) 方法，用于删除 arm 类属性，定义 set_leg( ) 方法，用于添加、修改 leg 类属性；定义 del_leg( ) 方法，用于删除 leg 类属性；定义 print_info( ) 方法，用于查看打印 arm、leg、tooth 类属性。

```
class Person:
    arm=2                           # 类内定义属性
    @classmethod
    def set_arm(cls, arm):
        cls.arm=arm                 # 类内修改属性
    @classmethod
    def del_arm(cls):
        del cls.arm                 # 类内删除属性
    @classmethod
    def set_leg(cls, leg):
        cls.leg=leg                 # 类内添加、修改属性
    @classmethod
    def del_leg(cls):
        del cls.leg                 # 类内删除属性
    @classmethod
    def print_info(cls):
        print(cls.arm)              # 类内查看 arm 属性
        print(cls.leg)              # 类内查看 leg 属性
        print(cls.tooth)            # 类内查看 tooth 属性
Person.set_leg(2)
Person.tooth=32                     # 类外添加属性
Person.print_info( )
Person.set_arm(4)                   # 类内修改 leg 属性
Person.leg=4                        # 类外修改 arm 属性
Person.tooth=34                     # 类外修改 tooth 属性
print(Person.arm)                   # 类内查看 arm 属性： 4
print(Person.leg)                   # 类内查看 leg 属性： 4
print(Person.tooth)                 # 类内查看 tooth 属性： 34
Person.del_arm( )
Person.del_leg( )
del Person.tooth
```

运行结果如下：

```
2
2
32
4
4
34
```

本例中，通过 Person.set_leg( ) 方法在类内添加了 leg 属性，属性值为 2，在类外使用 Person.tooth 新添加了 tooth 属性，属性值为 32, 再调用 p.print_info( ) 方法，在类内打印查看 arm、leg、tooth 属性值；之后，再次通过 Person.set_arm( ) 方法在类内修改 arm 属性，属性值为 4，通过在类

外使用 Person.leg 修改 leg 属性，属性值为 4，通过在类外使用 Person.tooth 修改 tooth 属性，属性值为 34，接下来就是在类外打印查看 arm、leg、tooth 属性值。最后，通过 Person.del_arm( ) 方法，在类内删除了 arm 属性，通过 Person.del_leg( ) 方法，在类内删除了 leg 属性，在类外直接用 del 删除了 Person.tooth 属性。

例 6-11　对比通过类和实例对象修改类属性。定义 Person 类，在 Person 类中定义 arm 类属性。

```
#定义类
class Person:
    arm=2                                  #类内定义属性
#定义对象
p1=Person( )
p2=Person( )
#访问类属性
print(Person.arm)                          #2
print(p1.arm)                              #2
print(p2.arm)                              #2
print('--------------------')
#通过类修改类属性，并再次访问
Person.arm=4
print(Person.arm)                          #4
print(p1.arm)                              #4
print(p2.arm)                              #4
print('--------------------')
#尝试通过p1修改类属性，并再次访问
p1.arm=8
print(Person.arm)                          #4
print(p1.arm)                              #8
print(p2.arm)                              #4
```

运行结果如下：

```
2
2
2
--------------------
4
4
4
--------------------
4
8
4
```

本例中，用 Person 定义了 p1、p2 两个实例对象，分别用 Person、p1、p2 查看打印 arm 类属性，属性值都为 2; 接下来，使用类名 Person 直接修改 arm 属性，属性值改为 4，再次用类名 Person、 p1、p2 查看打印 arm 类属性，属性值都为 4；最后，使用实例对象 p1 修改 arm 属性值为 8，用 Person、p1、p2 查看打印 arm 类属性，发现只有 p1 的 arm 属性值为 8，Person 与 p2 查看到的都是 4，说明如通过实例对象修改类属性，只会添加一个同名实例属性，不会修改该类属性。

6.5 构造方法与析构方法

6.5.1 构造方法

构造方法主要用于对新创建的对象进行初始化，构造方法定义与普通方法类似，但在创建对象时系统自动调用。

1. 定义构造方法

定义构造方法时至少有一个形参 self，之后的形参列表中形参可以没有，也可依据实际需要添加。语法格式如下：

```
def __init__(self[,形参列表]):
    方法体
```

小提示：如自定义类中未显示定义 __init__( ) 方法，系统会提供一个默认的 __init__(self) 方法。

例 6-12 定义一个构造方法，该方法中除了形参 self，还有 name、age，在方法体中先打印一句话，表明调用了构造方法，之后再添加 name、age 属性。

```
class Person:
    def __init__(self, name, age):
        print("__init__ 方法被调用")
        self.name=name
        self.age=age
```

2. 构造方法调用

构造方法不能显示调用，是通过创建对象，触发系统自动调用。语法格式如下：

```
类名([实参列表])
```

注意：如定义构造方法时有形参，则创建对象时也必须有实参，在创建对象时传入的实参最终都传递给了构造方法。

例 6-13 在上例基础上创建 Person 类对象 p，此时系统会自动调用构造方法，之后查看打印输出 name、age 的属性值。

```
p=Person('Tyanjun',38)
print(p.name)
print(p.age)
```

运行结果如下：

```
__init__ 方法被调用
```

```
Tyanjun
38
```

6.5.2　析构方法

析构方法用于回收对象占用的资源（如内存），析构方法定义与普通方法类似，但在销毁实例对象或垃圾回收时系统自动调用。

1. 定义析构方法

定义析构方法时只需一个形参 self。语法格式如下：

```
def __del__(self):
    方法体
```

例 6-14　定义一个析构方法，该方法中只有一个形参 self，在方法体中先打印一句话，表明调用了析构方法，之后再打印输出哪个对象被删除。

```
class Person:
    def __del__(self):
        print("__del__方法被调用")
        print(f'{self}对象已经被删除')
```

2. 析构方法调用

析构方法的调用是通过 del 关键字删除对象全部引用（销毁对象），触发让系统自动调用析构方法。语法格式如下：

```
del 对象
```

例 6-15　在上例中创建 Person 类对象 p，接下来删除该对象全部引用（真正销毁实例对象），此时系统会自动调用析构方法。

```
p=Person( )
del p
```

运行结果如下：

```
__del__方法被调用
<__main__.Person object at 0x00000178585A8400>对象已经被删除
```

6.6　公有成员和私有成员

6.6.1　公有成员

在定义属性、方法时，属性名与方法名前，不加 __（双下画线），就是公有成员，在类内、类外可随意地访问。

例 6-16 定义一个 Person 类，在类中通过重写 __init__ 方法，添加 money 公有属性，类中再定义 get_money( ) 方法，打印当前实例对象中 money 属性值。

```
class Person:
    def __init__(self,money):
        # 定义公有属性
        self.money=money
    # 定义公有方法
    def get_money(self):
        print(self.money)
p=Person(2000)
print(p.money)                          # 类外部访问公有属性
p.get_money( )                          # 类外部访问公有方法
```

运行结果如下：

```
2000
2000
```

本例中，创建了实例对象 p，查看打印 p.money, 再调用 p.get_money( ) 方法。

6.6.2 私有成员

Python 中没有专门用于描述私有成员的修饰符，只需在成员前加两个下画线（__），就是私有成员，私有成员在类内部可以访问，在类外部（包括子类）不能访问。

例 6-17 定义一个 Person 类，在类中通过重写 __init__ 方法，添加 __money 私有属性，类中再定义 __get_money( ) 方法，打印当前实例对象中 __money 属性值。

```
class Person:
    def __init__(self,money):
        # 定义私有属性
        self.__money=money
    # 定义私有方法
    def __get_money(self):
        print(self.__money)
p=Person(2000)
print(p.__money)                        # 出错，类外部不能访问私有属性
p.__get_money( )                        # 出错，类外部不能访问私有方法
```

运行结果如下：

```
Traceback (most recent call last):
  File "D:/WorkSpace/PythonWorkSpace/demo01/test01.py", line 10, in <module>
    print(p.__money)                    # 出错，类外部不能访问私有属性
AttributeError: 'Person' object has no attribute '__money'
```

本例中，创建了实例对象 p，查看打印 p.__money，再调用 p.__get_money( ) 方法。结果都因

类外部不能访问私有成员，导致出错返回。

小提示： 在 Python 中形如 __xx__( ) 的方法具有特殊功能，无须用户调用，在满足某一条件时系统自己调用，称之为魔法方法。常用的魔法方法有：

- __init__( )：构造方法，创建对象时自动调用，用于初始化对象。
- __del__( )：析构方法，销毁对象时自动调用，用于回收对象占用的资源。
- __str__( )：返回对象信息方法，print 打印对象时自动调用 .
- __new__( )：创建对象方法，创建对象时自动调用，用于创建对象，该方法为静态方法，但重写时可不用加 @staticmethod。

6.7 封装

6.7.1 封装的概念

封装

封装是面向对象编程的三大特性之一。封装就是隐藏信息，不允许外界直接访问与修改，只能通过提供的公有方法进行修改与获取。这样既可以防止对数据未经授权的修改，保证数据完整性，又可以有选择地向外界提供数据。

6.7.2 封装的实现

在给类中添加属性时，将类中的属性私有化（即属性前加两个下画线），再提供公有方法获取、设置该属性。

例 6-18　定义一个 Person 类，在 Person 类中用构造方法给实例对象添加私有属性 __age，之后再定义两个公有方法：set_age( )、get_age( )，set_age( ) 用于修改私有属性 __age 的值，在修改时会对形参 age 进行判断，如参数非法，则不允许修改，get_age( ) 用于获取私有属性 __age 的值。

```
class Person:
    def __init__(self,age):
        self.__age=age
    def set_age(self, age):
        if age>150 or age<0:          # 判断年龄是否合法
            return
        self.__age=age
    def get_age(self):
        return self.__age
p=Person(38)
print(p.get_age( ))
p.set_age(18)
print(p.get_age( ))
```

运行结果如下：

```
38
18
```

6.8 继承

6.8.1 继承的概念和作用

1. 继承的概念

继承也是面向对象编程的三大特性之一。继承这个概念在我们生活中也经常见到，如儿子继承父亲的财产（如房子、汽车等），但值得注意的是这里的继承只能是“物质”，不能是“技能”（如开车技术、编程技术等），儿子要想拥有技能，只能重新学习；程序中，子类也可以继承父类，继承的不只包括属性，也包括方法。

2. 继承的作用

（1）提高代码的复用性，子类直接继承了父类的属性和方法，无须再重写父类代码；

（2）提高代码的扩展性，在原有父类设计不变的情况下，可以增加新的功能，或者改进已有的算法。

6.8.2 继承的实现

Python 不同于 Java，继承时不使用 extends 关键字，直接在类名后加小括号就表示继承。语法格式如下：

```
class 子类名(父类名1,父类名2,…):
    子类代码
```

使用继承时，有以下注意事项：

（1）如在定义类时，未显示指定继承哪个类，默认继承 Object 类，Object 是 Python 中顶级类或基类。

（2）不同于 Java，Python 支持多继承，即子类可以同时继承多个父类，多个父类用“,”分隔。

（3）如果子类继承了父类，则子类就拥有父类的全部非私有的属性、方法。

（4）在子类中，可以重写父类的属性、方法，同时也可以定义自己的属性、方法。

小提示：子类可以重写父类的属性和方法，重写属性时要求和父类具有相同的属性名，重写方法时要求和父类具有相同的方法名和参数列表，在调用时，默认先调用子类的属性和方法。

6.8.3 单继承和多继承

继承可以分为单继承和多继承两大类。

1. 单继承

在 Python 中，当一个子类只有一个父类时称为单继承。

例 6-19　定义 Person 类和 Student 类，且 Student 类继承 Person 类；在 Person 类中通过构造方法添加 name、age 属性，并定义 say( ) 方法，打印出 Person 对象相关信息；接下来定义的 Student 类重写 say( ) 方法，打印出 Student 对象相关信息，Student 类中也新定义自己的 study( ) 方法，打印相关信息。

```
class Person:
    def __init__(self,name,age):
        self.name=name
        self.age=age
    def say(self):
        print(f'I am Person,name={self.name},age={self.age}')
class Student(Person):
    def say(self):
        print(f"I am Student,name={self.name},age={self.age}")
    def study(self):
        print(f"I studying…,name={self.name},age={self.age}")
p=Person('Tyanjun',38)
p.say( )
s=Student('Ti',23)
s.say( )
s.study( )
```

运行结果如下：

```
I am Person,name=Tyanjun,age=38
I am Student,name=Ti,age=23
I studying…,name=Ti,age=23
```

2. 多继承

多继承可以看作对单继承的扩展。多继承指一个子类可以有多个父类，它继承了多个父类的特性。在多继承时，如多个父类有同名的属性或方法，在子类中调用这些属性或方法时，会调用哪个父类的属性或方法？可以从以下两种情况考虑：如这些父类是平行关系，子类先继承哪个父类就先调用哪个父类的属性或方法；如这些父类继承关系非常复杂，Python 会用 mro 算法判断调用哪个父类的属性或方法。

例 6-20　定义 House 类、Car 类、RV 类，RV 类用了多继承技术，同时继承了 House 和 Car 两个类；House 类中定义了 color 类属性、displayInfo( ) 实例方法、live( ) 实例方法；Car 类中也定义 color 类属性、displayInfo( ) 实例方法、move( ) 实例方法；RV 类未实现任何代码，只用 pass 语句进行了占位。

```
class House( ):                          #定义房屋类
    color='白色'
    def displayInfo(self):
        print(f'color={self.color}')
    def live(self):
```

```
        print("房子在住着")
class Car( ):                          # 定义车辆类
    color='黑色'
    def displayInfo(self):
        print(f'color={self.color}')
    def move(self):
        print("车在行驶着")
class RV(House,Car):                   # 定义房车类
    pass
rv=RV( )
rv.live( )
rv.move( )
rv.displayInfo( )
print(rv.color)
```

运行结果如下：

```
房子在住着
车在行驶着
color=白色
白色
```

本例中，House 类与 Car 类有相同的 color 属性、相同的 displayInfo( ) 方法；RV 类的对象 rv，并先后调用 rv 的 live( )、move( ) 方法、displayInfo( ) 方法，打印输出 rv 的 color 属性。由以上程序运行结果可以看出，在 RV 类同时继承了 House 类、Car 类时，rv 调用 displayInfo( ) 方法、打印 color 属性值时，因先继承了 House 类，故先调用 House 类方法、先打印 House 类属性。

6.8.4 继承的函数

Python 提供了三个和继承相关的函数，分别是 isinstance( ) 函数、issubclass( ) 函数和 super( ) 函数。

1. isinstance( ) 函数

isinstance( ) 函数用于判断一个对象是否为某个类或其父类实例。语法格式如下：

```
isinstance(o,t)
```

第一个参数 o 是要判断的对象，第二个参数 t 是要判断的类型。如果 o 是 t 类型的对象，则返回 True，否则返回 Fasle。

例 6-21 定义 Person 和 Student 两个类，且 Student 类继承 Person 类；接下来创建 Student 对象 s1, 通过 isinstance 判断 s1 是否为 Person 类和 Student 类的实例。

```
class Person:
    pass
class Student(Person):
    pass
s1=Student( )
```

```
print(isinstance(s1,Person))
print(isinstance(s1,Student))
```

运行结果如下：

```
True
True
```

通过运行结果可以看出，s1 是 Person 类的实例，s1 也是 Student 类的实例。

2. issubclass( ) 函数

issubclass( ) 函数用于判断一个类是否为某个类的子类。语法格式如下：

```
isinstance(cls,classinfo)
```

第一个参数 cls 是要判断的子类类型，第二个参数 classinfo 是要判断的父类类型。如果 cls 是 classinfo 类型的子类，则返回 True，否则返回 Fasle。

例 6-22　定义 Person 和 Student 两个类，且 Student 类继承 Person 类；接下来判断 Person 类是否为 Student 类的子类。

```
class Person:
    pass
class Student(Person):
    pass
print(issubclass(Student,Person))
```

运行结果如下：

```
True
```

通过运行结果可以看出，Person 类是 Student 类的子类。

3. super( ) 函数

super( ) 函数用于在子类中调用父类的属性、构造方法、实例方法（包括重写的方法）。语法格式如下：

格式 1：

```
super( ). 方法 ( )
```

格式 2：

```
super( 当前类名 ,self). 方法 ( )
```

注意：格式 1 中依据继承关系确认调用哪个父类的方法；格式 2 中可以显示指定调用哪个父类的方法。

例 6-23　定义 Person 和 Student 两个类，且 Student 类继承 Person 类；在 Person 类中定义自己的构造方法，构造方法中打印输出父类的信息，也定义 say( ) 方法，输出 Person 的相关信息；在 Student 类中重写了构造方法，构造方法中用 super( ) 调用父类 Person 的构造方法并打印输出子类自己的信息，Student 类重写 say( ) 方法，say( ) 方法中输出 Student 的相关信息，在 say( ) 方法中也用 super( ) 调用 Person 中的 say( ) 方法。

```
class Person:
    def __init__(self):
        print('父类构造方法')
    def say(self):
        print(f'I am Person')
class Student(Person):
    def __init__(self):
        super( ).__init__( )
        print('子类构造方法')
    def say(self):
        print(f"I am Student")
        super( ).say( )
s1=Student( )
s1.say( )
```

运行结果如下：

```
父类构造方法
子类构造方法
I am Student
I am Person
```

本例中，创建 Student 类实例对象 s1，此时系统会自动调用 Student 类构造方法，因 Person 是 Student 的父类，Person 的构造方法会优先调用；再调用 s1 对象的 say( ) 时，会先打印 Student 类的信息，再打印父类 Person 的信息。

6.9 多态

6.9.1 多态的概念和作用

1. 多态的概念

多态也是面向对象编程的三大特性之一。多态是指一类事物有多种形态。在生活中，猫与狗都是动物，但猫吃鱼，狗吃骨头，对于“吃”表现出不同的形态。在程序中，指对不同类型的对象进行相同的操作，会有不同的表现形式。

2. 多态的作用

（1）降低耦合，提高程序的灵活性和可扩展性。

（2）增加程序的灵活性，以不变应万变，不论对象千变万化，使用者都是同一种形式去调用，如 func(obj)。

（3）增加程序的可扩展性，如通过继承 Person 类再创建了一个新的类，使用者无须更改自己的代码，还是用 func(obj) 去调用。

6.9.2 多态的实现

第一，要有继承，子类继承父类，这样父子类中可以有相同的方法。

第二，子类“重写”父类的方法，体现多态。

第三，传递不同子类对象给调用者，调用者需调用子类对象中重写方法。

注意：在 Python 实现多态时，不严格要求用继承实现，只要传给调用者的对象有相同的被调方法就行，但最好用继承实现。

例 6-24　定义 Person、Student、Teacher 三个类，Person 类中定义 say( ) 方法，输出 Person 相关信息；接下来 Student 类继承 Person 类，并重写 say( ) 方法，输出 Student 相关信息；Teacher 类也继承 Person 类，并重写 say( ) 方法，输出 Teacher 相关信息。另单独定义一个 test( ) 函数，接收一个参数 p, 在函数体内调用 p 的 say( ) 方法，进行打印输出。

```
class Person:
    def say(self):
        print("I am Person")
class Student(Person):
    def say(self):
        print("I am Student")
class Teacher(Person):
    def say(self):
        print("I am Teacher")
def test(p):
    p.say( )
```

测试上述代码，创建 Person 类对象 p1，Student 类对象 s1，Teacher 类对象 t1，作为参数把 p1、s1、t1 传给 test( ) 函数。

```
p1=Person( )
s1=Student( )
t1=Teacher( )
test(p1)
test(s1)
test(t1)
```

运行结果如下：

```
I am Person
I am Student
I am Teacher
```

从运行结果可以看出，根据传入参数的对象不同，输出了不同的信息。

6.10 实训案例——学生管理系统

6.10.1 任务描述

随着国家对于教育的重视程度逐渐加大，学校正向着大型化、规模化发展，而对于大中型学校，与学生信息管理有关的信息急剧增加。在这种情况下，单靠人工来处理信息不但显得力不从心，而且极容易出错。随着计算机应用的普及，人们使用计算机设计了针对学生信息特点及实际需要的学生管理系统，使用该系统可以高效率地、规范地管理大量的学生信息，减轻管理人员的工作负担。本案例开发一个具有添加、删除、修改、查询学生信息及退出系统功能的简易版学生管理系统，该系统的功能菜单如下：

```
学生管理系统 V10.0
================================
1.添加学生信息
2.删除学生信息
3.修改学生信息
4.查询所有学生信息
0.退出系统
================================
```

学生管理系统具有五个基本功能：添加学生信息、删除学生信息、修改学生信息、查询所有学生信息、退出系统，每个功能对应一个编号。用户可以通过输入编号选择要执行的操作。

输入 1，执行添加学生信息的操作：用户按照系统提示依次录入新学生的姓名、性别和手机号。

输入 2，执行删除学生信息的操作：用户按照系统提示输入待删除学生的姓名。

输入 3，执行修改学生信息的操作：用户按照系统提示输入待修改学生的姓名、性别和手机号。

输入 4，执行查询所有学生信息的操作，可以看到系统显示了所有学生的信息。

输入 0，执行退出系统的操作：用户按照系统提示可以输入 Yes 或 No，输入 Yes 则提示“退出成功！”。输入 No 则返回功能菜单。

6.10.2 实现思路

根据上述任务描述进行对象的提取，得到学生类、学生管理类、学生管理系统类，这三个类分别承担不同的职责，具体说明如下：

（1）学生类（Student）：负责保存学生相关信息，及打印。

（2）学生管理类（User）：负责学生对象的相关操作（增、删、改、查）。

（3）学生管理系统类（HomePage）：负责提供整个系统流程的相关操作，如功能界面、退出等。

6.10.3 代码实现

编码设计 Student 类，在构造方法中添加 name、sex、phone 属性，为方便后续打印 Student 对象相关信息，重写 __str__( ) 方法。

```
class Student:
    def __init__(self,name,sex,phone):
        self.name=name
        self.sex=sex
        self.phone=phone
    def __str__(self):
        return f"Student({self.name},{self.sex},{self.phone})"
```

编码设计 StudentMgt 类，在构造方法中添加 studentList 属性，该属性类型为列表，用于保存学生信息；接下来，再实现 addStudent( ) 方法用于添加学生，实现 delStudentByName( ) 方法可按姓名删除学生、实现 modStudent( ) 方法修改学生信息、实现 showAllStudent( ) 方法查看全部学生信息。

```
from Student import Student
class StudentMgt:
    def __init__(self):
        self.studentList=[]
    def addStudent(self,student):
        self.studentList.append(student)
        print(" 添加学生成功 ")
    def delStudentByName(self,name):
        for student in self.studentList:
            if student.name==name:
                self.studentList.remove(student)
                print(" 删除学生成功 ")
                break
        else:
            print(" 删除学生失败，该学生不存在 ")
    def modStudent(self,new_student):
        for i in range(len(self.studentList)):
            student=self.studentList[i]
            if student.name==new_student.name:
                self.studentList[i]=new_student
                print(" 修改学生成功 ")
                break
        else:
            print(" 修改学生失败，该学生不存在 ")
    def showAllStudent(self):
        for student in self.studentList:
            print(student)
```

编码设计 HomePage 类，在构造函数中添加 mgt 属性，属性类型为 StudentMgt，再实现

printFunctionView( ) 方法，用于打印功能菜单，并让用户输入功能编号，实现相应功能。

```
from Student import Student
from StudentMgt import StudentMgt
class HomePage:
    def __init__(self):
        self.mgt=StudentMgt( )
    def printFunctionView(self):
        print("学生管理系统 V10.0")
        while(True):
            print("="*30)
            print("1.添加学生信息")
            print("2.删除学生信息")
            print("3.修改学生信息")
            print("4.查询所有学生信息")
            print("0.退出系统")
            print("="*30)
            op=input("请输入你要选择的功能选项(0-4): ")
            if op=="1":
                input_name=input("请输入新学生的姓名:")
                input_sex=input("请输入新学生的性别:")
                input_phone=input("请输入新学生的手机号:")
                self.mgt.addStudent(Student(input_name,input_sex,input_phone))
            elif op=="2":
                input_name=input("输入待删除学生信息的姓名: ")
                self.mgt.delStudentByName(input_name)
            elif op=="3":
                input_name=input("请输入待修改学生的姓名:")
                input_sex=input("请输入待修改学生的性别:")
                input_phone=input("请输入待修改学生的手机号:")
                self.mgt.modStudent(Student(input_name,input_sex,input_phone))
            elif op=="4":
                self.mgt.showAllStudent( )
            elif op=="0":
                confirm=input("请确认是否退出(Yes/No): ")
                if confirm=="Yes":
                    print("退出成功!")
                    return 1
```

创建 HomePage 类对象 page, 通过对象 page 调用 printFunctionView( ) 方法。

```
page=HomePage( )
page.printFunctionView( )
```

6.10.4　代码测试

运行程序，用户输入 1，输出结果如下：

```
学生管理系统 V10.0
================================
1. 添加学生信息
2. 删除学生信息
3. 修改学生信息
4. 查询所有学生信息
0. 退出系统
================================
请输入你要选择的功能选项 (0-4): 1
请输入新学生的姓名: TianYi
请输入新学生的性别: 男
请输入新学生的手机号: 13111111111
添加学生成功
```

用户输入 4，输出结果如下：

```
================================
1. 添加学生信息
2. 删除学生信息
3. 修改学生信息
4. 查询所有学生信息
0. 退出系统
================================
请输入你要选择的功能选项 (0-4): 4
Student(TianYi, 男 ,13111111111)
```

用户输入 3，输出结果如下：

```
================================
1. 添加学生信息
2. 删除学生信息
3. 修改学生信息
4. 查询所有学生信息
0. 退出系统
================================
请输入你要选择的功能选项 (0-4): 3
请输入待修改学生的姓名: TianYi
请输入待修改学生的性别: 女
请输入待修改学生的手机号: 13222222222
修改学生成功
```

用户输入 2，输出结果如下：

```
================================
1. 添加学生信息
2. 删除学生信息
3. 修改学生信息
4. 查询所有学生信息
0. 退出系统
================================
请输入你要选择的功能选项 (0-4): 2
输入待删除学生信息的姓名 : TianYi
删除学生成功
```

用户输入 0，输出结果如下：

```
================================
1. 添加学生信息
2. 删除学生信息
3. 修改学生信息
4. 查询所有学生信息
0. 退出系统
================================
请输入你要选择的功能选项 (0-4): 0
请确认是否退出 (Yes/No): Yes
退出成功！
```

本章小结

本章首先介绍了面向对象编程的基础知识，包括面向对象与面向过程编程思想区别，什么是类与对象，类与对象的联系与区别；其次介绍了如何定义类与创建对象，类中方法的定义与调用，属性的添加、删除、修改、访问；最后介绍了面向对象的三大特性（封装、继承和多态）。通过对本章内容的学习，可以对面向对象应该有深入地理解，为面向对象编程埋下伏笔。

拓展阅读

作为中华儿女，我们应学会如何继承中华优秀传统文化，做到文化自觉和文化自信。

中华民族有着五千年的灿烂文明，延续文明长盛不衰的是根植在每一个中华儿女骨血中的中华优秀传统文化，在中华优秀传统文化的沐浴下，一代代中国人在华夏大地上安居乐业、繁衍生息，取得了不可磨灭的丰功伟绩，同时中华优秀传统文化也不断更新、补充、发展壮大，展现出越来越蓬勃的生机与活力。

中华优秀传统文化是无数劳动人民智慧的结晶，它蕴含的是一个国家、一个民族最根本、最直接的价值体现，只有继承中华优秀传统文化，我们才可以从中找寻做人做事的道理。要知道“只有坚持从历史中走来，才能更好地向未来走去，才能向传承历史文化血脉到不断与时俱进、彰显出新的生机与活力走去”。

思考与练习

一、单选题

1. 关于面向过程和面向对象，下列说法错误的是（　　）。
   A. 面向过程和面向对象都是解决问题的一种思路
   B. 面向过程是基于面向对象的
   C. 面向过程强调的是解决问题的步骤
   D. 面向对象强调的是解决问题的对象
2. 面向对象中类的关键字是（　　）。
   A. class　　B. object　　C. def　　D. static
3. 下列关于类属性和实例属性的说法中，描述正确的是（　　）。
   A. 类属性既可以显式定义，又能在方法中定义
   B. 公有类属性可以通过类和类的实例访问
   C. 通过类可以获取实例属性的值
   D. 类的实例只能获取实例属性的值
4. 下列选项中，用于标识为静态方法的是（　　）。
   A. @classmethod　　B. @instancemethod　　C. @staticmethod　　D. @privatemethod
5. 下列方法中，不可以使用类名访问的是（　　）。
   A. 实例方法　　B. 类方法　　C. 静态方法　　D. 以上三项都不符合
6. Python 类中包含一个特殊的变量（　　），它表示当前对象自身，可以访问类的成员。
   A. self　　B. me　　C. this　　D. 与类同名
7. 构造方法的作用是（　　）。
   A. 一般成员方法　　B. 类的初始化　　C. 对象的初始化　　D. 对象的建立
8. 构造方法是类的一个特殊方法，Python 中它的名称为（　　）。
   A. 与类同名　　B. _construct　　C. __init__　　D. init
9. 析构方法是类的一个特殊方法，Python 中它的名称为（　　）。
   A. 类名　　B. __del__　　C. __init__　　D. 没有限制
10. Python 中用于释放类占用资源的方法是（　　）。
    A. __init__　　B. __del__　　C. _del　　D. delete

11.Python 中定义私有属性的方法是（　　）。

A. 使用 private 关键字　　B. 使用 public 关键字

C. 使用 __XX__ 定义属性名　　D. 使用 __XX 定义属性名

12. 下列选项中，不属于面向对象程序设计的三个特征的是（　　）。

A. 抽象　　B. 封装　　C. 继承　　D. 多态

13.Python 中类的继承关系使用（　　）符号表示。

A. 冒号　　B. 分号　　C. 小括号　　D. 中括号

14. 以下 C 类继承 A 类和 B 类的格式中，正确的是（　　）。

A.class C A, B:　　B.class C (A: B) :　　C.class C (A, B) :　　D.class C A and B:

15. 关于封装，描述正确的是（　　）。

A. 封装不是面向对象的重要特性

B. 封装对外部调用者隐藏实现过程的细节，外部调用者只需知道如何访问即可

C. 封装是面向对象的唯一特性

D. 封装使外部调用者可以清晰了解类内部细节的实现过程

二、填空题

1. 在 Python 中，可以使用 ____ 关键字来声明一个类。
2. 面向对象需要把问题划分为多个独立的 ____，然后调用其方法解决问题。
3. 类的方法中必须有一个 ____ 参数，位于参数列表的开头。
4. Python 提供了名称为 ____ 的构造方法，实现让类的对象完成初始化。
5. 如果想修改属性的默认值，可以在构造方法中使用 ____ 设置。
6. 位于类内部、方法外部的方法是 ____ 方法。
7. 子类想按照自己的方式实现方法，需要 ____ 从父类继承的方法。
8. 父类的 ____ 属性和方法是不能被子类继承的，更不能被子类访问。
9. 类的方法中必须有一个 ____ 参数，位于参数列表的开头。

三、判断题

1. 面向对象是基于面向过程的。（　　）
2. 通过类可以创建对象，有且只有一个对象实例。（　　）
3. 方法和函数的格式是完全一样的。（　　）
4. 创建类的对象时，系统会自动调用构造方法进行初始化。（　　）
5. 创建完对象后，其属性的初始值是固定的，外界无法进行修改。（　　）
6. 使用 del 语句删除对象，可以手动释放它所占用的资源。（　　）
7. Python 中不支持多继承。（　　）
8. Python 没有任何真正意义上的访问限制机制，一切全靠自觉。（　　）
9. 定义类时所有实例方法的第一个参数用来表示对象本身，在类的外部通过对象名来调用实例方法时不需要为该参数传值。（　　）
10. 使用类名获取到的值一定是类属性的值。（　　）

11. 如果类属性和实例属性重名，对象优先访问类属性的值。（　　）
12. 子类能继承父类的一切属性和方法。（　　）
13. 继承会在原有类的基础上产生新的类，这个新类就是父类。（　　）

四、简答题

1. 简述对象和类的关系
2. 请简述 self 在类中的意义。
3. 类是由哪三个部分组成的？
4. Python 中如何通过类创建对象？
5. 简述构造方法和析构方法的作用。
6. __init__ 方法有什么作用，如何定义？
7. 修改一个对象的属性有哪几种方法？
8. 如何把一个属性私有化？

第7章 异 常

知识目标

• 理解异常的概念，了解异常家谱，了解常见的异常，掌握处理异常的几种方式，掌握raise和assert语句，了解with语句的使用。

能力目标

• 能够分析出哪里有异常，并对异常进行捕获处理。

素质目标

• 培养学生动手能力，提高学生信息收集和自主学习能力。

异常是程序在执行过程中发生的意外情况，导致程序无法正常执行。在生活中，也处处见异常，如开车去上班遇到了堵车，导致无法正常上班。在Python中，异常是一个对象，需要捕获处理它，否则程序会终止执行。

7.1 异常概述

7.1.1 异常家谱

在Python中，所有异常都派生自BaseException类，BaseException是所有异常的基类。以下为异常的家谱，了解异常家谱，有助于更全面地了解Python异常。

```
BaseException: 所有异常的基类;
  +--SystemExit: 解释器请求退出;
  +--KeyboardInterrupt: 用户中断执行（通常是输入Ctrl+C);
  +--GeneratorExit: 生成器 (generator) 发生异常来通知退出;
  +--Exception: 常见异常类的基类;
      +--StopIteration: 迭代器没有更多值;
      +--StopAsyncIteration: 必须通过异步迭代器对象的 __anext__() 方法引发以停止迭代;
      +--ArithmeticError: 所有数值计算错误的基类;
      |  +--FloatingPointError: 浮点计算错误;
      |  +--OverflowError: 数值运算超出最大限制;
      |  +--ZeroDivisionError: 除（或取模）零 （所有数据类型）;
      +--AssertionError: 断言语句失败;
      +--AttributeError: 对象没有这个属性;
      +--BufferError: 与缓冲区相关的操作时引发;
      +--EOFError: : 没有内建输入，到达 EOF 标记;
      +--ImportError: 导入失败;
      |  +--ModuleNotFoundError: 找不到模块;
      +--LookupError: 无效数据查询的基类;
      |  +--IndexError: 序列中没有此索引 (index);
      |  +--KeyError: : 映射中没有这个键;
      +--MemoryError: 内存溢出错误;
      +--NameError: : 未声明、初始化对象;
      |  +--UnboundLocalError: 访问未初始化的本地变量;
      +--OSError: : 操作系统错误;
      |  +--BlockingIOError: 操作将阻塞对象设置为非阻塞操作;
      |  +--ChildProcessError: 子进程上的操作失败;
      |  +--ConnectionError: 与连接相关的异常的基类;
      |  |  +--BrokenPipeError: 在已关闭写入的套接字上写入;
      |  |  +--ConnectionAbortedError: 连接尝试被对等方中止;
      |  |  +--ConnectionRefusedError: 连接尝试被对等方拒绝;
      |  |  +--ConnectionResetError: 连接由对等方重置;
      |  +--FileExistsError: 创建已存在的文件或目录;
      |  +--FileNotFoundError: 请求不存在的文件或目录;
      |  +--InterruptedError: 系统调用被输入信号中断;
      |  +--IsADirectoryError: 在目录上请求文件操作;
      |  +--NotADirectoryError: 在不是目录的事物上请求目录操作;
      |  +--PermissionError: 在没有访问权限的情况下运行操作;
      |  +--ProcessLookupError: 进程不存在;
      |  +--TimeoutError: 系统函数在系统级别超时;
      +--ReferenceError: 弱引用试图访问已经垃圾回收了的对象;
      +--RuntimeError: 一般的运行时错误;
      |  +--NotImplementedError: 尚未实现的方法;
```

```
  |   +--RecursionError: 解释器检测到超出最大递归深度;
  +--SyntaxError: Python 语法错误;
  |   +--IndentationError: 缩进错误;
  |       +--TabError:Tab 和空格混用;
  +--SystemError: 一般的解释器系统错误;
  +--TypeError: 对类型无效的操作;
  +--ValueError: 传入无效的参数;
  |   +--UnicodeError: Unicode 相关的错误;
  |       +--UnicodeDecodeError: Unicode 解码时的错误;
  |       +--UnicodeEncodeError: Unicode 编码时错误;
  |       +--UnicodeTranslateError: Unicode 转换时错误;
  +--Warning: : 警告的基类;
      +--DeprecationWarning: 关于被弃用的特征的警告;
      +--PendingDeprecationWarning: 关于构造将来语义会有改变的警告;
      +--RuntimeWarning: 可疑的运行行为的警告;
      +--SyntaxWarning: 可疑的语法的警告;
      +--UserWarning: 用户代码生成的警告;
      +--FutureWarning: 有关已弃用功能的警告的基类;
      +--ImportWarning: 模块导入时可能出错的警告的基类;
      +--UnicodeWarning: 与 Unicode 相关的警告的基类;
      +--BytesWarning: bytes 和 bytearray 相关的警告的基类;
      +--ResourceWarning: 与资源使用相关的警告的基类。
```

在异常家谱中，需重点掌握 Exception 类，它是常规错误的基类，即所有内置的非系统退出类异常都派生自此类，当用户自定义异常时也是继承此类，或此类的子类。

7.1.2 常见异常

出现异常的情况很多，下面介绍几种常见的异常，以加深大家对异常的认识。

1. NameError

尝试访问一个未声明的变量，会引发 NameError 异常。

例 7-1 尝试打印一个未定义变量 x。

```
>>> print(x)
Traceback (most recent call last):
File "<stdin>",line 1,in <module>
NameError: name 'x' is not defined
```

2. ZeroDivisionError

当除数为 0 时，会引发 ZeroDivisionError 异常。

例 7-2 用 4 除以 0。

```
>>> 4/0
Traceback (most recent call last):
File "<stdin>",line 1,in <module>
```

```
ZeroDivisionError: division by zero
```

3. IndexError

当使用列表中不存在的索引时，会引发 IndexError 异常。

例 7-3 在 a1 列表中定义 'a'、'b' 两个元素，尝试使用索引 2 访问列表中的第 3 个元素。

```
>>> a1=['a','b']
>>> print(a1[2])
Traceback (most recent call last):
File "<stdin>",line 1,in <module>
```

4. KeyError

当使用字典中不存在的 key 时，会引发 KeyError 异常。

例 7-4 d1 字典中只有 'name'、'age' 两个 key，尝试获取 'gender' 这个 key 的值。

```
>>> d1={'name':'TianYi','age':21}
>>> print(d1['gender'])
Traceback (most recent call last):
File "<stdin>",line 1,in <module>
KeyError: 'gender'
```

7.2 异常捕获与处理

对可能发生的异常必须进行捕获处理，否则程序将终止执行。Python 的异常捕获处理主要用 try...except... 结构，另外，可以根据实际情况自由搭配 else、filnall 等语句。

7.2.1 try...except

try 用于检测异常，通常把可能发生错误的语句放在 try 中，except 用于捕获异常，在 except 语句中存放捕获异常后的处理代码。

1. 捕获单个异常

语法格式如下：

```
try:
    可能出错的代码
    ...
except 异常类型 [as error]:
    捕获异常后的处理代码
    ...
```

上述格式只能捕获处理单个异常，且出错的异常类型必须与 except 后异常类型一致。如不一致，则无法捕获异常。

except 进行捕获时，其后的异常类型后还可以书写 as error，当然也可以不写。error 是异常类型的实例对象，该对象中保存着异常描述信息，在异常捕获处理时，可以输出。

2. 捕获多个异常

捕获多个异常有两种处理方式，如多个异常用同一种方式处理，使用下边格式 1；如多个异常使用不同的方式处理，使用下边格式 2。

格式 1：多个异常使用同一种方式处理。

```
try:
    可能出错的代码
    …
except (异常类型 1, 异常类型 2,…) [as error]:
    捕获异常后的处理代码
    …
```

注意：当捕获的多个异常用同一种方式处理时，用元组把这些异常类型组织起来，放到 except 后。

格式 2：多个异常使用不同的方式处理。

```
try:
    可能出错的代码
    …
except 异常类型 1 [as error]:
    捕获异常后的处理代码
    …
except 异常类型 2 [as error]:
    捕获异常后的处理代码
    …
```

注意：当捕获的多个异常用不同方式处理时，可以使用多个 except 语句，每个 except 语句捕获一种异常，并使用各自的处理方式。

3. 捕获全部异常

捕获所有异常有两种方式：一种见下边格式 1，用 Exception，由于 Exception 是所有异常的基类，可以包含全部异常；另一种见下边格式 2，只用 except，except 后空缺异常类型，会将所有异常捕获。

格式 1：使用 Exception。

```
try:
    可能出错的代码
    …
except Exception [as error]:
    捕获异常后的处理代码
    …
```

格式 2：只使用 except。

```
try:
    可能出错的代码
```

```
    ...
except:
    捕获异常后的处理代码
    ...
```

小提示：推荐使用格式 1，格式 1 中所有异常是指所有内置的非系统退出类异常，不包括用户中断执行的 KeyboardInterrup 异常 (执行 Crtl+C 操作)，解释器请求退出的 SystemExit 异常 (调用 sys.exit( ) 函数) 等，而格式 2 则包括。

下边案例中请用户输入被除数，用 x 接收，输入除数，用 y 接收，再分别把 x、y 强制转换为 int 类型，打印 int(x)/int(y) 的结果。因在进行 int(x)/int(y) 时，可能会出错，故把可能出错的语句放在 try 中，再用 except 进行捕获。

例 7-5 捕获单个异常。

```
x=input("请输入被除数：")
y=input("请输入除数：")
try:
    print("结果为",int(x)/int(y))
except ZeroDivisionError as error:
    print("异常原因：",error)
```

运行结果如下：

```
请输入被除数：4
请输入除数：0
异常原因：division by zero
```

本例中，输入被除数 4，除数 0，程序在执行“4/0”时产生 ZeroDivisionError 异常，被 except 捕获，打印出异常描述信息“division by zero”。

例 7-6 捕获多个异常，多个异常使用同一种方式处理。

```
x=input("请输入被除数：")
y=input("请输入除数：")
try:
    print("结果为",int(x)/int(y))
except(ZeroDivisionError,ValueError) as error:
    print("异常原因：",error)
```

运行结果如下：

```
请输入被除数：4
请输入除数：0
异常原因：division by zero
```

输入被除数 4，除数 0，程序在执行时报错，产生 ZeroDivisionError 异常，被 except 捕获，打印出异常原因。

再次运行程序，结果如下：

```
请输入被除数: 4
请输入除数: a
异常原因: invalid literal for int() with base 10: 'a'
```

给除数输入字符“a”，程序在执行时 (int)a 时，无法转为整数，产生 ValueError 异常，由 except 捕获，用同样的方式打印出异常原因。

例 7-7 捕获多个异常，多个异常使用不同方式处理。

```
x=input(" 请输入被除数: ")
y=input(" 请输入除数: ")
try:
    print(" 结果为 ",int(x)/int(y))
except ZeroDivisionError as error:
    print(" 异常原因: 除数为 0")
except ValueError as error:
    print(" 异常原因: 输入数据不是数字 ")
```

运行结果如下：

```
请输入被除数: 4
请输入除数: 0
异常原因: 除数为 0
```

输入除数 0，程序执行产生 ZeroDivisionError 异常，由第一个 except 捕获，打印自己的异常信息：" 异常原因：除数为 0"。

再次运行程序，运行结果如下：

```
请输入被除数: 4
请输入除数: a
异常原因: 输入数据不是数字
```

输入除数 a，程序执行产生 ValueError 异常，由第二个 except 捕获，打印自己的异常信息：" 异常原因：输入数据不是数字 "。

例 7-8 捕获全部异常，使用 Exception。

```
x=input(" 请输入被除数: ")
y=input(" 请输入除数: ")
try:
    print(" 结果为 ",int(x)/int(y))
except Exception as error:
    print(" 异常原因: ",error)
```

上边程序在执行时，可以捕获全部异常，不仅仅是 ZeroDivisionError、ValueError，也可能包括别的内置的非系统退出类异常，即只要是 Exception 及其子类的异常都可。

例 7-9 捕获全部异常，只使用 except。

```
x=input(" 请输入被除数: ")
```

```
y=input(" 请输入除数: ")
try:
    print(" 结果为 ",int(x)/int(y))
except:
    print(" 出错了，具体错误未知 ")
```

本例程序在执行时，也可以捕获全部异常，但不仅包括 Exception 及其子类的异常，也包括 SystemExit 异常、KeyboardInterrupt 异常、GeneratorExit 异常。

7.2.2 else 语句

else 除了可以与 if、for、while 搭配后，还可以与 try...except 配合使用，表示若 try 中没有检测到异常，则执行 else 语句中的代码。语法格式如下：

```
try:
    可能出错的代码
except 异常类型 [as error]:
    捕获异常后的处理代码
else:
    未捕获异常后的处理代码
```

例 7-10 在 try...except 格式中使用 else 语句。

```
x=input(" 请输入被除数: ")
y=input(" 请输入除数: ")
try:
    result=int(x)/int(y)
except ZeroDivisionError as error:
    print(' 异常原因: ',error)
else:
    print(result)
```

运行结果如下：

```
请输入被除数: 4
请输入除数: 2
2.0
```

本例中，输入被除数为 4，除数为 2，进行 (int)4/(int)2 计算时，未产生异常，故执行 else 语句，打印出结果。

7.2.3 finally 语句

finally 语句表示无论 try 是否检测到异常，该语句都会执行。finally 语句多用于预设资源的清理操作，如关闭文件、关闭网络连接。语法格式如下：

```
try:
```

```
    可能出错的代码
        except (异常类型 1, 异常类型 2,…) [as error]:
        捕获异常后的处理代码
    finally:
        一定执行的代码
```

例 7-11　在 try…except 格式中使用 finally 语句。

```
try:
    file=open('./a.txt','r')
except Exception as error:
    file=open('./a.txt','w')
finally:
    file.close()
```

本例中，在 try 中尝试以只读方式打开“a.txt”文件，如文件不存在，则产生异常，由 except 捕获，在 except 中尝试以只写方式打开“a.txt”文件，如文件不存在，会进行创建。这样，不管文件存在与否，都会打开 a.txt 文件，最后在 finally 语句中关闭文件，释放文件对象占用的资源。

小提示：else 语句与 finally 语句还可以一起在 try...except 后出现，一个最全面的异常捕获语法格式如下：

```
try:
    可能出错的代码
except (异常类型 1, 异常类型 2,…) [as error]:
    捕获异常后的处理代码
else:
    未捕获异常后的处理代码
finally:
    一定执行的代码
```

7.3 主动抛出异常

Python 程序中异常不仅可以自动触发，还可以由开发人员使用 raise 语句和 assert 语句主动抛出。

7.3.1 raise 抛出特定异常

程序中可以使用 raise 主动抛出异常，但使用了 raise，raise 后面的语句将不能执行。使用 raise 抛出异常时，有三种方式。语法格式如下：

格式 1：使用异常类名引发异常。

```
raise 异常类名
```

格式2：使用异常类对象引发异常。

```
raise 异常类名()
raise 异常类名(异常描述信息)
```

格式3：重新引发异常。

```
raise
```

格式1和格式2是对等的，都会引发指定类型的异常。其中，格式1会隐式创建一个该异常类型的对象；格式2是最常见的形式，它会直接提供一个该异常类型的对象，还可以附带异常描述信息。格式3用于重新引发刚刚发生的异常，一般用于向外传递异常。

例7-12　raise引发IndexError异常。

```
>>> raise IndexError
Traceback(most recent call last):
   File "<stdin>",line 1,in <module>
IndexError
```

例7-13　raise引发IndexError异常，并附带异常描述信息。

```
>>> raise IndexError('索引下标超出范围')
Traceback (most recent call last):
   File "<stdin>",line 1,in <module>
IndexError: 索引下标超出范围
```

例7-14　raise重新引发IndexError异常。

```
try:
   raise IndexError
except Exception:
   print('出错了')
   raise
```

运行结果如下：

```
Traceback (most recent call last):
   File "D:/WorkSpace/PythonWorkSpace/demo01/test01.py",line 2,in <module>
   raise IndexError
IndexError
出错了
```

本例中，try中因执行raise语句，引发IndexError异常，except语句捕获该异常，打印出错信息，再次使用raise语句向上抛出刚刚发生的IndexError异常，最终程序因再次抛出异常而终止执行。

7.3.2　assert断言语句

assert断言语句可当作条件式的raise语句。它对一个表达式进行判定，如表达式结果为True，则不做任何操作；如表达式结果为 False，则引发 AssertionError 异常。assert 语句可以帮助程序开发者在开发阶段调试程序，以保证程序能够正确运行。语法格式如下：

```
assert 表达式 [, 异常信息 ]
```

注意：[ ] 中内容表示可选，使用时依据实际需求进行添加。

例 7-15 使用 assert 断言语句。

```
x=input("请输入被除数: ")
y=input("请输入除数: ")
assert y!='0','除数不能为0'
result=int(x)/int(y)
print(f"{x}/{y}={result}")
```

运行结果如下：

```
请输入被除数: 4
请输入除数: 0
Traceback (most recent call last):
  File "D:/WorkSpace/PythonWorkSpace/demo01/test01.py", line 3, in <module>
  assert y!='0','除数不能为0'
AssertionError: 除数不能为0
```

本例中，使用 assert 语句判断除数 y 是否是“0”串，如不是，则继续往下执行；如是，则引发 AssertionError 异常，并提示“除数不能为 0”。

7.4 自定义异常

自定义异常是指 Python 系统没定义，用户自己定义的异常。通常在不满足程序逻辑要求时，用户会自定义异常。语法格式如下：

自定义异常

```
class 异常类名 (Exception):
  自定义异常相关代码
  # 设置抛出异常的描述信息
  def __str__(self):
    return ...
```

注意：自定义异常必须继承至 Exception 或其子类，异常类名一般以 Erro 结尾。__str__ 方法可依据实际需求进行重写，此处建议重写，方便后续开发者查看异常信息。

小提示： 自定义异常通常使用 raise 语句抛出。

例 7-16 首先创建一个自定义异常 ShortInputError，直接继承至 Exception 类，ShortInputError 类中重写了 __init__( ) 方法，该方法除了 self 外，还有 length 和 min_len 两个形参，表示用户输入密码的实际长度和限制的密码长度，在方法体中，利用这两个形参，给实例对象添加 length 和 min_len 两个属性。ShortInputError 类中还重写了 __str__( ) 方法，用于打印异常信息。

```
class ShortInputError(Exception):
    def __init__(self, length, min_len):
      self.length=length # 输入的密码长度
      self.min_len=min_len # 限制的密码长度
      def __str__(self):
          return f"ShortInputError: 输入长度是{error.length}, 长度至少应是{error.min_len}"
```

例 7-17 在 try 语句中要求用户输入密码，并判断密码的长度，如密码长度小于 3，则用 raise 抛出自定义 ShortInputError 异常，接下来，except 会捕获异常，并打印异常描述信息；如密码长度大于等于 3，则不抛出异常，直接进行打印“密码设置成功”。

```
try:
    pwd=input(" 请输入密码: ")
    if len(pwd)<3:
        raise ShortInputError(len(pwd),3) # 主动抛出异常
    except ShortInputError as error:
        print(error)
    else:
        print(" 密码设置成功 ")
```

运行结果如下：

```
请输入密码: ab
ShortInputError: 输入长度是 2, 长度至少应是 3
```

本例中，输入密码 ab，长度小于 3，抛出异常并打印异常描述信息。

7.5 实训案例——饮品自动售货机

7.5.1 任务描述

随着无人新零售经济的崛起，商场、车站、大厦等各种场所都引入了无人饮品自动售货机，方便人们选购自己想要的饮品。购买者选择想要的饮品，需输入饮品名称和饮品数量，但饮品名称必须是已有饮品的名称，饮品数量不能小于 1。

7.5.2 实现思路

因需向用户展示饮品名称和饮品价格，所以使用字典类型将饮品名称和饮品价格进行保存；为方便后续计算饮品总金额，需保存饮品数量，所以使用字典类型将饮品名称和饮品数量进行保存。

为便于购买者输入饮品名称和饮品数量，使用 input( ) 函数进行接收。

在接收用户输入的饮品名称时，需要判断饮品名称是否是已有饮品的名称，如是不存在的饮品，那么抛出自定义异常；在接收用户输入的饮品数量时，需要判断饮品数量是否小于 1，如小于 1，

那么抛出自定义异常；

定义两个自定义异常类，重写 __str__( ) 方法，用于输出异常描述信息。

7.5.3 代码实现

在下边代码中，先自定义两个异常类：NameNotFoundError、QuantityError，NameNotFoundError 用于输入饮品名称不存时抛出的异常，QuantityError 用于处理输入饮品数量小于 1 时抛出的异常；再自定义两个函数：show_good_price( )、total( )，show_good_price( ) 用于展示饮品名称和饮品价格，total( ) 用于计算饮品总金额。

```
class NameNotFoundError(Exception):
    def __init__(self,name):
        self.num=name                      # 输入的饮品名称
    def __str__(self):
        return f"NameNotFoundError: 输入饮品名称是 {self.num}, 该饮品不存在，请输入正确的饮品名称 "
class QuantityError(Exception):
    def __init__(self,num,min_num):
        self.num=num                       # 输入的饮品数量
        self.min_num=min_num               # 限制的饮品数量
    def __str__(self):
         return f"QuantityError: 输入饮品数量是 {self.num}, 饮品数量至少是 {self.min_num}"
def show_good_price(good_price_dict):
    print("-" * 40)
    for name,price in good_price_dict.items():
        print(f"{name}:{price} 元 ")
    print("-" * 40)
def total(good_price_dict,good_num_dict):
    sum_money=0
    for name,num in good_num_dict.items():
        sum_money+=num * good_price_dict[name]
    return sum_money
if __name__=='__main__':
    good_price_dict={" 可口可乐 ": 3.5," 冰红茶 ": 3.0," 脉动 ": 5.0," 尖叫 ": 3.0}
    good_num_dict={}
    print(" 饮品自动售货机 ")
    show_good_price(good_price_dict)
    while True:
        try:
            name=input(" 请输入你要购买的饮品名称 ( 按 q 退出 ): ")
            if name=="q":
                break
```

```
        if name not in good_price_dict.keys():
            raise NameNotFoundError(name)
        num=int(input("请输入你要购买的饮品数量："))
        if num < 1:
            raise QuantityError(num,1)
        good_num_dict[name]=num
    except NameNotFoundError as error:
        print(error)
    except QuantityError as error:
        print(error)
sum_money=total(good_price_dict,good_num_dict)
print(f"你购买的饮品总金额是:{sum_money}元")
```

运行结果如下：

```
饮品自动售货机
----------------------------------------
可口可乐:3.5元
冰红茶:3.0元
脉动:5.0元
尖叫:3.0元
----------------------------------------
请输入你要购买的饮品名称（按q退出）：绿茶
NameNotFoundError:输入饮品名称是绿茶，该饮品不存在，请输入正确的饮品名称
请输入你要购买的饮品名称（按q退出）：可口可乐
请输入你要购买的饮品数量：0
QuantityError:输入饮品数量是0，饮品数量至少是1
请输入你要购买的饮品名称（按q退出）：脉动
请输入你要购买的饮品数量：2
请输入你要购买的饮品名称（按q退出）：尖叫
请输入你要购买的饮品数量：1
请输入你要购买的饮品名称（按q退出）：q
你购买的饮品总金额是:13.0元
```

在程序执行时，先输入不存的饮品名称“绿茶”，程序抛出NameNotFoundError异常，再输入已存在饮品名称“可口可乐”，但输入饮品数量为0，则抛出QuantityError异常，最后输入“脉动”，数量为“2”，输入“尖叫”，数量为“1”，输入“q”退出，程序自行打印出“你购买的饮品总金额是：13.0元”。

本章小结

本章围绕Python异常进行了介绍，包括什么是异常、异常捕获与处理的方式、异常的主动抛

出以及如何自定义异常。通过对本章的学习，应该深入了解了异常产生的原理，并知道如何在程序中处理它们。

拓展阅读

异常处理是对可能发生的异常预先进行捕捉，并进行处理，使程序可以继续向下执行。异常处理反映了“居安思危”的思维方式和生活态度，居安思危是指在安逸的环境里也不放松警惕，要考虑到可能遇到的危机，提前做好准备。

居安思危对于个人、社会和国家都具有重要的意义。对于个人来说，居安思危可以让人在平时保持警觉，避免因为过于自信而忽视风险，从而更好地保护自己的健康和财产安全。对于社会来说，居安思危可以帮助政府和公共机构更好地预测和应对各种可能出现的风险和危机，从而保障社会的稳定和安全。对于国家来说，居安思危是一种重要的战略思想，可以帮助国家领导人更好地预测和应对各种可能出现的内外部风险和危机，保障国家的安全和稳定。

思考与练习

一、单选题

1. 有关异常说法正确的是（　　）。

A. 程序中抛出异常终止程序　　B. 程序中抛出异常不一定终止程序

C. 拼写错误会导致程序终止　　D. 缩进错误会导致程序终止

2. 下列程序运行以后，会产生如下（　　）异常。

```
a
```

A. SyntaxError　　B. NameError　　C. IndexError　　D. KeyError

3. 下列错误信息中，（　　）是异常对象的名字。

```
Traceback (most recent call last):
  File "D:/PythonCode/Chapter08/异常.py ",line 1,in <module>
    1/0
ZeroDivisionError: division by zero
```

A.ZeroDivisionError　　B.NameError

C.IndexError　　D.KeyError

4. 以下哪个选项中（　　）除数不能为零的报错。

A. ZeroDivisionError　　B. SyntaxError

C. AssertionError　　D. AttributeError

5. 下列选项中，(　　) 是唯一不在运行时发生的异常。

A. ZeroDivisionError　　B. NameError
C. SyntaxError　　D. KeyError

6. 当 try 语句中没有任何错误信息时，一定不会执行（　　）语句。

A. try　　B. else　　C. finally　　D. except

7. 在完整的异常语句中，语句出现的顺序正确的是（　　）。

A. try → except → else → finally　　B. try → else → except → finally
C. try → except → finally → else　　D. try → else → else → except

8. 下列选项中，用于触发异常的是（　　）。

A. try　　B. catch　　C. raise　　D. except

9. 关于抛出异常的说法中，描述错误的是（　　）。

A. 当 raise 指定异常的类名时，会隐式地创建异常类的实例
B. 显式地创建异常类实例，可以使用 raise 直接引发
C. 不带参数的 raise 语句，只能引发刚刚发生过的异常
D. 使用 raise 抛出异常时，无法指定描述信息

10. 以下（　　）不是 try...except 语句结构中的关键字。

A. try　　B. except　　C. while　　D. finally

11. 以下（　　）是索引超出序列范围的报错。

A. TypeError　　B. IndexError　　C. KeyEroor　　D. OSError

12. 在 Python3 中，(　　) 类是所有异常类的基类。

A. SystemExit　　B. KeyboardInterrupt　　C. BaseException　　D. Exception

13. 下列（　　）关键字可以预定义处理异常。

A. try　　B. else　　C. raise　　D. except

二、填空题

1. Python 中所有的异常类都是 _____ 的子类。
2. 当使用序列中不存在的 _____ 时，会引发 IndexError 异常。
3. 一个 try 语句只能对应一个 _____ 子句。
4. 当约束条件不满足时，_____ 语句会触发 AssertionError 异常。
5. 如果在没有 _____ 的 try 语句中使用 else 语句，会引发语法错误。

三、判断题

1. 程序中异常处理结构在大多数情况下是没必要的。（　　）
2. 默认情况下，系统检测到错误后会终止程序。（　　）
3. 在使用异常时必须先导入 exceptions 模块。（　　）
4. 一个 try 语句只能对应一个 except 子句。（　　）
5. 如果 except 子句没有指明任何异常类型，则表示捕捉所有的异常。（　　）
6. 无论程序是否捕获到异常，一定会执行 finally 语句。（　　）

7. 所有的 except 子句一定在 else 和 finally 的前面。 (　　)

8. Python 中一个 except 语句后边只能捕获一种异常。 (　　)

9. Python 可以通过 raise 显式地引发异常，但是一旦执行了 raise 语句，raise 后面的语句将不能执行。 (　　)

10. Python 中 except 语句后可以不写任何异常名称，那么将捕获所有异常。 (　　)

四、简答题

1. 简述什么是异常。

2. 处理异常有哪些方式？

3. 简述 except 的用法和作用。

第 8 章

文 件

知识目标

• 理解文件的各种读写模式，掌握文件的基本操作，理解 Word、Excel、csv 文件的读写方法。

能力目标

• 能够熟练使用 with 语句进行文件操作，能够根据需求编写脚本文件实现自动化办公。

素质目标

• 培养学生耐心、严谨、踏实的工作作风，培养学生安全编程的意识，养成严格、完备的代码测试习惯。

在计算机中，文件是存储系统中信息的具体表现，具有一定的格式，如文本、音乐、图片、程序等。文件命名形式为“文件名 + 扩展名”，扩展名用于指示文件的格式或类型。

8.1 文件基础操作

对文件任何简单或复杂的操作，始终离不开打开、关闭及读写，见表 8-1。下面对这些文件的基本操作进行介绍。

表 8-1　文件操作常用方法

方　法	功　能	方　法	功　能
open( )	打开文件	write( )	写操作
read( )	读操作	close( )	关闭文件

8.1.1　文件的打开与关闭

文件的打开与关闭

1. 文件的打开

所谓打开文件，实际上是通过一个文件对象创建与该物理文件的链接，计算机为其分配资源，之后才能对文件进行内容的读写操作。

在 Python 中可通过内置函数 open( )，实现以特定模式打开文件，执行后返回文件的操作对象，具体使用方法如下。实际上文件被打开时候，mode 就已经决定了针对文件操作的权限。

```
open(file, mode='r',buffering=-1,encoding=None)
```

各参数说明如下：

file：表示将要打开文件的标识，其中路径可以是绝对路径或相对路径，在指定文件时最好完整的写出“文件名 + 扩展名”，防止计算机识别错误。

mode：是一个可选字符串，用于指定打开文件的模式。默认值是 'r'，表示以文本模式打开并读取。常用打开模式及描述见表 8-2。

表 8-2　常用打开模式及描述

字　符	描　述
r/r+ (rb/ rb+)	以只读 / 读写模式打开文本文件（以只读 / 读写模式打开二进制文件），若文件不存在则返回异常，指针在文件开头
w/w+ (wb/ wb+)	以只写 / 读写模式打开文本文件（以只写 / 读写模式打开二进制文件），若文件不存在则创建，若存在则覆盖，指针在文件开头
a/ a+ (ab/ ab+)	以追加 / 读写模式打开文本文件（以追加 / 读写模式打开二进制文件），若文件不存在则创建，指针在文件末尾

buffering 是一个可选的整数，用于设置缓冲策略。传递 0 以切换缓冲关闭（仅允许在二进制模式下），1 选择行缓冲（仅在文本模式下可用），并且 >1 的整数以指示固定大小的块缓冲区的大小（以字节为单位）。如果没有给出 buffering 参数，则默认缓冲策略。

encoding 是用于解码或编码文件的编码的名称，如常见的 UTF-8、ASCII 等，且应该只在文本模式下使用。

例 8-1　打开一个不存在的 test.txt 文件。

```
file=open('test1.txt')
```

运行结果如下：

```
Traceback(most recent call last):
```

```
  File "C:\Users\PycharmProjects\OfficeProject\8-1.py",line 1,in <module>
  file=open('test1.txt')
FileNotFoundError: [Errno 2] No such file or directory: 'test1.txt'
```

默认会以只读模式打执行，编译器报错并提示找不到指定文件。

例 8-2 先通过只读模式打开一个内容为空的 test2.txt 文件，然后写入“aaa”字符。

```
file=open('test2.txt','r')      #以只读模式打开 test2.txt
print(file.read())              #读取并打印 test2.txt 内容
file.write('aaa')               #在文件内填写内容 aaa
print(file.read())
```

运行结果如下：

```
Traceback (most recent call last):
  File "C:\Users\PycharmProjects\OfficeProject\7.2.py",line 2,in <module>
  print(file.read())              #读取并打印 test2.txt 内容
io.UnsupportedOperation: not readable
```

以只读模式打开文件执行写操作时，编译器报错并提示不可写入。

例 8-3 只写模式打开一个不存在的 test3.txt 文件，然后写入“aaa”字符。

```
file=open('test3.txt','w')      #以只写模式打开 test3.txt
file.write('aaa')               #在文件内填写内容 aaa
print(file.read())
```

运行结果如下：

```
Traceback (most recent call last):
  File "C:\Users\PycharmProjects\OfficeProject\8-3.py",line 3,in <module>
  print(file.read())
io.UnsupportedOperation: not readable
```

文件 test3.txt 不存在，以只写模式打开时先创建该文件并执行写入字符“aaa”的操作，但编译器报错并提示不可读取。

例 8-4 先创建 test3.txt 和 tes4.txt 两个文件，在其中都只写入“aaa”字符，如图 8-1 所示，之后分别以“w+”和“a+”读取两个文档，并都写入“python”字符。

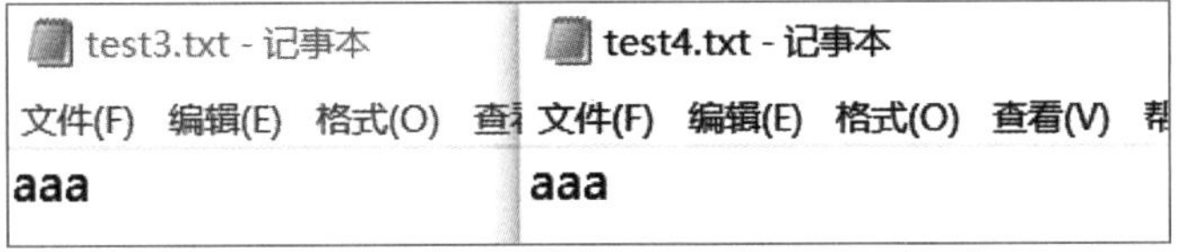

图 8-1 test3.txt 和 tes4.txt 原始内容

```
file1=open('test3.txt','w+')    #以读写模式打开 test3.txt
file1.write('python')
print(file1.read())
```

```
file2=open('test4.txt','a+')   #以追加读写模式打开 test4.txt
file2.write('python')
print(file2.read())
```

运行结果如图 8-2 所示。

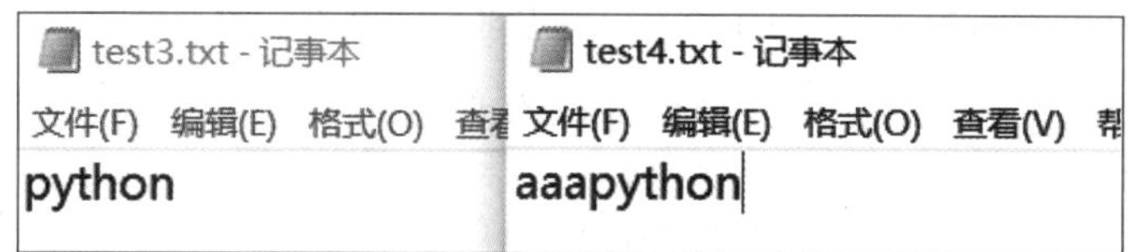

图 8-2　test3.txt 和 tes4.txt 编辑后内容

文件 test3 原文被新内容所覆盖，光标在文件最开始的位置，文件 test4 原文被添加 6 个字符长度的新内容，光标在最末尾的位置。执行“w”及“w+”操作，本质是先删除原文，之后再添加新内容，所以可以用 write（“”）达到清空文件的目的。

2. 文件的关闭

文件打开之后，计算机分配的资源会一直处于占用状态，所以在文件操作完成之后，需要关闭文件操作来释放计算机资源。

（1）close( ) 方法。打开文件需要及时关闭，如果忘记关闭可能发生意想不到的问题。可以通过调用 close( ) 显式地关闭文件。一旦关闭了文件，该文件对象依然存在，但是无法再通过它来读取文件内容了，而且文件对象返回的可打印内容也表明文件已经被关闭。

（2）with 语句。在调用 open( ) 和 close( ) 方法打开和关闭文件时，如果程序存在 bug，导致 close( ) 语句没有执行，文件将不会被关闭，未妥善的关闭文件可能会导致数据丢失或受损失。如果在程序中过早地调用 close( )，会发现需要使用文件时已经无法访问，这会导致更多的错误。可利用 with 语句，从而无论是否显示异常，都能保证已经打开的文件被正常关闭。

关键字 with 在不需要访问文件后将其关闭，在这个程序中，调用了 open( )，但没有调用 close( )；并非在任何情况下都能轻松地找到关闭文件的恰当时机 通过使用 with 结构，可以让 Python 去确定，Python 会在合适的时候自动将其关闭

使用 with+open 语句可以完成“打开、处理、关闭”的等效工作，只要 with 的代码组结束就会自动调用 close( )。

例 8-5　用 with 语句执行读 test5.txt 的操作。

```
with open('test5.txt',"r+") as file:
    print(file.read())
```

运行结果如下：

```
python
```

8.1.2　文件对象属性

file 对象有三个常用的方法可用于查看 file 对象的属性，见表 8-3。

表 8-3　查看属性的方法

方　法	功　能
closed	如果文件对象已关闭，返回 True，否则返回 False
mode	返回文件对象的访问模式
name	返回文件的名称

例 8-6　查看 test6.txt 的文件名、操作模式和是否关闭。

```
file=open('test6.txt','a+')
file.write('aaa')
file.close()
print(file.closed)
print(file.name)
print(file.mode)
```

运行结果如下：

```
True
test.txt
a+
```

8.1.3　文件对象方法

在文件操作过程中，除 read( ) 和 write( ) 外还有一些常用操作方法，见表 8-4。

表 8-4　file 操作常用方法

方　法	功　能
tell( )	返回文件当前位置
read(size)	size 表示从文件中读取的字节数，默认值为 –1，表示读取整个文件
readline( )	读取一行数据，追加读取，读取过的不能再次读取
readlines( )	读取所有内容，打包成列表
seek(offset，from)	seek( ) 方法用于移动文件读取指针到指定位置。 offset 表示开始的偏移量，也就是代表需要移动偏移的字节数，0 代表从文件开头开始算起，1 代表从当前位置开始算起，2 代表从文件末尾算起。 from 表示要从哪个位置开始偏移，可选。默认值为 0。给 offset 参数一个定义
writelines(sequence)	向文件写入一个序列字符串列表，如果需要换行则要自己加入每行的换行符

例 8-7　创建 test7.txt 的文本文件，内容为“python”和“welcome”各占一行空间，如图 8-3 所示，通过以下代码验证各方法的功能。

```
file=open('test7.txt','r+')
print(file.read(3))
print(file.readline())
print(file.readline())
file.seek(0,0)
print(file.readlines())
file.close()
```

test7.txt - 记事本

文件(F) 编辑(E) 格式(O) 查看(V) 帮助(H)

python
welcome

图 8-3 text7.txt 文件内容

运行结果如下：

```
pyt
hon
welcome
['python\n','welcome']
```

通过读写模式打开 test7.txt，打印 read(3) 的输出结果为 pyt，然后输出第一行数据，因为此时光标移动至 t 字符后，所以输出第一行的数据试以 h 开头到行末，为 hon。再使用 readline( ) 时，因为是追加读取，所以输出的是第二行 welcome。通过 seek(0,0) 将光标移动到文档初始位置，通过 readlines( ) 读取的是以列表形式显示的所有文档内容。

8.2 文件与目录管理

在操作系统内，通过“路径”来指示文件所处的位置。图 8-4 所示为 Windows 系统内的路径表示方法，表示名为 cmd 的可执行文件，存放于 C 盘中 Windows 文件夹下的 System32 文件夹内。图 8-5 所示为 Linux 系统内的路径表示方法，层级划分略有差异（斜线方向），但含义相同。

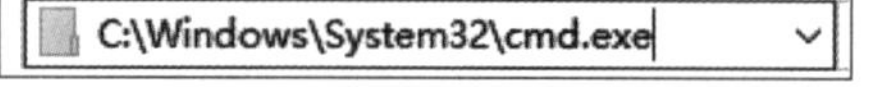

图 8-4 Windows 中路径表示方法

vi /etc/sysconfig/network-scripts/ifcfg-eno16777736

图 8-5 Linux 中路径表示方法

目录（文件夹）主要用于分层保存文件，通过文件夹可以进行区别存放文件。Python 中，没有提供直接操作文件夹的方法，需要使用内置的 os、os.path 和 shutil 模块来实现。

8.2.1 获取目录路径

路径的表示有绝对路径和相对路径两种方法。

绝对路径是指目录下的绝对位置，Windows 系统中通常是从盘符开始的完整的描述文件位置的路径，Linux 系统中是从根目录开始。绝对路径名的指定是从树状目录结构顶部的根目录开始到某个目录或文件的路径，由一系列连续的目录组成，中间用斜线分隔，直到要指定的目录或文件，路径中的最后一个名称即为要指向的目录或文件。

相对路径是指目标以当前工作目录为参考所表示的路径。

小提示：Python 中指定文件路径时需要对路径分隔符“\”进行转义，即“\”替换为“\\”；也可以将路径分隔符“\”采用“/”代替；或直接复制文件夹路径字符串前面加 r，如 r"image\test.txt"。

Python 中通过 os 模块提供的 getcwd( ) 方法获取当前工作目录，通过 os.path 模块提供的 abspath( ) 方法获取一个文件的绝对路径。

例 8-8　试获取脚本文件当前的工作目录及绝对路径。

```
import os
print(os.getcwd())                    # 输出当前目录
print(os.path.abspath("test.txt"))    # 输出绝对路径
```

运行结果如下：

```
C:\UsersPycharmProjects\OSProject
C:\Users\PycharmProjects\OSProject\test.txt
```

8.2.2　拼接路径

Python 中通过 os.path 模块提供的 join( ) 方法，实现将两个路径或多个路径拼接到一起组成一个新的连接。

小提示：拼接路径时不会检测该路径是否真实存在。如果要拼接的连接中没有绝对路径，那么最后拼接的将是一个相对路径。

例 8-9　使用 os.path.join( ) 拼接路径。

```
import os
print(os.path.join("G:\Projectfile",r"image\test.txt"))
```

运行结果如下：

```
G:\Projectfile\image\test.txt
```

8.2.3　判断文件夹是否存在

Python 中判断给定的文件夹是否存在，可使用 os.path 模块提供的 exists( ) 方法实现。

例 8-10　判断 D:\Projectfile 下面有没有 demo 文件夹。

```
import os
print(os.path.exists(r"D:\Projectfile\demo"))
```

运行结果如下：

```
False
```

对应路径没有相应文件夹，所以结果为 False。

8.2.4 创建目录

Python 中 os 模块提供两种创建目录的方法：创建一级目录和创建多级目录。

1. 创建一级目录

创建一级目录指一次只能创建一层目录，而不能创建多个不存在的目录。Python 中通过 os 模块提供的 mkdir( ) 方法实现。如果所要创建目录的父目录不存在，将会提示如下错误：

```
FileNotFoundError: [WinError 3] 系统找不到指定的路径
```

小提示：如果创建的目录已经存在，将会显示“FileExistsError”异常，为避免异常，可先使用 os.path.exists( ) 方法判断是否已存在要创建的目录。

例 8-11 使用 os.mkdir( ) 创建目录。

```
import os
os.mkdir(r"G:\Projectfile\demo")
```

2. 创建多级目录

Python 中通过 os 模块提供的 makedirs( ) 方法实现创建多级目录。该方法用于采用递归的方式创建目录。

例 8-12 使用 os.mkdir( ) 在 G:\Projectfile 下创建 demo、test、dir 多级目录。

```
import os
os.makedirs(r"G:\Projectfile\demo\test\dir")
```

8.2.5 复制目录

Python 中复制目录使用 shutil 模块提供的 copytree( ) 方法实现。

小提示：若复制的文件夹下还有二级目录，将进行将整体复制。

例 8-13 将 G 盘文件 Projectfile 目录里的 demo 文件夹复制到 F 盘 test 文件夹中。

```
import shutil
shutil.copytree(r"G:\Projectfile\demo",r"F:\test")
```

8.2.6 移动目录

Python 中复制文件夹使用 shutil 模块提供的 move("path A", "path B") 方法实现，其中 path A 为起始路径，path B 为目的路径。

例 8-14 将 C 盘的 demo 文件移动到 D 盘 Demo 文件夹中。

```
import shutil
shutil.move("C:/demo","D:/demo")
```

8.2.7 目录重命名

重命名目录有两种方法：第一，使用 os 模块提供的 rename( ) 方法；第二，使用 shutil 模块提供的 move( ) 方法，将起始路径和目的设为同一父目录下。

例 8-15　将 D 盘的 demo 文件重命名为 demo1。

```
import os
os.rename("D:/demo","D:/demo1")
```

或

```
import shutil
shutil.move("D:/demo","D:/demo1")
```

8.2.8　删除目录

Python 中删除目录使用 os 模块提供的 rmdir( ) 方法实现，只有当被删除目录为空时才会起作用。

小提示：如果想删除非空目录，需要使用 Python 内置的 shutil 模块中 rmtree( ) 方法实现。

例 8-16　用 os.rdir( ) 方法删除 F 盘的 Projectfile 目录（包含子目录）。

```
import os
os.rmdir("F:\\Projectfile")
```

运行结果如下：

```
Traceback (most recent call last):
  File "C:\Users\PycharmProjects\OSProject\8-16.py",line 2,in <module>
  os.rmdir("F:\\Projectfile")
FileNotFoundError: [WinError 2] 系统找不到指定的文件。: 'F:\\Projectfile'
```

例 8-17　用 shutil.rmtree( ) 方法删除 F 盘的 Projectfile 目录（包含子目录）。

```
import shutil
shutil.rmtree(r"F:/Projectfile")
```

8.2.9　遍历目录

遍历指对指定的目录下的全部目录及文件执行一遍。

1. os.listdir( )

os.listdir( ) 方法可以返回目标路径下的文件和目录的名字列表，参数就是目标路径。

例 8-18　F 盘的 Projectfile 目录下存在两个子目录 demo 和 demo1，两个文件 demo2.docx 及 demo3.txt，使用 os.listdir( ) 方法获得文件及目录名字列表。

```
import os
namelist=os.listdir(r"F:\Projectfile")
print(namelist)
```

运行结果如下：

```
['demo','demo1','demo2.docx','demo3.txt']
```

2. os.walk( )

当目标路径中的子目录不为空时，使用 listdir( ) 方法就只能获得目标路径存储的信息，而子目录的内容便获取不到了。这时可以使用 os.walk( ) 方法遍历所有子目录。

例 8-19 F 盘的 Prfile 目录存储情况如图 8-6 所示，遍历该目录并获得其中所有文件的绝对路径。

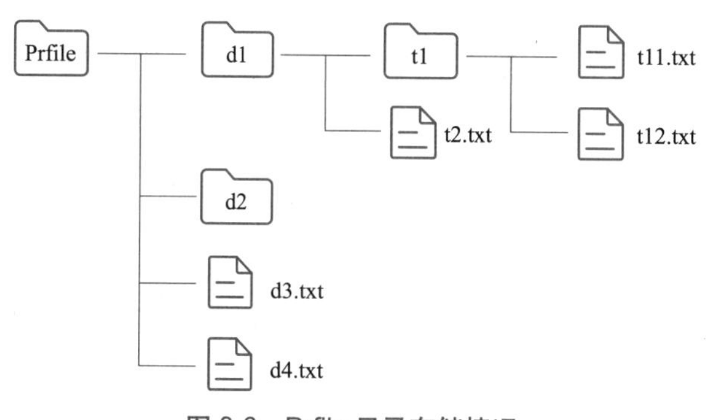

图 8-6 Prfile 目录存储情况

```
import os
for filepath, dirnames, filenames in os.walk(r'F:\Prfile'):
    for filename in filenames:
    print(os.path.join(filepath,filename))
```

运行结果如下：

```
F:\Prfile\d3.txt
F:\Prfile\d4.txt
F:\Prfile\d1\t2.txt
F:\Prfile\d1\t1\t11.txt
F:\Prfile\d1\t1\t12.txt
```

os.walk( ) 方法可以生成三元组，也就是上述代码中的 filepath、dirnames、filenames，其中 filepath 就是目标路径下所有文件的路径，dirnames 是目标路径的所有目录名称，filenames 则是各个路径下的文件名称列表。

8.3 处理 Word 文档

Word 文档是目前最流行的文字编辑工具之一，主要用于编排文档、编辑和发送电子邮件、编辑和处理网页等。Word 适用于所有类型的字处理，如备忘录、商业信函、贸易生命、论文、书籍和长篇报告。在 Windows Office 套件中，2007 版本之前，Word 文档文件的保存格式的扩展名为 .doc；2007 版本之后，Word 保存的扩展名为 .docx。Word 中一般依结构分成四个层次：Document（文档）→ Section（章节）→ Paragraph（段落）→ Run（文字块）。Word 文档的页面结构如图 8-7 所示。

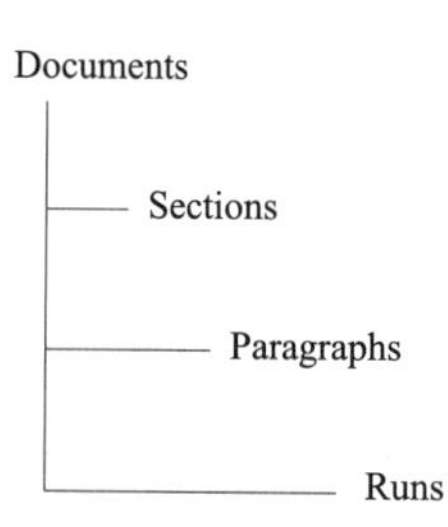

图 8-7 Word 文档的页面结构

8.3.1　添加内容

python-docx 是一个用于创建和更新微软 Word 文件的 Python 库，可以用来创建 docx 文档，包含段落、分页符、表格、图片、标题、样式等几乎所有的常用功能，并允许在文档中放置大量自定义。

python-docx 是一个非标准库，需要在命令行（终端）中使用 pip 安装。需要注意的是，安装的库名称是 python-docx 而实际调用时均为 docx，安装前最好升级 pip 以便于安装最新版本库。安装指令如下（在 Windows 命令提示符中）：

```
pip3 install --upgrade pip
pip3 install python-docx
```

1. 创建与保存文档

Document( ) 在当前路径下新建空白文档，Document('path') 可打开指定路径下的文档，打开文档后会返回 Document 对象。

Document 对象的 save( ) 方法用于保存文档于指定路径。

小提示：python-docx 在导入时，使用的名称为 docx。

例 8-20　使用 docx 库创建一个名为 word1 的文档并保存。

```
from docx import Document
doc=Document()
doc.save('word1.docx')
```

2. 添加标题

标题等级 1 ～ 9 对应 word“预设样式”中的标题 1 ～标题 9，可以在已建文档中将标题格式设置好，使用 docx 库打开文档，添加相应等级标题即可引用相应标题格式。方法如下：

```
add_heading(text,level)
```

其中参数 text 为标题文本内容，参数 level 为标题等级数值。

例 8-21　为 heading.docx 文档添加三级标题。

```
from docx import Document
doc=Document()
doc.add_heading('这是一级标题',0)
doc.add_heading('这是二级标题',1)
doc.add_heading('这是三级标题',2)
doc.save('heading.docx')
```

运行结果如图 8-8 所示。

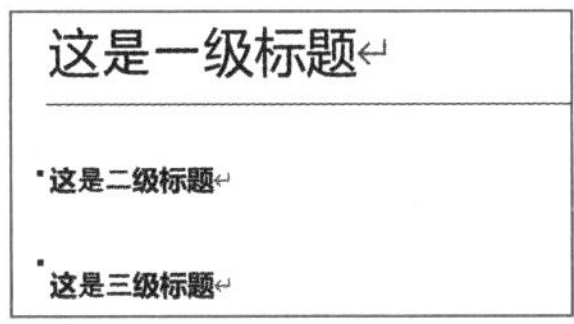

图 8-8　heading.docx 文档效果

3. 添加段落和文字块

(1) 段落。段落 (Paragraph) 用于正文文本，也用于标题和项目列表（如项目符号），可发分为三类：普通段落、自定义样式的段落、引用段落。添加段落方法如下：

```
add_paragraph(text,style)
```

其中参数 text 为段落文本内容，参数 style 为段落样式。

普通段落：假如参数 style 没有传入，则代表添加一个普通的段落。

引用段落：对于引用段落，只需要指定段落样式为 Intense Quote 即可。

自定义段落：有两种实现方式。第一，创建一个空的段落对象，增加文字块 Run 的时候，同时指定字体样式。第二，使用文档对象创建一个新的样式（或已经存在的样式），然后添加段落的时候，设置到第二个参数中考虑到样式的复用性。

(2) 文字块。如果短句中有多种样式文字，每一种样式的文字可以理解为一个文字块 (Run)。

例 8-22 为 paragraph.docx 文档添加不同段落及文字块。

```
from docx import Document
doc=Document()
p1=doc.add_paragraph('这是一个普通段落')
p2=doc.add_paragraph('这是一个引用段落',style='Intense Quote')
p3=doc.add_paragraph('第一种')
p3.add_run('自定义').bold=True                    #加粗显示
p3.add_run('段落').underline=True                 #加下画线显示
p3.add_run('(方式一)').italic=True                #斜体显示
doc.save('paragraph.docx')
```

运行结果如图 8-9 所示。

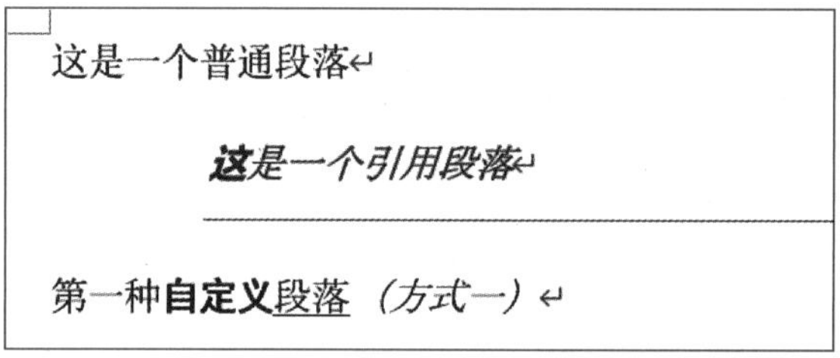

这是一个普通段落↵

这是一个引用段落↵

第一种**自定义**<u>段落</u>*（方式一）*↵

图 8-9 paragraph.docx 文档效果

4. 添加图片

文档对象添加图片的使用方法如下：

```
add_picture(image_path_or_stream,width=None,height=None)
```

其中参数 image_path_or_stream 表示图片所存在的路径，宽高可以以英寸或厘米为单位，如果值为空，表示以原始大小显示图片。

例 8-23 在 Word 中插入图片并设置不同的宽度。

```
from docx import Document
```

```
from docx.shared import Inches                          # 导入英寸单位
from docx.shared import Cm                              # 导入厘米单位
doc=Document()
doc.add_picture('python.jpeg')
doc.add_picture('python.jpeg',width=Inches(3))          # 宽度 3 英寸，高度等比例缩放
doc.add_picture('python.jpeg',width=Cm(5))              # 宽度 5 厘米，高度等比例缩放
doc.save('picture.docx')
```

运行结果如图 8-10 所示。

原图

宽3英寸

宽5厘米

图 8-10　图片不同宽度对比

5. 添加表格

文档对象添加表格的使用方法如下：

```
add_table(rows, cols, style=None)
```

其中参数 rows 表示行数，cols 表示列数，style 可以是段落格式对象，也可以是段落格式名称，值为空表示将创建默认格式表格。

例 8-24

例 8-24　创建 4 行 3 列的表格。

```
from docx import Document
doc=Document()
records=(
(3,'101','Spam'),
(7,'422','Eggs'),
(4,'631','Spam,spam,eggs,and spam')
)                                                       # 待添加至表格的列表
table=doc.add_table(rows=1,cols=3)                      # 创建 1 行 3 列表格
hdr_cells=table.rows[0].cells                           # 添加表格标题
hdr_cells[0].text='Qty'
hdr_cells[1].text='Id'
hdr_cells[2].text='Desc'
for qty,id,desc in records:                             # 动态添加表格行数与内容
row_cells=table.add_row().cells
row_cells[0].text=str(qty)
row_cells[1].text=id
row_cells[2].text=desc
doc.save('table.docx')
```

运行结果如图 8-11 所示。

Qty↩	Id↩	Desc↩
3↩	101↩	Spam↩
7↩	422↩	Eggs↩
4↩	631↩	Spam, spam, eggs, and spam

图 8-11　table.docx 文档效果

8.3.2　设置样式

python-docx 可以读取文档的 section（章节）对象信息，包括页边距、页眉页脚边距、页面宽高、页面方向等，具体对应 Word 软件面板功能。这里的 section 对应分节符中节的概念。

通过文档对象的 sections 属性获取章节列表信息，通过 len(doc.sections) 获取章节数目。

1. 设置页边距

设置边距大小，直接给页边距对象赋值即可，可以是 emu（赋值数字），也可以是厘米、英寸等。

例 8-25　获取文档页边距信息。

```
from docx import Document
doc=Document('heading.docx')
print('章节列表：',doc.sections)                          #获取章节列表
print('章节数目：',len(doc.sections))
print('左边距=',doc.sections[0].left_margin)              #第一个 section
print('上边距=',doc.sections[0].top_margin)
print('右边距=',doc.sections[0].right_margin)
print('底边距=',doc.sections[0].bottom_margin)
doc.sections[0].left_margin=Cm(1)
print('左边距=',doc.sections[0].left_margin)
```

运行结果如下：

```
章节列表：<docx.section.Sections object at 0x00000230B03A4C40>
章节数目：2
左边距=1143000
上边距=914400
右边距=1143000
底边距=914400
左边距=360045
```

返回值的单位是 EMU（English Metric Units），其和厘米、英寸的转换关系如下：

$$1\ \text{emu}=\frac{1}{914\ 400}\ \text{in}\ =\frac{1}{360\ 000}\ \text{cm}$$

其他页面布局对象见表 8-5。

表 8-5 页面布局对象

名 称	功 能	名 称	功 能
left_margin	左边距	footer_distance	页脚边距
top_margin	上边距	page_width	页面宽度
right_margin	右边距	page_height	页面高度
bottom_margin	下边距	orientation	页面方向，取值为 WD_ORIENT.LANDSCAPE 表示横向，取值为 WD_ORIENT.PORTRAIT 表示纵向
header_distance	页眉边距		

2. 设置段落

使用文档对象的 paragraphs 属性可以获取文档中所有的段落。

小提示：这里获取的段落不包含页眉、页脚、表格中的段落。

（1）段落文字内容。段落文字内容属性 text 是将段落中所有文字块连接而成的字符串。若新增或修改段落文字内容，直接给 text 赋值。

例 8-26 给 word1.docx 中的段落添加文字内容。

```
from docx import Document
doc=Document('word1.docx')
doc.add_paragraph('Python 简介')
doc.add_paragraph('Python 基础')
paragraphs=doc.paragraphs
contents=[paragraph.text for paragraph in paragraphs] #将所有段落文字输出至contents 列表
print(contents)
paragraphs[1].text="Python 发展简介"
contents=[paragraph.text for paragraph in paragraphs]
print(contents)
doc.save('word1.docx')
```

运行结果如下：

```
['font 属性可以获取字体格式，名称大小颜色是否加粗是否斜体下画线删除线阴影边框','Python 简介','Python 基础']
['font 属性可以获取字体格式，名称大小颜色是否加粗是否斜体下画线删除线阴影边框','Python 发展简介','Python 基础']
```

（2）段落格式。段落格式属性 paragraph_format 提供行间距和缩进等段落格式对象属性（见表 8-6）的访问，修改格式只需对相应属性赋值即可。

表 8-6　段落格式对象属性

名　称	功　能
alignment	指定段落对齐方式。LEFT (0) 左对齐，CENTER (1) 居中，RIGHT (2) 右对齐，JUSTIFY (3) 两端对齐，DISTRIBUTE (4) 分散对齐。 值为 None 表示段落对齐继承自样式层次结构
first_line_indent	首行缩进，默认长度单位 emu。正值表示缩进，负值表示悬挂，值为 None 表示段落对齐继承自样式层次结构
left_indent	左缩进，默认长度单位 emu。None 表示从样式层次结构继承正确的缩进值
right_indent	右缩进，默认长度单位 emu。None 表示从样式层次结构继承正确的缩进值
line_spacing	行间距，数值为浮点型或长度。值 None 表示行间距继承自样式层次结构。浮点值，如 2.0 或 1.75，表示以行高的倍数应用间距。长度值如 Pt(12) 表示间距为固定高度 12 磅
space_before	段前间距
space_after	段后间距

例 8-27　在 word1.docx 文档中有三个段落，第一段左侧缩进 2 字符，第二段右侧缩进 3 字符，第三段首行缩进 2 字符，获取各段格式信息。

```
from docx import Document
def get_paragraph_format(paragraph):
 """ 获取段落格式信息
   :param paragraph:
   :return:"""
   # 分别对应段落对齐方式：左行缩进、右行缩进、首行缩进、行间距、段前间距、段后间距
   paragraph_format=paragraph.paragraph_format
   aliment, left_indent, right_indent, first_line_indent, line_spacing, space_before, space_after=paragraph_format.alignment,paragraph_format.left_indent,paragraph_format.right_indent,paragraph_format.first_line_indent,paragraph_format.line_spacing,paragraph_format.space_before,paragraph_format.space_after
    return aliment,left_indent,right_indent,first_line_indent, line_spacing, space_before, space_after
doc=Document('word1.docx')
paragraphs=doc.paragraphs
paragraph1=paragraphs[0]
paragraph2=paragraphs[1]
paragraph3=paragraphs[2]
print('段落 1 格式信息: ',get_paragraph_format(paragraph1))        # 获取段落 1 格式信息
print('段落 2 格式信息: ',get_paragraph_format(paragraph2))        # 获取段落 2 格式信息
print('段落 3 格式信息: ',get_paragraph_format(paragraph3))        # 获取段落 2 格式信息
```

运行结果如下：

```
段落1格式信息: (None,266700,None,None,None,None,None)
段落2格式信息: (None,None,400050,None,None,None,None)
段落3格式信息: (None,None,None,266700,None,None,None)
```

(3) 设置文字块。文字块属于段落的一部分，所以，必须先获取一个段落实例对象才能获取文字块信息。

①文字块文字信息。使用文字块对象 text 属性获取内容，也可通过赋值改变其内容。

例 8-28　获取 word1.docx 某个文字块内容，然后修改。

```
from docx import Document
doc=Document('word1.docx')
paragraphs=doc.paragraphs
run1s=paragraphs[1].runs
contents=[run.text for run in run1s]
print(contents)
run1s[0].text="Python belongs to"            #修改文字块内容
contents=[run.text for run in run1s]
print(contents)
```

运行结果如下：

```
['Python','发展简介']
['Python belongs to','发展简介']
```

②文字块格式。font 属性可以获取字体格式，如字体名称、大小、颜色、是否加粗、是否斜体等，修改格式只需对相应属性（见表 8-7）赋值即可。

表 8-7　字体格式对象属性

名　称	功　能	名　称	功　能
name	字体名称	underline	下画线。值为 True 执行更改
size	字体大小。常用单位磅	strike	删除线。值为 True 执行更改
color	color.rgb, 取值如 RGBColor(0xff, 0x99, 0xcc)	shadow	阴影。值为 True 执行更改
bold	粗体显示。值为 True 执行更改	outline	文字边框。值为 True 执行更改
italic	斜体显示。值为 True 执行更改		

小提示：第一，设置中文字体需要导入 qn 模块，然后修改默认的样式。第二，如果是已经存在的 run 需通过指令 run._element.rPr.rFonts.set(qn('w:eastAsia'), u' 黑体 ') 修改中文字体。如果是新添加的 run，在修改中文字体时，需要加上一行代码（run.font.name="Arial"），其中英文字体可自定义。

例 8-29　给 word1.docx 中同一段落的不同文字块设置不同的样式。

```
from docx import Document
from docx.oxml.ns import qn # 中文格式
from docx.shared import Pt,RGBColor
doc=Document()
# 修改默认样式
doc.styles['Normal'].font.name=u'宋体'
doc.styles['Normal']._element.rPr.rFonts.set(qn('w:eastAsia'), u'宋体')
doc.styles['Normal'].font.size=Pt(10.5)
doc.styles['Normal'].font.color.rgb=RGBColor(0,0,0)
p=doc.add_paragraph()
run1=p.add_run('font 属性可以获取字体格式,')
run2=p.add_run('名称')
p.add_run('大小').font.size=Pt(16)
p.add_run('颜色').font.color.rgb=RGBColor(0xff, 0x99, 0xcc)
p.add_run('是否加粗').bold=True
p.add_run('是否斜体').italic=True
p.add_run('下画线').underline=True
p.add_run('删除线').font.strike=True
p.add_run('阴影').font.shadow=True
p.add_run('边框').font.outline=True
run2.font.name="Arial"
run2._element.rPr.rFonts.set(qn('w:eastAsia'), u'黑体')
doc.save('word1.docx')
```

运行结果如图 8-12 所示。

font 属性可以获取字体格式, **名称**大小颜色**是否加粗***是否斜体*下画线删除线阴影**边框**

图 8-12　word1.docx 文字块效果

3. 设置表格

(1) 遍历单元格。用表格对象的 _cells 属性获取表格中所有的单元格。

例 8-30　创建表格，并获取表格所有单元格数据。

```
from docx import Document
def get_table_cell_content(table):
"""
读取表格中所有单元格是内容
:param table:
:return:
"""
cells=table._cells                          # 所有单元格
```

```
content=[cell.text for cell in cells]          # 所有单元格的内容
return content
doc=Document()
p=doc.add_paragraph()
records=(
 ('05103','计算机网络基础','计算机网络技术'),
 ('05108','网络操作系统配置管理','计算机网络技术'),
 ('05109','网络安全技术','计算机网络技术')
)
table=doc.add_table(rows=1, cols=3)
hdr_cells=table.rows[0].cells                  # 添加表格标题栏
hdr_cells[0].text='课程代码'
hdr_cells[1].text='课程名称'
hdr_cells[2].text='所属专业'
for qty, id, desc in records:
 row_cells=table.add_row().cells
 row_cells[0].text=str(qty)
 row_cells[1].text=id
 row_cells[2].text=desc
print(get_table_cell_content(table))
doc.save('table.docx')
```

运行结果如下：

```
['课程代码', '课程名称', '所属专业', '05103', '计算机网络基础', '计算机网络技术',
'05108', '网络操作系统配置管理', '计算机网络技术', '05109', '网络安全技术', '计算机网络技术']
```

（2）表格样式。可通过 table 对象设置获取表格格式，修改格式只需对相应属性（见表 8-8）赋值即可。

表 8-8　表格对象属性

名　称	功　能
add_column(width)	在表格最右侧添加指定宽度的一列。注：需指定宽度
add_row()	在表格部添加一行。注：只能逐行增加
alignment	指定表格与页边距的相对位置，取值如下： WD_TABLE_ALIGNMENT.CENTER 居中 WD_TABLE_ALIGNMENT.LEFT 居左 WD_TABLE_ALIGNMENT.RIGHT 居右
autofit	自动调整列宽
cell(row_idx, col_idx)	指定（row_idx, col_idx）交点处的表格单元格并返回对应的 _Cell 实例，其中 (0,0) 是最左上角的单元格
column_cells(column_idx)	指定该表中第 column_idx 列中的单元格序列，并以列表形式返回对应的一列单元格实例

续表

名　称	功　能
columns	指定该表中的所有列
row_cells(row_idx)	指定该表中第 row_idx 列中的单元格序列，并以列表形式返回对应的一列单元格实例
rows	指定该表中的所有行
style	指定表格样式。可以在表格创建时通过 add_table(rows, cols, style=None) 方法中定义，也可以在表格创建后用 table.style 修改
table_direction	WD_TABLE_DIRECTION.LTR 表或行的第一列被安排在最左边的位置 WD_TABLE_DIRECTION.RTL 表或行的第一列被安排在最右边的位置

例 8-31　创建一个 4 行 4 列表格，指定第 1 行高 1 厘米，第 3 列宽度 8 厘米，之后添加 1 行 1 列。

```
    from docx import Document
    from docx.shared import Cm
    doc=Document()
    table=doc.add_table(rows=4,cols=4,style='Table Grid')#创建表格同时设置样式为 Table Grid
    table.cell(0,2).width=Cm(8)    #设置列宽
    table.rows[0].height=Cm(1)     #设置行高
    table.add_column(Cm(8))        #添加一列
    table.add_row()                #添加一行
    doc.save('table1.docx')
```

运行结果如图 8-13 所示。

↵	↵	↵	↵	↵
↵	↵	↵	↵	↵
↵	↵	↵	↵	↵
↵	↵	↵	↵	↵
↵	↵	↵	↵	↵

图 8-13　table1.docx 表格样式效果

（3）单元格样式。单元格对象属性见表 8-9，修改格式只需对相应属性赋值即可。

表 8-9　单元格对象属性

名　称	功　能
add_paragraph(text=u'', style=None)	在单元格中添加段落

续表

名　称	功　能
add_table(rows, cols)	在任何现有单元格内容之后，新添加单元格，其中包含行和列。在表后面添加一个空段落，因为 Word 要求将段落元素作为每个单元格的最后一个元素
merge(other_cell)	合并单元格，合并区域是由当前单元格和 other_cell 作为对角的矩形区域创建的。如果单元格没有定义矩形区域，则会引发 InvalidSpanError 异常
paragraphs	单元格中的段落列表，只读属性。一个表格单元格必须包含至少一个块级元素，并以一个段落结尾。默认情况下，新单元格包含一个段落
tables	单元格中表的列表，只读属性，按表出现的顺序排列
text	此单元格的包含的全部文本字符串内容
vertical_alignment	垂直对齐，取值如下： WD_ALIGN_VERTICAL.TOP（顶对齐） WD_ALIGN_VERTICAL.CENTER（居中对齐） WD_ALIGN_VERTICAL.BOTTOM（底对齐）
width	可以设置每个单元格的宽，同列单元格宽度相同，如果定义了不同的宽度将以最大值准

例 8-32　在 table.docx 文档（见图 8-14）基础上修改单元格样式。

```
from docx import Document
from docx.enum.text import WD_PARAGRAPH_ALIGNMENT
from docx.shared import RGBColor,Pt,Cm
from docx.enum.table import WD_CELL_VERTICAL_ALIGNMENT
doc=Document('table.docx')
table=doc.tables[0]
table.style.font.size=Pt(15)
table.style.font.color.rgb=RGBColor(255,0,0)
table.style.paragraph_format.alignment=WD_PARAGRAPH_ALIGNMENT.CENTER
for cell in table.rows[0].cells:
  cell.paragraphs[0].runs[0].font.size=Pt(18)#字体格式设置，和文字块设置相同
table.add_row().height=Cm(2)
cell=table.cell(4,0).merge(table.cell(4,2))#单元格合并
cell.text='总计'
cell.paragraphs[0].alignment=WD_PARAGRAPH_ALIGNMENT.RIGHT#水平居右对齐
cell.vertical_alignment=WD_CELL_VERTICAL_ALIGNMENT.CENTER#垂直居中对齐
doc.save('table2.docx')
```

运行结果如图 8-15 所示。

课程代码	课程名称	所属专业
05103	计算机网络基础	计算机网络技术
05108	网络操作系统配置管理	计算机网络技术
05109	网络安全技术	计算机网络技术

图 8-14　table.docx 表格样式效果

课程代码	课程名称	所属专业
05103	计算机网络基础	计算机网络技术
05108	网络操作系统配置管理	计算机网络技术
05109	网络安全技术	计算机网络技术
		总计

图 8-15　table2.docx 表格样式效果

8.4 处理 Excel 文件

Microsoft Excel 是一款电子表格软件。其主要的文件格式有 xls、xlsx。

如图 8-16 所示，打开一个 Excel 文件，首先定位在一个工作表（Sheet）中。行（Row）用阿拉伯数字标识，列（Column）用大写英文字母标识，行号列号交叉所得即为单元格（Cell）。

图 8-16　Excel 表格工作簿

8.4.1　读取表格数据

Python 处理 Excel 文件已有很多第三方库，如 xlrd、xlwt、xlutils、openpyxl 等。其中，openpyxl 是一款比较综合的工具，不仅支持读取和修改 Excel 文档，而且可以详细设置 Excel 文件内单元格样式及内容，可以插入图表、打印设置等，本节内容主要使用 openpyxl 库来实现。在命令提示符界面安装 openpyxl 的指令如下：

```
pip3 install openpyxl
```

使用 from ... import... 的方式导入明确的类，减少操作过程输入代码量，如下：

```
from openpyxl import load_workbook  #load_workboo 类用于读取指定文件
```

以 test1.xlsx 文件作为读取操作案例，如图 8-17 所示。

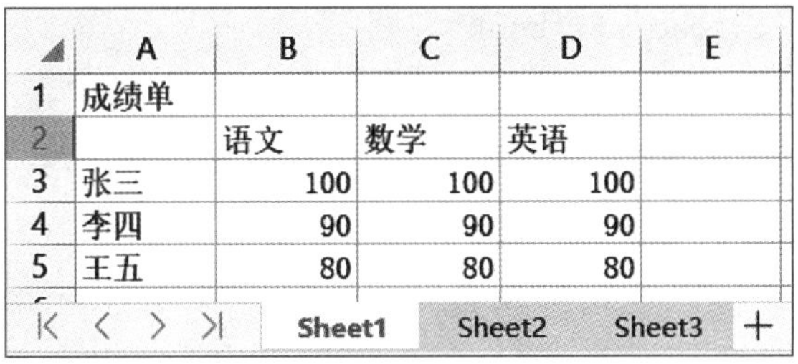

	A	B	C	D	E
1	成绩单				
2		语文	数学	英语	
3	张三	100	100	100	
4	李四	90	90	90	
5	王五	80	80	80	

Sheet1　Sheet2　Sheet3

图 8-17　test1.xlsx 文件内容

1. 获取 Sheet 信息

例 8-33　输出 test1.xlsx 的 Sheet 信息。

```
from openpyxl import load_workbook
workbook=load_workbook(filename="test1.xlsx")
sheet1=workbook.active
sheet2=workbook['Sheet1']
print(workbook.sheetnames)
print(sheet1)
print(sheet2)
```

运行结果如下：

```
['Sheet1','Sheet2','Sheet3']
<Worksheet "Sheet1">
<Worksheet "Sheet1">
```

打开 test1.xlsx 文件将内容赋予 workbook 对象，调用其 sheetnames 属性来获取文件中所有 Sheet 的具体名称。调用 active 属性获取当前工作簿的名称，workbook['Sheet1'] 是指定具体的工作表。

2. 获取行列信息

例 8-34　输出 test1.xlsx 的行列信息。

```
from openpyxl import load_workbook
workbook=load_workbook(filename="test1.xlsx")
sheet=workbook.active
print(sheet.dimensions)
```

运行结果如下：

```
A1:D5
```

通过工作簿对象的 dimensions 属性可以获取当前表格的行列信息，运行结果意为表格区间从 A1 单元格开始到 C5 单元格结束。

3. 获取单元格信息

（1）单个单元格。指定单元格有两种方法：一种是如 sheet['A1']，在工作簿对象后接单元格坐标；另一种是使用工作簿对象的 cell 方法，引入行号和列号定位。

例 8-35 输出 test1.xlsx 中指定单元格的信息。

```
from openpyxl import load_workbook
workbook=load_workbook(filename="test1.xlsx")
sheet=workbook.active
cell01=sheet['A1']
cell02=sheet['B3']
cell03=sheet['C1']
cell04=sheet.cell(row=2,column=2)
print(cell01.value,cell02.value,cell03.value,cell04.value)
print(cell04.row,cell04.column,cell04.coordinate)
```

运行结果如下：

```
成绩单 数学
2 2 B2
```

单元格对象中 row 属性表示所在行序列号，column 属性表示所在列序列号，coordinate 属性表示单元格的坐标，value 属性表示单元格内容。

需要注意的是，如果是经合并的单元格，只会保留最上角的值，其他单元格的值全部为空(None)。

(2) 批量获取单元格。

①指定行或列。指定某一行，如：

```
cell=sheet["3"]
```

指定某一列，如：

```
cell=sheet["A"]
```

②指定区域。指定多行多列，如：

```
cell=sheet["A:C"]
cell=sheet["2:4"]
```

指定开始和结束单元格间的区域，如：

```
cell=sheet["A3:C4"]
```

另外，openpyxl 提供了 iter_rows( ) 方法读取指定行之间的数据，提供 iter_cols( ) 方法读取指定列之间的数据。

③遍历行和列。若要遍历所有行，可以使用工作簿的 rows 属性，如在 test1.xlsx 中使用 tuple(sheet.rows) 可得以下结果：

```
((<Cell 'Sheet1'.A1>,<Cell 'Sheet1'.B1>,<Cell 'Sheet1'.C1>,<Cell 'Sheet1'.D1>),
   (<Cell 'Sheet1'.A2>,<Cell 'Sheet1'.B2>,<Cell 'Sheet1'.C2>,<Cell 'Sheet1'.D2>),
  (<Cell 'Sheet1'.A3>,<Cell 'Sheet1'.B3>,<Cell 'Sheet1'.C3>,<Cell 'Sheet1'.D3>),
   (<Cell 'Sheet1'.A4>,<Cell 'Sheet1'.B4>,<Cell 'Sheet1'.C4>,<Cell 'Sheet1'.D4>),
  (<Cell 'Sheet1'.A5>,<Cell 'Sheet1'.B5>,<Cell 'Sheet1'.C5>,<Cell 'Sheet1'.D5>),
```

```
(<Cell 'Sheet1'.A6>, <Cell 'Sheet1'.B6>, <Cell 'Sheet1'.C6>, <Cell 'Sheet1'.D6>))
```

tuple( )函数将行信息以元组形式展示，同理若要遍历所有列，可以使用工作簿的columns属性。

④遍历单元格。类似cell=sheet["A:C"]这种批量读取的单元格，不能直接遍历cell来获取单元格数据，因为其返回的是生成器，是由行作为元素组成的元组。如果获取单元格数据，需要将生成器遍历。

例8-36 遍历test1.xlsx中所有单元格。

```
from openpyxl import load_workbook
workbook=load_workbook(filename="test1.xlsx")
sheet=workbook.active
Cell=sheet.iter_rows(min_row=3,max_row=4)
for i in Cell:
print(i)
  for cell in i:
  print(cell.value)
```

运行结果如下：

```
((<Cell 'Sheet1'.A3>,<Cell 'Sheet1'.B3>,<Cell 'Sheet1'.C3>,<Cell 'Sheet1'.D3>)
张三
100
100
100
(<Cell 'Sheet1'.A4>,<Cell 'Sheet1'.B4>,<Cell 'Sheet1'.C4>),<Cell 'Sheet1'.D4>)
李四
90
90
90
```

通过遍历Cell可以看到两个元组元素，分别是两行单元格的信息。其中iter_rows( )中的两个参数min_row表示起始行，max_row表示结尾行，还可以添加min_col和max_col来指定列的范围。iter_cols( )是将指定区域按列输出，用法同iter_rows( )。

8.4.2 给表格写入数据

1. 创建新文件

使用新的表格文件时，不需要手动在文件系统上创建。只需导入Workbook类，完成编辑后保存自定义文件名即可。使用方法如下：

```
from openpyxl import Workbook
workbook=Workbook()
```

2. 创建新工作表

利用create_sheet( )方法创建新的工作表，默认是在末尾按Sheet1/2/3...的顺序自动命名创建。

也可添加位置和名称参数，指定新工作表添加的位置和名称，使用方法如下：

```
workbook.create_sheet("Mysheet")
```

表示以默认方式在末尾插入名为 Mysheet 的工作表。

```
workbook.create_sheet("Mysheet",0)
```

表示最开始位置插入名为 Mysheet 的工作表。

workbook.create_sheet("Mysheet", -1)

表示在倒数第二个位置插入名字为 Mysheet 的工作表。

工作表创建之后可修改 title 属性为工作表重命名，使用方法如下：

```
workbook.title="New Title"
```

3. 修改单元格内容

单元格内容可通过给的单元格对象属性 value 赋值改变。

例 8-37 改变 test1.xlsx 中 C3 单元格的值。

```
from openpyxl import load_workbook
workbook=load_workbook(filename="test1.xlsx")
sheet=workbook.active          # 获取当前工作表的名称
cell=sheet["C3"]
cell.value=90
workbook.save(filename="test2.xlsx")
```

运行结果如图 8-18 所示。

	A	B	C	D
1	成绩单			
2		语文	数学	英语
3	张三	100	90	100
4	李四	90	90	90
5	王五	80	80	80

图 8-18 修改单元格值

小提示：修改表格信息一定要保存，save 属性为原文件名表示在原文内容修改，如果表名变化表示另存为（表名若不存在，执行保存操作后自动创建）。

4. 插入行或列

（1）append( )。append( ) 会在表格已有数据后面追加内容。

例 8-38 使用 append( ) 为 test1.xlsx 追加数据。

例 8-38

```
from openpyxl import load_workbook
workbook=load_workbook(filename="test1.xlsx")
sheet=workbook.active
data=[["小明",91,88,100],
["小红",88,99,96],
["小白",90,92,95]]
```

```
for row in data:
    sheet.append(row)
workbook.save(filename="test2.xlsx")
```

运行结果如图 8-19 所示。

	A	B	C	D
1	成绩单			
2		语文	数学	英语
3	张三	100	100	100
4	李四	90	90	90
5	王五	80	80	80
6	小明	91	88	100
7	小红	88	99	96
8	小白	90	92	95

图 8-19　使用 append( ) 追加数据

（2）insert_rows( ) 和 insert_cols( )

insert_rows/cols( ) 可在表格指定位置插入空行或列，使用方法如下：

```
insert_rows(idx=行号,amount=要插入的行数)
```

在第 idx 行的下方插入数量为 amount 的空行。

```
insert_cols(idx=列号,amount=要插入的列数)
```

在第 idx 列的左侧，插入数量为 amount 的空列。

例 8-39　在 test1.xlsx 中新增两个空行和两个空列。

```
from openpyxl import load_workbook
workbook=load_workbook(filename="test1.xlsx")
sheet=workbook.active
sheet.insert_rows(idx=5,amount=2)
sheet.insert_cols(idx=3,amount=2)
workbook.save(filename="test2.xlsx")
```

运行结果如图 8-20 所示。

	A	B	C	D	E	F
1	成绩单					
2		语文			数学	英语
3	张三	100			100	100
4	李四	90			90	90
5						
6						
7	王五	80			80	80
8	小明	91			88	100
9	小红	88			99	96
10	小白	90			92	95

图 8-20　新增行和列

5. 删除行和列

delete_rows/cols( ) 可在表格指定位置插入空行或列，使用方法如下：

```
delete_rows(idx=行号,amount=要删除的行数)
```

在第 idx 行的下方删除数量为 amount 的空行。

```
delete_cols(idx=列号,amount=要删除的列数)
```

在第 idx 列的左侧，删除数量为 amount 的空列。

例 8-40　在 test2.xlsx 中删除本例中添加的两个空行和两个空列。

```
from openpyxl import load_workbook
workbook=load_workbook(filename="test2.xlsx")
sheet=workbook.active
sheet.delete_rows(idx=5,amount=2)
sheet.delete_cols(idx=3,amount=2)
workbook.save(filename="test2.xlsx")
```

6. 合并单元格

使用 merge_cells( ) 属性可实现单元格合并，使用方法如下：

```
merge_cells(start_row=起始行,start_column=起始列,end_row=结束行,end_column=结束列)
```

或

```
merge_cells("合并区域起止单元格编号")
```

例 8-41　合并 test1.xlsx 中第一行数据。

```
from openpyxl import load_workbook
workbook=load_workbook(filename="test1.xlsx")
sheet=workbook.active
sheet.insert_rows(idx=6,amount=1)
cell=sheet["A6"]
cell.value="日期"
sheet.merge_cells("A1:D1")
sheet.merge_cells(start_row=6,start_column=1,end_row=6,end_column=4)
workbook.save(filename="test1.xlsx")
```

运行结果如图 8-21 所示。

	A	B	C	D
1	成绩单			
2		语文	数学	英语
3	张三	100	90	100
4	李四	90	90	90
5	王五	80	80	80
6	日期			

图 8-21　合并单元格

8.4.3　修改表格样式

样式用于更改显示在屏幕上的内容的外观或内容的格式。常用样式同 Word 表格，如字体的大小、颜色、下画线，表格及单元格边框，内容对齐方式等。访问或设置样式时需先导入 openpyxl.styles 模块：

```
from openpyxl.styles import PatternFill,Border,Side,Alignment,Protection,Font
```

1. 字体

同 word 字体样式，如字体名称、大小、颜色、是否加粗、是否斜体等，使用 openpyxl.styles 的 Font 类可修改字体格式，只需将对相应属性赋值即可。

例 8-42 设置 test1.xlsx 中第一行数据字体为微软雅黑，字号为 20，粗体，斜体，红色。

```
from openpyxl import load_workbook
from openpyxl.styles import Font
workbook=load_workbook(filename="test1.xlsx")
sheet=workbook.active
cell=sheet["A1"]
cell.font=Font(name="微软雅黑",size=20,bold=True,italic=True,color="FF0000")
font=cell.font
workbook.save(filename="test1.xlsx")
print(font.name,font.size,font.bold,font.italic,font.color)
```

运行结果如下，实际效果如图 8-22 所示。

```
微软雅黑 20.0 True True <openpyxl.styles.colors.Color object>
Parameters:
rgb='00FF0000',indexed=None,auto=None,theme=None,tint=0.0,type='rgb'
```

	A	B	C	D
1	***成绩单***			
2		语文	数学	英语
3	张三	100	90	100
4	李四	90	90	90
5	王五	80	80	80

图 8-22 设置单元格字体

2. 边框

openpyxl.styles 有一个 border 类可以给单元格设置边框，可对立设置上、下、左、右四个方向。使用方法如下：

```
Border(left=Side(border_style='样式',color='十六进制颜色'),
right=Side(border_style='样式',color='十六进制颜色'),
top=Side(border_style='样式',color='十六进制颜色'),
bottom=Side(border_style='样式',color='十六进制颜色'))
```

border 类中还有 ‘diagonal’，‘diagonal_direction’，‘vertical’，‘horizontal’ 等参数，常用样式可选项如下：

```
style=('dashDot','dashDotDot', 'dashed','dotted','double','hair', 'medium', 'me
diumDashDot','mediumDashDotDot','mediumDashed', 'slantDashDot', 'thick', 'thin')
```

例 8-43 给 test1.xlsx 的 B2 单元格左右边框设为黑色 thick 样式，将 D4 单元格上下边框设为黑色 double 样式。

```
from openpyxl import load_workbook
from openpyxl.styles import Border,Side
workbook=load_workbook(filename="test1.xlsx")
sheet=workbook.active
Black="FF000000"
S_double=Side(border_style="double",color=Black)
S_thick=Side(border_style="thick",color=Black)
sheet["B2"].border=Border(left=S_thick,right=S_thick)
sheet["D4"].border=Border(top=S_double,bottom=S_double)
workbook.save(filename="test1.xlsx")
```

运行结果如图 8-23 所示。

	A	B	C	D
1	成绩单			
2		语文	数学	英语
3	张三	100	90	100
4	李四	90	90	90
5	王五	80	80	80
6	日期			

图 8-23　设置单元格边框

小提示： border 属性只适用于 cell 对象，如果直接对区域对象设置 border 属性会提示 “AttributeError: 'tuple' object has no attribute 'border'” 错误。

3. 对齐

可以使用 openpyxl.styles 的 Alignment 类设置对齐方式。并可借此实现旋转文本、设置文本换行和缩进的效果。Alignment 类使用方法如下：

```
Alignment(horizontal='fill',vertical='center',text_rotation=0,
wrap_text=False,shrink_to_fit=False,indent=0)
```

例 8-44 设置 test1.xlsx 第一列文字旋转 90° 显示。

```
from openpyxl import load_workbook
from openpyxl.styles import Border, Side, Alignment
workbook=load_workbook(filename="test1.xlsx")
sheet=workbook.active
sheet["A1"].alignment=Alignment(horizontal='center',vertical='center')
sheet["A3"].alignment=Alignment(textRotation=90)
sheet["A4"].alignment=Alignment(textRotation=90)
sheet["A5"].alignment=Alignment(textRotation=90)
workbook.save(filename="test1.xlsx")
```

运行结果如图 8-24 所示。

	A	B	C	D
1	成绩单			
2		语文	数学	英语
3	张	100	90	100
4	李四	90	90	90
5	王五	80	80	80
6	日期			

图 8-24　设置单元格文本对齐

8.5 处理 CSV 文件

CSV（Comma-Separated Values，逗号分隔值）以纯文本形式存储表格数据，可用 Excel 工具读写。CSV 文件格式简单、通用，是电子表格和数据库间最常用的资料格式之一，常用于在程序之间转移表格数据。其本质就是一个字符序列，可以由任意数目的记录组成，文件的每行代表一行数据，每行数据中每个单元格内的数据以逗号隔开。CSV 文件与 Excel 文件对比见表 8-10。

表 8-10　CSV 与 Excel 特点对比

CSV 文件	Excel 文件
文件扩展为 .csv	文件扩展为 .xls 或 .xlsx
纯文本文件	二进制文件
存储数据不包含格式、公式等	不仅可以存储数据，还可以对数据进行操作
可通过 Excel 工具、文本编辑器打开	只能通过 Excel 工具打开
只能编写一次列标题	每一行中的每一列都有一个开始标记和结束标记
导入数据时消耗内存较少	数据时消耗内存较多

Python 中可使用 csv 模块来对 CSV 文件读写，该模块提供了兼容 Excel 方式输出、读取数据文件的功能。csv 模块中使用 reader 类和 writer 类读写序列化的数据，使用 DictReader 类和 DictWriter 类以字典的形式读写数据。

8.5.1 写入内容

1. Writer( ) 函数

```
csv.writer(csvfile,dialect='excel',**fmtparams)
```

csvfile 可以是文件对象和列表对象。如果 csvfile 是文件对象，则打开它时应使用 newline=''。

dialect 类用于指定输入和输出记录的格式，为可选参数。如 delimiter 属性设置分隔字段的单字符，默认为','。

fmtparams 可以覆写当前变种格式中的单个格式设置，为可选关键字参数。如 quoting 属性指示如何使用引号字段。

对于 Writer 对象，行必须是（一组可迭代的）字符串或数字。writerow 属性写入单行内容，writerows 属性写入多行内容。

例 8-45 创建名为 test 的 CSV 文件，并录入班级成绩数据。

```
import csv
headers=['姓名','学号','成绩']
rows=[('白冰冰','1','88'),
('陈辰','2','91'),
('董轶可','5','72'),
('李蓉','13','85'),
('赵凡','40','9')]
with open('test.csv','w',encoding='utf8',newline='') as file:
writer=csv.writer(file)
writer.writerow(headers)
writer.writerows(rows)
```

运行结果如图 8-25 所示。

	A	B	C
1	姓名	学号	成绩
2	白冰冰	1	88
3	陈辰	2	[illegible]
4	董轶可	5	72
5	李蓉	13	85
6	赵凡	40	70

test.csv - 记事本

文件(F) 编辑(E) 格式(O)

姓名,学号,成绩
白冰冰,1,88
陈辰,2,91
董轶可,5,72
李蓉,13,85
赵凡,40,70

图 8-25 writer() 函数写入 csv 文件

通过例 8-45 可以发现，在 CSV 文件中逗号用作分隔单元格，另外，还用到 '\n' 表示换行。

2. DictWriter( ) 函数

```
csv.DictWriter(csvfile, fieldnames)
```

创建一个对象，该对象在操作上类似常规 writer，但会将字典映射到输出行。fieldnames 参数是由键组成的序列，它指定字典中值的顺序，这些值会按指定顺序传递给 writerow( ) 方法并写入文件 csvfile。

例 8-46 在 test.csv 文件中使用 DictWriter，并录入班级成绩数据。

```
import csv
with open('test1.csv','w',newline='')as file:
header=['姓名','性别','联系方式']
writer=csv.DictWriter(file, fieldnames=header)
writer.writeheader()
writer.writerow({'姓名':'张三','性别':'男','联系方式':'17677881234'})
writer.writerow({'姓名':'李四','性别':'女','联系方式':'13209647823'})
```

```
writer.writerow({'姓名':'王五','性别':'男','联系方式':'18536172531'})
```

运行结果如图 8-26 所示。

	A	B	C
1	姓名	性别	联系方式
2	张三	男	17677881234
3	李四	女	13209647823
4	王五	男	18536172531

图 8-26　DictWriter( ) 函数写入 CSV 文件

8.5.2　读取内容

1. reader( ) 函数

```
csv.reader(csvfile, dialect=' excel' , **fmtparams)
```

参数使用方法同 writer( ) 函数。

例 8-47　读取 test.csv 文件，输出表头及“成绩”列内容。

```
import csv
with open("test.csv") as file:
reader=csv.reader(file)
rows=[row for row in reader]
print(rows[0])
file.seek(0,0)
cloumn=[row[0] for row in reader]
print(cloumn)
```

运行结果如下：

```
['姓名','学号','成绩']
['姓名','白冰冰','陈辰','董轶可','李蓉','赵凡']
```

本例中将读取的 CSV 文件内容按行存放在 rows 列表中，rows[0] 即为表头数据。cloumn 列表存放的是每行首个单元格的内容在按行遍历后的集合，这样就实现了文件内容的按行读取和按列读取。

需要注意的是，reader( ) 函数返回的 reader 对象将逐行遍历 csvfile。csv 文件的每一行都读取为一个由字符串组成的列表。未经处理如再次读取内容显示结果为空，这是因为内容指针到达末行，需要使用 file.seek( ) 手动置位。

2. DictReader 类

例 8-48　读取 test.csv 文件，输出文件全部内容及“学号”列内容。

```
import csv
with open("test.csv") as file:
  reader=csv.DictReader(file)
```

```
for row in reader:
print(row)
file.seek(0,0)
for row in reader:
print(row['学号'])
```

运行结果如下：

```
{'姓名':'白冰冰','学号':'1','成绩':'88'}
{'姓名':'陈辰','学号':'2','成绩':'91'}
{'姓名':'董轶可','学号':'5','成绩':'72'}
{'姓名':'李蓉','学号':'13','成绩':'85'}
{'姓名':'赵凡','学号':'40','成绩':'99'}
学号
1
2
5
13
40
```

本例中，打印出来的数据是字典类型，表格的表头为键、每一行的值为值，输出指定列的内容，只需输入相应“标题”即可。

8.6 实训案例

8.6.1 文件整理

1. 任务描述

如图 8-27（a）所示，在给定的“实训 8.1”文件夹内，有一堆格式不同的文件看起来很杂乱，为方便检索，需将这些文件按格式分类整理到不同文件夹内。另外，在“实训 8.1”文件夹内有一个“报表”文件夹，如图 8-27（b）所示，内有若干份以“年份 + 序号”命名的报表文件，由于工作人员疏忽，年份错误地写为 2012，需批量更正为 2022。

2. 实现思路

（1）获取“实训 8.1”文件夹内的内容列表，通过调用 listdir( ) 方法实现。

（2）遍历内容列表所有成员。使用 join( ) 方法将文件夹路径和文件名称进行拼接，获取每个成员的绝对路径。提取文件的格式扩展名，并将其移动到以对应格式扩展名命名的文件夹内。

（3）获取“报表”文件夹内的内容列表，使用 replace( ) 方法替换文件名中错误的年份生成新的文件名，用 rename( ) 方法给现有文件用新文件名重命名。

报表	幻灯片13.ppt
Python.docx	结算合计.xlsx
笔记文档.md	课程笔记.md
大数据与人工智能.pptx	密码.txt
导出数据.xls	期末考试.xlsx
公司销量模拟数据1.xlsx	期中考试.xlsx
公司周报.ppt	求职Python开发.pdf
合计初算.xlsx	上报 - 副本.xlsx
合作协议书-20221011.docx	上报.xlsx
合作协议书-20221012.docx	题目一.docx

（a）

2012-1.xlsx	2012-34.xlsx
2012-2.xlsx	2012-35.xlsx
2012-3.xlsx	2012-36.xlsx
2012-4.xlsx	2012-37.xlsx
2012-5.xlsx	2012-38.xlsx
2012-6.xlsx	2012-39.xlsx
2012-7.xlsx	2012-40.xlsx
2012-8.xlsx	2012-41.xlsx
2012-9.xlsx	2012-42.xlsx
2012-10.xlsx	2012-43.xlsx

(b)

图 8-27 文件原始排布

3. 代码实现

```
import os
import shutil
path="实训8.1"
for file_name in os.listdir(path):
    file_path=os.path.join(path,file_name)          #提取文件的绝对路径
    if os.path.isfile(file_path):
        folder_name=file_name.split(".")[-1]        #提取扩展名作为文件夹名称
        folder_path=os.path.join(path,folder_name)
        if not os.path.exists(folder_path):
            os.mkdir(folder_path)                   #按照指定路径创建文件夹
        shutil.move(file_path,folder_path)
path=path+"\报表"
for i in os.listdir(path):
    newname=i.replace("2012","2022")
    oldpath=os.path.join(path,i)
    newpath=os.path.join(path,newname)
    os.rename(oldpath,newpath)
print("整理完毕")
```

代码运行效果如图 8-28 所示，将指定路径下文件分类放入以扩展名命名的文件夹内，并实现“报表”文件夹内文件名称的批量修改。file_path=os.path.join(path,file_name)，文件所处文件夹的位置加上文件名称，即为该文件的绝对路径。folder_name=file_name.split(".")[-1] 将文件名按“.”为标志分割为多个字符串成员，[-1] 选中末尾成员即扩展名传入变量“folder_name”中，需要注意的是，在创建文件夹前一定要判断同名文件夹是否已经存在。

8.6.2 批量生成合同

1. 任务描述

某集团因生产需要，需面向相关企业采购杏仁、大枣、核桃仁等原材料，签订合同时所需的

厂家、数量、单价等信息明细都已整理在“合同明细 .xlsx”表格文件中。签订的合同格式参照“合同模板 .docx”文件，合同正文只有表格中信息存在差异，其余内容格式都一致，请设计程序实现批量生成采购合同。

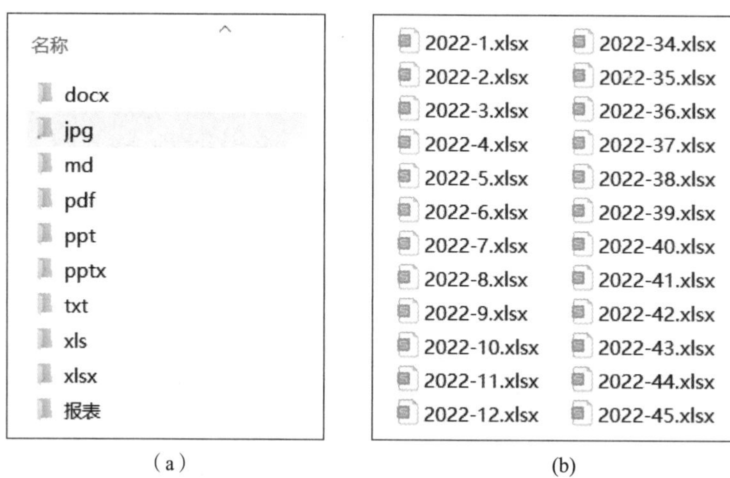

图 8-28　文件整理后效果

2. 实现思路

（1）明细表格表头与模板文档关键字要一一对应，为便于内容替换在关键字中添加特殊符号，以便程序精确识别和区分，如“{ 合同编号 }、{ 采购数量 }”。

（2）使用 openpyxl 模块读取 excel 内容，用 python-docx 模块读取 Word 内容。

（3）明细表格中采购信息是按行存储，所以读取表格后，先遍历除表头的所有行，再遍历每行的所有列。

（4）在遍历每行的列数据的同时，查找替换模板文档中的对应关键字，并另存为“公司名 + 合同 .docx”。

3. 代码实现

```
from openpyxl import load_workbook
from docx import Document
# 读取和替换文本
def key_update(doc, old_key,new_key):
    for para in doc.paragraphs:                                 # 遍历合同模板中所有 paragraph
        for run in para.runs:                                   # 遍历每个段落中的所有 run
            run.text=run.text.replace(old_key,new_key)
wb=load_workbook('实训 8.2\合同明细 .xlsx')                      # 打开填充内容的工作簿
ws=wb.active                                                    # 激活工作表
for row in range(2, ws.max_row+1):                              # 跳过标题行，并包含最后一行
    doc=Document('实训 8.2\合同模板 .docx')                      # 打开模板文档
    for col in range(1,ws.max_column+1):                        # 遍历列数据，同理最大值 +1
        old_key=str(ws.cell(row=1,column=col).value)            # 读取列标题
        new_key=str(ws.cell(row=row,column=col).value)          # 读取表格中的数据
```

```
        key_update(doc,old_key,new_key)                  # 调用替换函数替换值
    com_name=str(ws.cell(row=row,column=2).value)        # 取出公司名称用于文件命名
    doc.save(f'实训 8.2\{com_name}合同 .docx')            # 用新名称存档
```

程序所需读取的“合同明细 .xlsx”和“合同模板 .docx”文件位于本程序同名路径下。遍历表格行时，range( ) 函数表示的范围左侧是闭合区间，所有从 2 开始，右侧是开区间，所以 max_row+1，遍历列时同理。遍历信息的过程中，old_key 是表格表头的关键字，new_key 是相同列对应行的数据。运行程序后结果如图 8-29 所示。

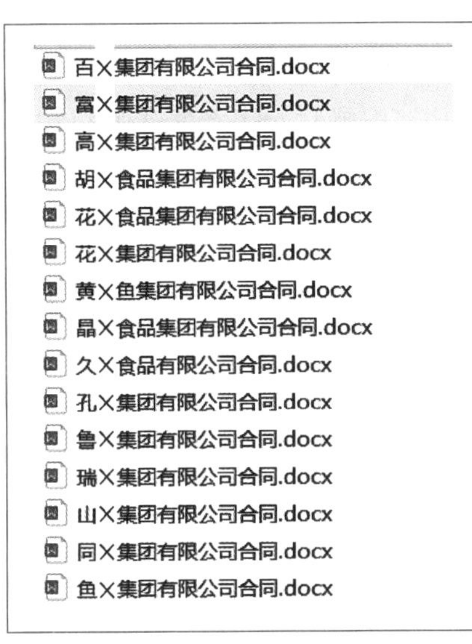

图 8-29　批量生成合同效果

本章小结

本章主要介绍了文件相关的知识，包括计算机中文件的定义、文件的基本操作、文件与目录管理、常用的 Word、Excel、CSV 文件的读写方法。通过本章的学习，希望读者能了解计算机中文件的意义、熟练地读取和管理文件，并掌握常见的数据组织形式。

拓展阅读

软件是新一代信息技术的核心和灵魂。改革开放 40 多年来，我国软件产业实现了从无到有、从小到大的重大转变，在国民经济和社会发展中的地位和作用显著提升。办公软件作为重要的基础软件之一，见证了我国改革开放以来软件行业的发展历程。

在 20 世纪 80 年代之前，文件都是用纸、笔或打字机处理。到了 1988 年，金山软件求伯君用 128 万行汇编语言代码创造性地做出了 WPS 1.0，其图文混排和表格功能使得中文信息的呈现

方式更加鲜活，也意味着进入了中文排版、中文办公的时代，开启了整个计算机中文办公软件的使用元年。从 1988 年开始到 1995 年，WPS 占有当时 90% 的市场，WPS 是那个时代办公软件的象征。

在 20 世纪 90 年代，微软凭借其在操作系统上的垄断地位，同时建立了在办公软件上的权威，使得其办公软件，包括文字处理软件 Word、电子表格软件 Excel、演示文档 Power Point 成为其赚钱的利器，随后微软在 Windows 平台上的办公套件提高了中文处理能力。从 1995 年至 2001 年，国内软件企业的生存空间受到极大的挤压，中国国内的自主产权的办公软件日渐式微。当时，WPS 变成了一个小众的、非主流的产品。

21 世纪初，在国家打击盗版保护知识产权的大背景下，金山 WPS、永中 Office 等国产软件一直被政府大额订单采购。2005 年，金山软件郑重承诺 WPS Office 个人用户永久免费，这让 WPS 重获新生的同时,使得 WPS 成为 PC 时代百度下载排行榜前十名中唯一的一款商业软件。2011 年，金山软件集中研发力量，先后开发了 WPS Android 版、WPS iOS 版等移动版本，成为当时全球领先的移动 Office 产品。

目前，WPS 产品具有“云、多屏、内容、AI”的特点，全线产品累计月度活跃用户已经超过 3 亿户，拥有 46 种语言，在 200 多个国家和地区软件下载排行榜中居于前列。WPS Office 不仅是国产办公软件把握移动互联网发展趋势的很好的例证，是国产办公软件在移动互联网的大潮中取得先机、实现弯道超车的标志，也使得国产办公软件在资料保管、文档安全存储方面拥有很强的话语权。

思考与练习

一、单选题

1. 关于文件操作下列说法错误的是（　　）。

   A. open( ) 方法用户打开文件并返回文件操作对象

   B. read( ) 方法将文件内容读取到内存

   C. write( ) 方法将指定内容写入文件

   D. close( ) 方法用于打开文件

2. 运行下列程序，下列说法正确的是（　　）。

```
f=open("D:\\B.txt","r")
line=f.readline()
f.close()
```

   A. 该程序读取文件中一个字符内容

   B. 该程序读取文件中一行内容

   C. 该程序读取文件全部内容

   D. 该程序读取文件中两行内容

3. 假设 file 是文本文件对象，下列选项中，（　　）用于读取一行内容。

   A. file.read ( )　　B. file.read(200)　　C. file.readline( )　　D. file.readlines( )

4. 下列程序的作用是（　　）。

```
f=open("D:\\A.txt","r")
str=f.read(10)
print("从文件中读取的数据",str)
f.close()
```

A. 从文件中只读取10个字符并打印
B. 读取文件全部内容并打印
C. 从文件中的每行数据中读取10个字符并打印
D. 读取10次文件内容并打印

5. 下列方法中，用于向文件中读取内容的是（　　）。
A. open( )方法　　B. write( )方法　　C. read( )方法　　D. close( )方法

二、多选题

1. Python中常用的操作文件方法有（　　）。
A. open( )方法　　B. read( )方法　　C. write( )方法　　D. close( )方法

2. Python中操作文件的步骤包含（　　）。
A. 打开文件　　B. 连接文件　　C. 读写文件　　D. 关闭文件

三、判断题

1. 使用open( )函数打开文件时，只要文件路径正确一定可以成功打开文件。　（　　）
2. 文件对象是可以循环迭代的。（　　）

四、编程题

假设有两个文本文件file1.txt和file2.txt，编写程序merge.py，把两个文本文件中的内容合并到新文件result.txt中，要求文件filel.txt和file2.txt中的行在result.txt中交替出现。

第 9 章

数据库编程

知识目标

• 掌握 MySQL 安装，理解基本的 SQL 语句，学会使用 PyMySQL 模块与 MySQL 交互。

能力目标

• 能够下载与安装 MySQL，安装 PyMySQL 模块。

素质目标

• 培养学生动手能力，提高学生信息收集和自主学习能力。

Python 为开发人员提供了数据库应用编程接口，可支持多种数据库，如 MySQL、SQLServer、Oracle 等。本章重点介绍应用于 MySQL 的编程。

9.1 MySQL 数据库

MySQL 适用于 UNIX、Linux、Mac OS 和 Windows 等平台上使用，具有体积小、速度快、使用便捷、开源等特点，深受广大程序员喜爱，同时，MySQL 采用社区版和商业版的双授权政策，兼顾免费和付费场景，软件使用成本较低。综上特点，MySQL 成为一个应用广泛的数据库，与 Python 语言的结合使用也比较常见。

9.1.1 下载 MySQL

在 Windows 操作系统下，MySQL 官方提供了两种安装版本，分别是二进制分发版（.msi 文件）和免安装版（.zip 压缩文件）。在安装与配置 MySQL 之前，需要登录官网下载安装文件，具体步骤如下：

进入 MySQL 下载页面，然后根据产品版本和操作系统选择安装包，此处 Product Version 选择 5.7.13，Operating System 选择 Microsoft Windows，接下来页面列举了在线安装包（1.6 MB）和离线安装包（320.2 MB），如图 9-1 所示。

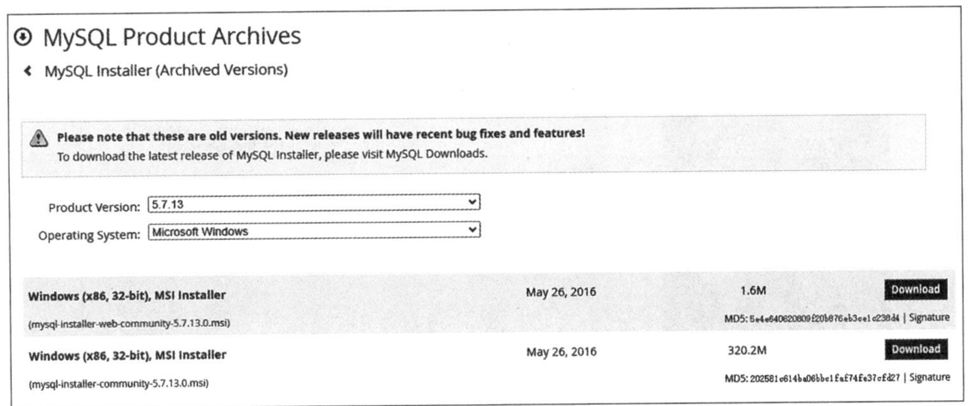

图 9-1　下载 MySQL

本节选择离线安装包方式安装，单击安装包后的 Download 按钮，开始进行下载。

9.1.2　安装与配置 MySQL

1. 安装 MySQL

（1）双击安装文件（mysql-installer-community-5.7.13.0.msi），启动安装，选择 I accept the license terms 复选框，如图 9-2 所示，单击 Next 按钮，进入下一个页面。

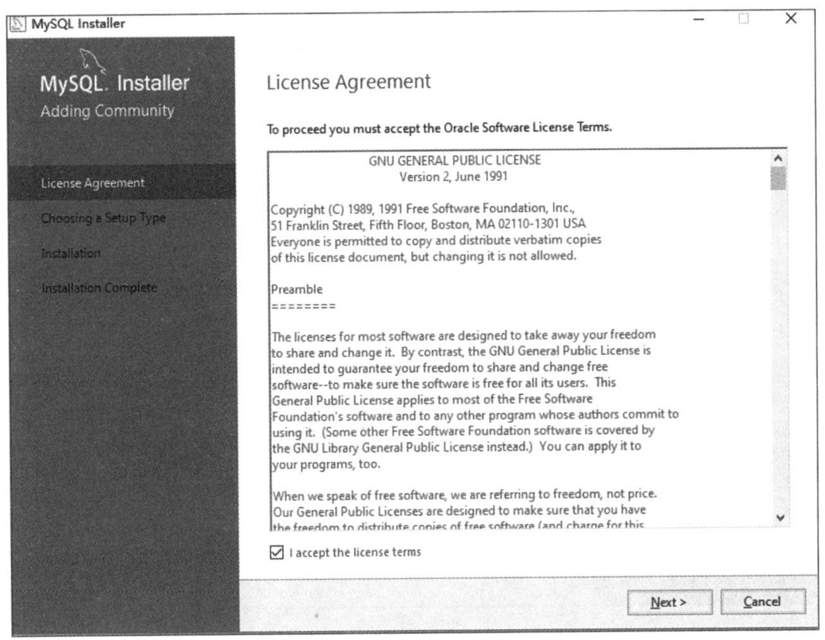

图 9-2　安装 MySQL- 接收许可证

（2）在此页面选择安装类型，如图 9-3 所示，此处选择 Server only 单选按钮，表示只安装服务器，单击 Next 按钮，进入下一个页面。

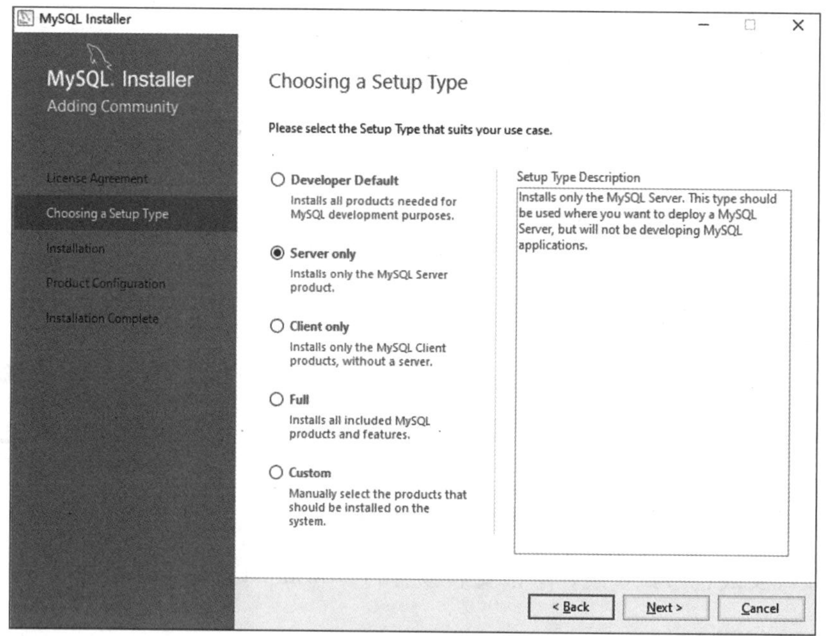

图 9-3　安装 MySQL- 选择安装类型

（3）此页面列举了要安装的所有组件，如图 9-4 所示，单击 Execute 按钮，开始安装组件，等待安装完成，如图 9-5 所示，单击 Next 按钮，进入下一个页面。

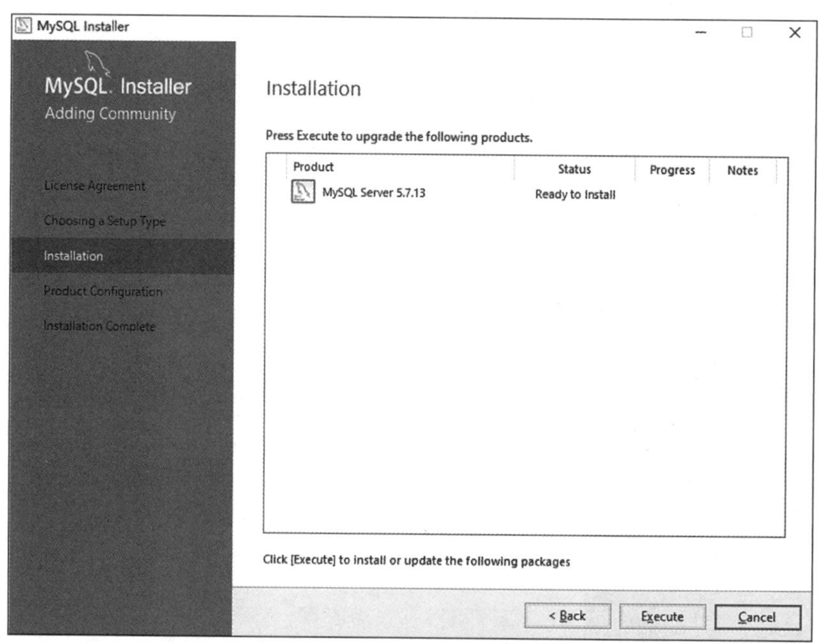

图 9-4　安装 MySQL- 开始安装

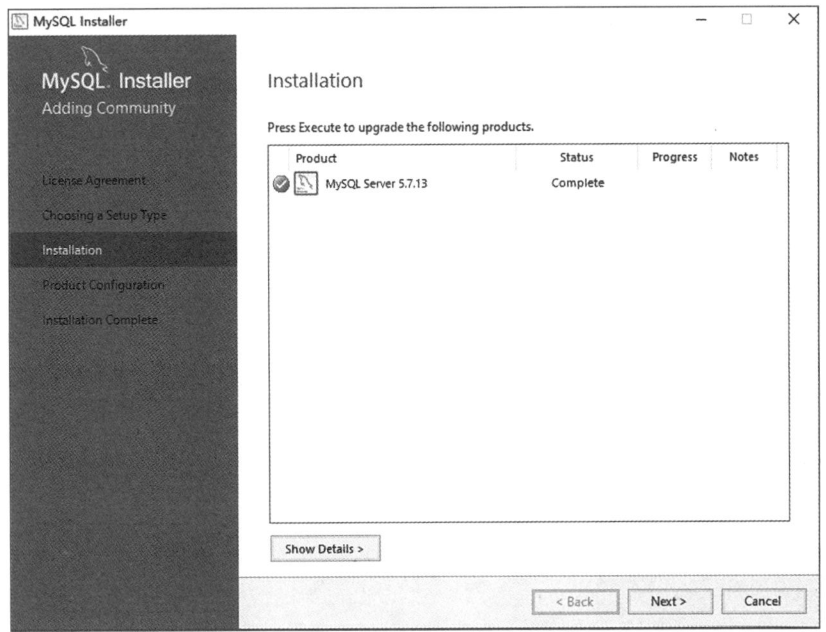

图 9-5　安装 MySQL- 安装完成

（4）开始进行 MySQL 配置，如图 9-6 所示，单击 Next 按钮，进入下一个页面。

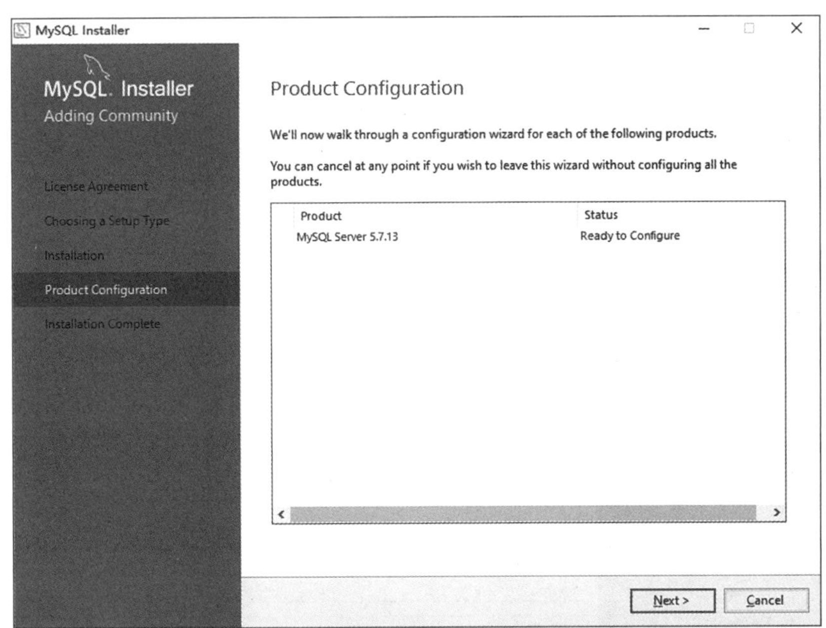

图 9-6　配置 MySQL- 开始配置

（5）在此页面选择数据库服务器类型和网络连接方式，都用默认设置即可，如图 9-7 所示，Development Machine 表示数据库安装的机器上还会安装很多其他软件，在这种类型下 MySQL 服务器将使用所需的最少内存。网络连接协议选择 TCP/IP，端口号用 3306，端口号要牢记，之后进行 Python 编码时还会用到此端口。单击 Next 按钮，进入下一个页面。

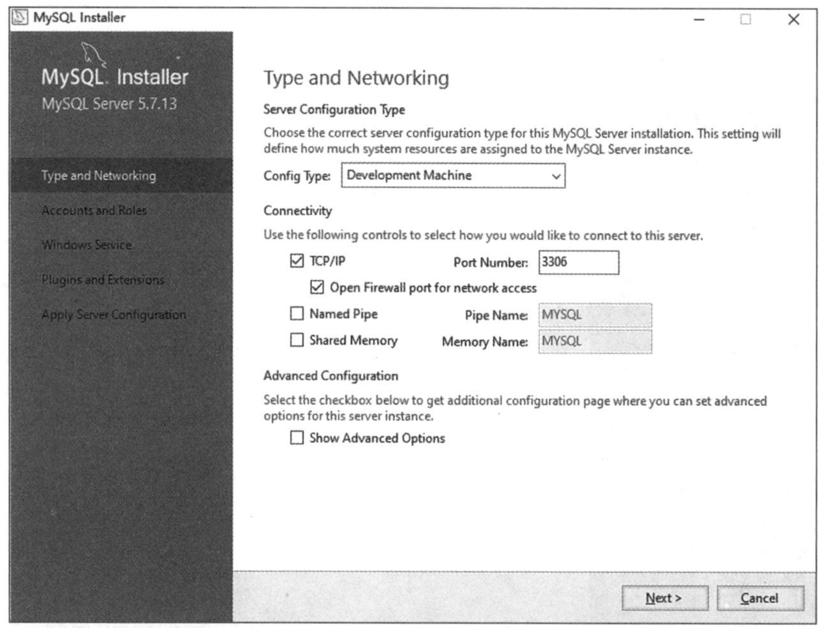

图 9-7　配置 MySQL- 配置服务器类型与网络连接方式

（6）此页面设置 root 用户密码，此处为方便后续使用，统一设置成 12345678，如图 9-8 所示，单击 Next 按钮，进入下一个页面。

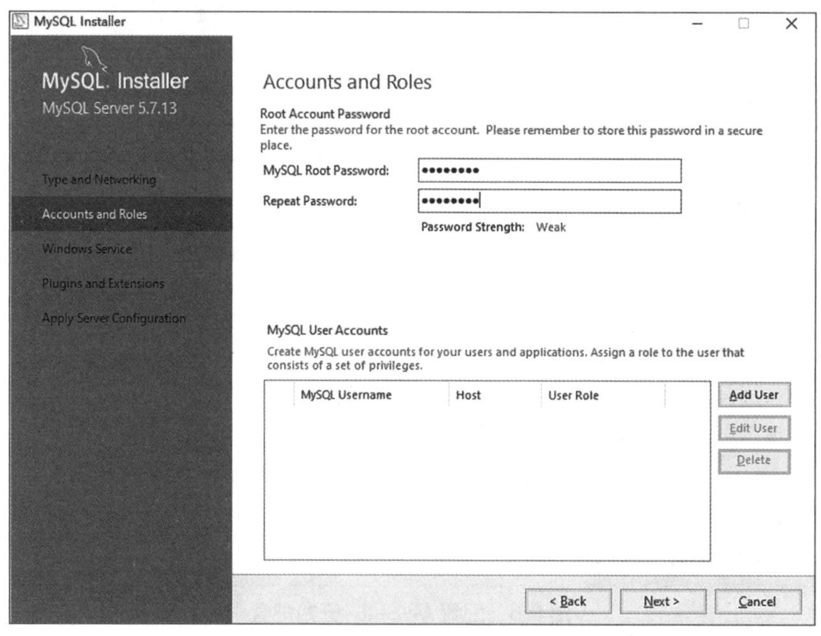

图 9-8　配置 MySQL- 设置用户名

（7）进入"Windows Service 设置页面"，都用默认设置即可，如图 9-9 所示，此页面会将 MySQL 服务器设置为 Windows 服务，服务器名为 MySQL57，并在系统启动时自动启动 MySQL 服务，单击 Next 按钮，进入下一个页面。

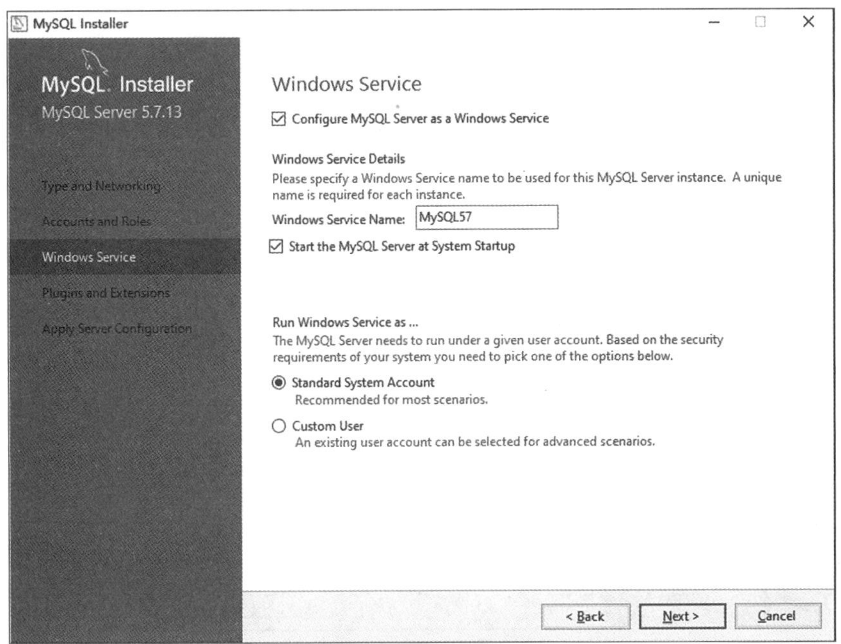

图 9-9　配置 MySQL- 配置 MySQL 服务

（8）此页面设置是否开启 MySQL 的文档存储功能，如图 9-10 所示，此处不开启，用默认设置即可。

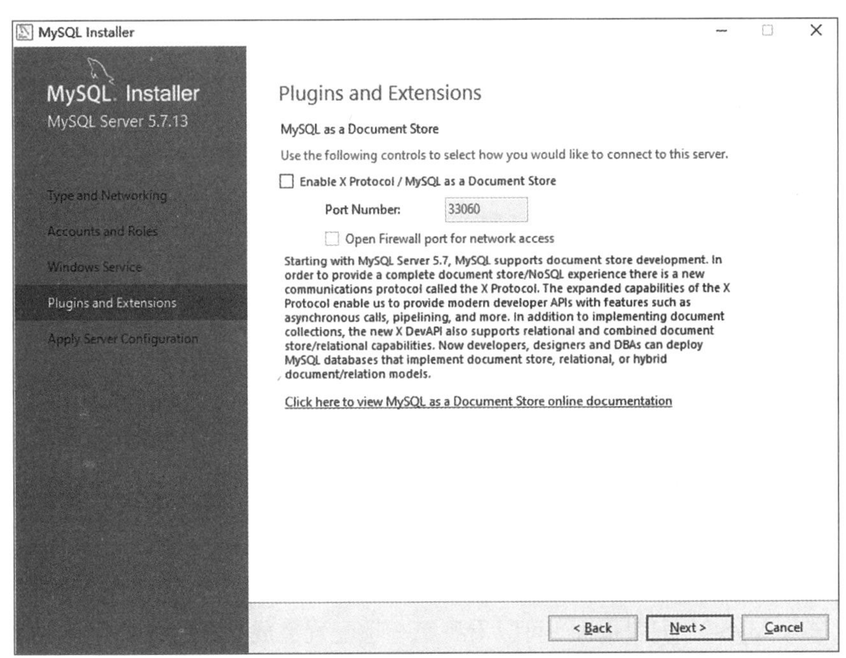

图 9-10　配置 MySQL- 配置 MySQL 文档存储功能

（9）接下来应用这些设置，如图 9-11 所示，单击 Execute 按钮，等待设置完成，如图 9-12 所示，再单击 Finish 按钮，表示这项设置完成。

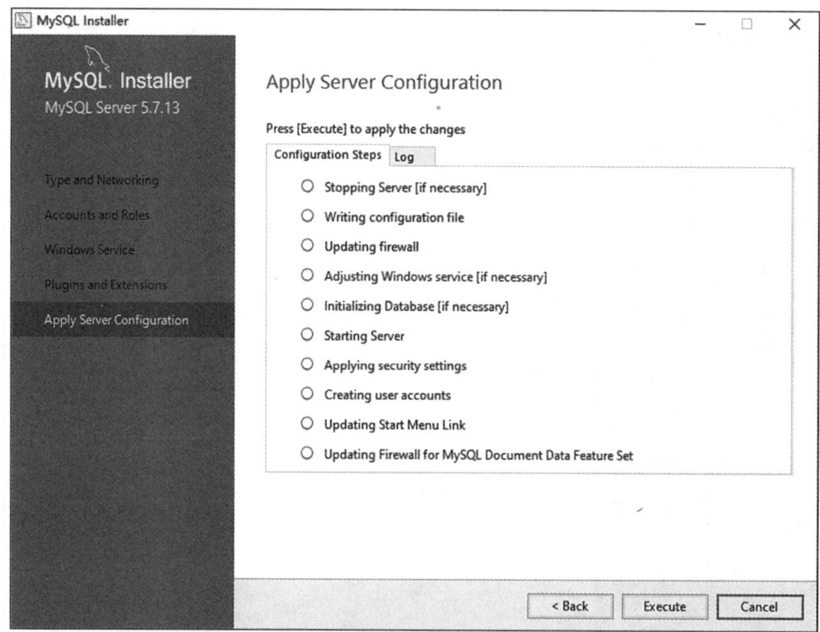

图 9-11　配置 MySQL- 应用设置

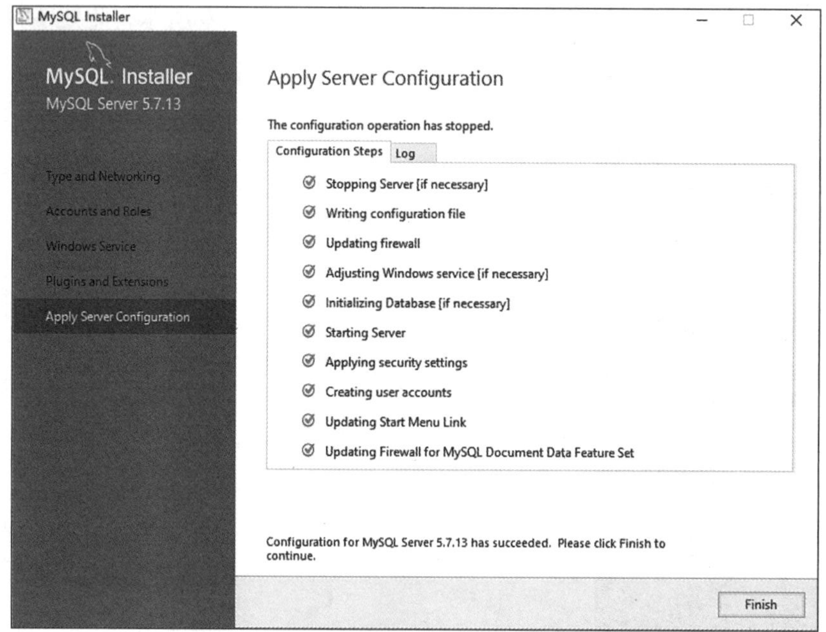

图 9-12　配置 MySQL- 设置完成

（10）再次进入 MySQL 配置页面，可以看到第一项配置完成，如图 9-13 所示，单击 Next 按钮，进入下一个页面。

（11）此页面单击 Finish 按钮，如图 9-14 所示，表示安装完成。

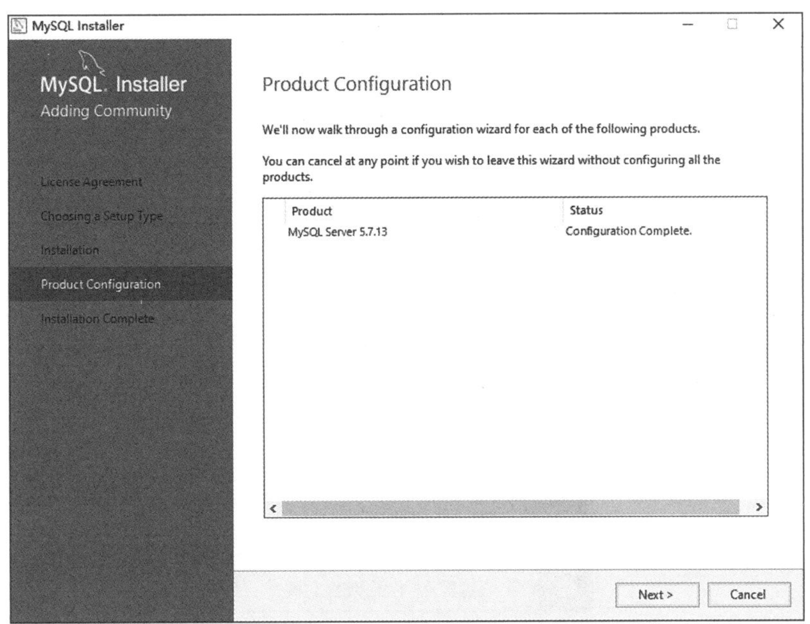

图 9-13　配置 MySQL- 再次进入配置界面

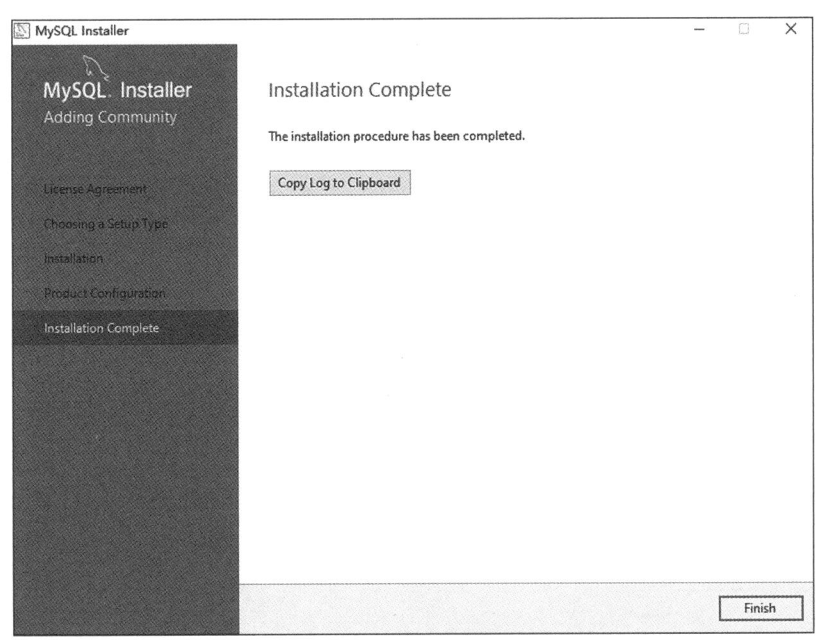

图 9-14　安装完成

9.1.3　客户端连接

MySQL 命令行客户端是 MySQL 数据库本身提供的一个命令行客户端连接工具，它功能强大，而且使用起来非常方便，支持交互式输入 SQL 语句或使用文件以批处理模式执行 SQL 脚本，以远程完成对 MySQL 数据库服务器的操作。接下

来介绍如何打开这个工具，及使用该工具创建库、创建表及插入测试数据。

在“开始”菜单中找到 MySQL 并展开，单击 MySQL 5.7 Command Line Client – Unicode 打开客户端工具，如图 9-15 所示。

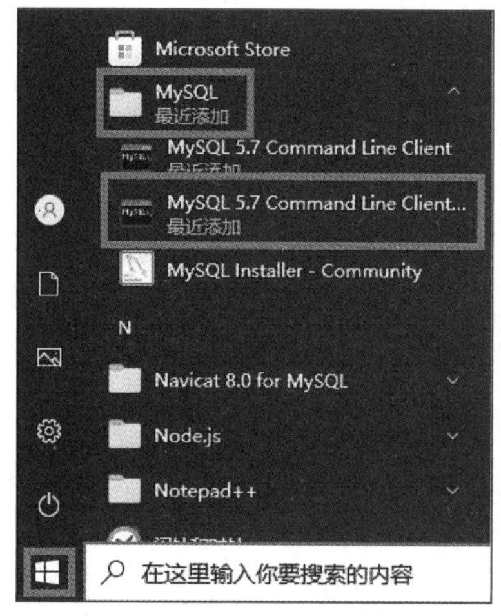

图 9-15 打开客户端工具

1. 进入数据库

在黑屏下，输入之前安装时设置的密码 12345678，进入 MySQL 数据库。

```
Enter password: ********
Welcome to the MySQL monitor. Commands end with ; or \g.
Your MySQL connection id is 5
Server version: 5.7.13-log MySQL Community Server (GPL)
Copyright (c) 2000, 2016, Oracle and/or its affiliates. All rights reserved.
Oracle is a registered trademark of Oracle Corporation and/or its
affiliates. Other names may be trademarks of their respective
owners.
Type 'help;' or '\h' for help. Type '\c' to clear the current input statement.
```

2. 查询数据库

执行以下 SQL 语句，可查看所有数据库。

```
mysql> show databases;
+--------------------+
| Database |
+--------------------+
| information_schema |
| mysql |
| performance_schema |
| sys |
+--------------------+
4 rows in set (0.00 sec)
```

3. 创建数据库

创建一个 demo 库并查看，方便后边演示 MySQL 与 Python 交互时使用。

```
mysql> create database demo;
Query OK, 1 row affected (0.00 sec)
mysql> show databases;
+--------------------+
| Database |
+--------------------+
| information_schema |
| demo|
| mysql |
| performance_schema |
| sys |
+--------------------+
5 rows in set (0.00 sec)
```

4. 创建数据表

选择 demo 库，再创建一张 student 表并查看。

```
mysql> use demo;
Database changed
mysql> create table student(
 -> name varchar(50),
 -> age int
 -> );
Query OK, 0 rows affected (0.02 sec)
mysql> show tables;
+----------------+
| Tables_in_demo |
+----------------+
| student |
+----------------+
1 row in set (0.00 sec)
```

5. 插入数据

给 student 表中插入数据。

```
mysql> insert into student values('TianYi',21);
Query OK, 1 row affected (0.01 sec)
mysql> insert into student values('TianEr',22);
Query OK, 1 row affected (0.00 sec)
mysql> insert into student values('TianSan',23);
Query OK, 1 row affected (0.00 sec)
mysql> insert into student values('TianSi',24);
Query OK, 1 row affected (0.00 sec)
```

6. 查看表中数据

查看 student 表中数据。

```
mysql> select * from student;
+--------+------+
| name | age |
+--------+------+
| TianYi |21 |
| TianEr |22 |
| TianSan |23 |
| TianSi |24 |
+--------+------+
4 rows in set (0.00 sec)
```

7. 退出数据库

退出客户端工具。

```
mysql> quit
```

9.2 PyMySQL

PyMySQL 是在 Python 3.x 版本中用于连接 MySQL 服务器的一个库，其遵循 Python 数据库 API 2.0 规范。

9.2.1 Windows 中安装 PyMySQL

1. DOS 命令行窗口下安装 PyMySQL

```
C:\Users\Tyanjun>pip3 install pymysql
Collecting pymysql
 Using cached PyMySQL-1.0.2-py3-none-any.whl (43 kB)
Installing collected packages: pymysql
Successfully installed pymysql-1.0.2
```

PyMySQL 安装完成后，如出现提示“Successfully”，说明安装成功。

2. 进入 Python 命令行工具验证 PyMySQL 是否安装成功

```
>>> import pymysql
```

未出现任何错误，说明已经安装成功。

9.2.2 PyMySQL 常用对象

1. Connection 对象

Connection 对象用于建立与 MySQL 数据库的连接。

（1）创建 Connection 对象。语法格式如下：

```
pymysql.connect(参数列表)
```

例如：

```
conn=pymysql.connect(host='localhost',
                     port=3306,
                     database='demo',
                     user='root',
                     password='12345678',
                     charset='utf8')
```

host：MySQL 所在主机的 IP 地址，如数据库位于本机，可为 localhost。

port：MySQL 占用的端口，默认是 3306。

database：数据库的名称。

user：连接数据库时的用户名。

password：用户密码。

charset：通信采用的编码方式，推荐使用 utf8。

（2）Connection 对象常用方法。

close( )：关闭连接。

commit( )：提交当前事务。

rollback( )：回滚当前事务。

cursor( )：创建并返回 Cursor 对象。

2. Cursor 对象

Cursor 为游标对象，负责执行 SQL 语句。

（1）创建 Cursor 对象。例如：

```
cursor=conn.cursor()
```

（2）Cursor 对象的常用属性。

rowcount：获取最近一次 execute( ) 执行后受影响的行数。

connection：获得当前连接对象。

（3）Cursor 对象的常用方法。

close( )：关闭游标。

execute(sql[, parameters])：执行 SQL 语句，返回受影响的行数。

fetchone( )：将结果集中的第一行数据转化为一个元组返回。

fetchall( )：将结果集中的每行数据转化为一个元组，再将这些元组装入一个元组返回。

fetchmany(num)：将结果集前 num 行中每行数据转化为一个元组，再将这些元组装入一个元组返回。

scroll(value[,mode])：将行指针移动到某个位置，mode 表示移动的方式，可取值为 relative、absolute；当值为 relative，表示基于当前行移动到 value，value 为正则向下移动，value 为负则向上移动；当值为 absolute，表示基于第一条数据的位置，第一条数据的位置为 0。

9.2.3 PyMySQL 模块应用

例 9-1 查询数据

1. 查询数据

例 9-1 先导入 pymysql 模块，通过该模块创建 Connection 对象 conn，通过 conn 获取游标对象 cursor，接下来，使用 cursor 查询 name 为 TianYi 的记录，并打印，查询 student 表中全部的数据，并打印，打印时可以一次性打印全部数据，也可以用 for 遍历依次打印每行数据。

```
# 导入 pymysql 模块
import pymysql
try:
    # 获取连接对象
    conn=pymysql.connect(
        host='localhost',
        port=3306,
        user='root',
        password='12345678',
        database='demo',
        charset='utf8')
    # 获取游标对象
    cursor=conn.cursor()
    # 执行 SQL 查询
    cursor.execute("select name,age from student where name='TianYi'")
    # 获取单行数据
    dataOne=cursor.fetchone()
    print(dataOne)
    # 执行 SQL 查询
    cursor.execute("select name,age from student")
    # 获取所有行的数据
    dataAll=cursor.fetchall()
    print(dataAll)
    for row in dataAll:
        print(row)
    print(cursor.rowcount)
    # 关闭
    cursor.close()
    conn.close()
except Exception as error:
    print(error)
```

运行结果如下：

```
('TianYi',21)
(('TianYi',21),('TianEr',22),('TianSan',23),('TianSi',24))
('TianYi',21)
```

```
('TianEr',22)
('TianSan',23)
('TianSi',24)
4
```

2. 增、删、改数据

例 9-2　先导入 pymysql 模块，通过该模块创建 Connection 对象 conn，通过 conn 获取游标对象 cursor，接下来，使用 cursor 插入 (TianWu,25) 这条记录，再删除 name 为 TianYi 的记录，最后修改 name 为 TianEr 的记录，其 age 改为 88。

```
# 导入 pymysql 模块
import pymysql
try:
    # 获取连接对象
    conn=pymysql.connect(
        host='localhost',
        port=3306,
        user='root',
        password='12345678',
        database='demo',
        charset='utf8')
    # 获取游标对象
    cursor=conn.cursor()
    # 插入数据
    cursor.execute("insert into student values('TianWu',25)")
    conn.commit()
    # 删除数据
    cursor.execute("delete from student where name='TianYi'")
    conn.commit()
    # 修改数据
    cursor.execute("update student set age=88 where name='TianEr'")
    conn.commit()
    # 关闭游标
    cursor.close()
    # 关闭连接
    conn.close()
except Exception as error:
    print(error)
```

用 MySQL 客户端工具登录进 MySQL 中，选择 demo 库，用 SQL 语句查询 student 表中的全部数据，验证程序运行结果：

```
mysql> use demo;
Database changed
```

```
mysql> select * from student;
+---------+------+
| name    | age  |
+---------+------+
| TianEr  |   88 |
| TianSan |   23 |
| TianSi  |   24 |
| TianWu  |   25 |
+---------+------+
4 rows in set (0.00 sec)
```

可以发现，新增了一条 name 为 TianWu、age 为 25 的记录，name 为 TianYi 的记录已没，name 为 TianEr 的记录，其 age 已改为 88。

9.3 实训案例——基于 PyMySQL 的学生管理系统

9.3.1 任务描述

本案例实现了 Python 环境下基于 PyMySQL 的简易学生管理系统。

学生管理系统包括学生、班级、学生证、课程等实体。一个学生只能属于一个班级，一个班级可以有多个学生，所以学生和班级是多对一的关系；一个学生只能有一个学生证，一个学生证只能属于一个学生，所以学生和学生证是一对一的关系；一个学生可以选修多门课程，一门课程可以有多个学生选修，所以学生和课程是多对多的关系。图 9-16 所示为学生管理系统 E-R 图。

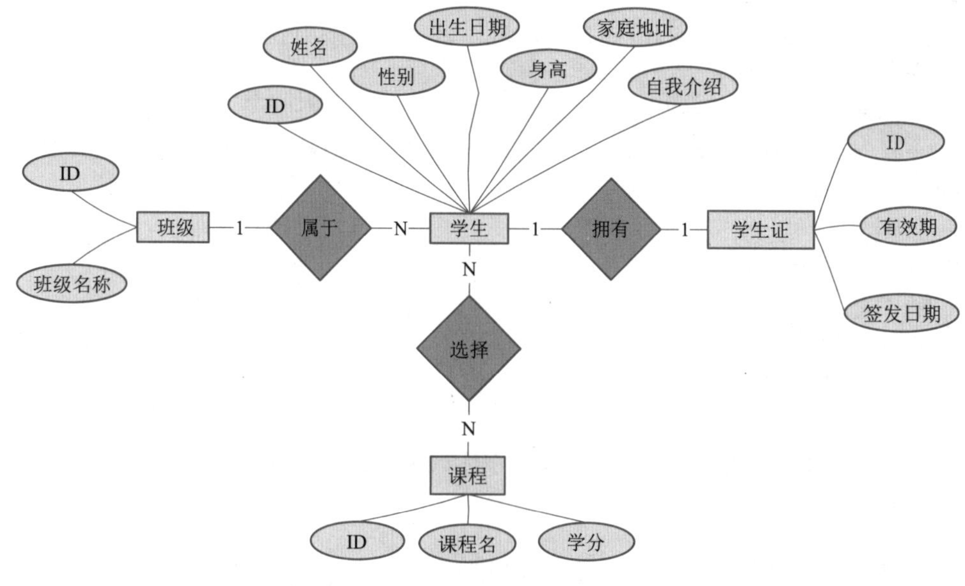

图 9-16　学生管理系统 E-R 图

9.3.2　实现思路

1. 设计表

根据图 9-16 设计四个 MySQL 表，分别存储学生信息、班级信息、学生证信息、课程信息，见表 9-1 ～表 9-4。

表 9-1　学生表

字段段	数据据型	主键 / 外键	备　注
id	int	PK	id
name	varchar(20)		姓名
gender	char(1)		性别
birthday	date		出生日期
height	decimal(3,2)		身高
address	varchar(50)		家庭地址
resume	text		自我介绍

表 9-2　班级表

字段段	数据据型	主键 / 外键	备　注
id	int	PK	id
name	varchar(20)		班级名称

表 9-3　学生证表

字段段	数据据型	主键 / 外键	备　注
id	int	PK	id
expiredate	date		有效期
issuedate	date		签发日期

表 9-4　课程表

字段段	数据类型	主键 / 外键	备　注
id	int	PK	id
name	varchar(20)		课程名
credit	int		学分

2. 创建库与创建表

单击 MySQL 5.7 Command Line Client – Unicode 打开客户端工具，在黑屏下创建库、创建表。

（1）创建一个 demo2 库。

```
mysql> create database demo2;
Query OK, 1 row affected (0.00 sec)
```

（2）选择 demo2 库，再创建 student 表、clazz 表、card 表、course 表。

```
mysql> use demo2;
Database changed
mysql> CREATE TABLE student(
    ->    id int,
    ->    name varchar(20),
    ->    gender char(1),
    ->    birthday date,
    ->    height decimal(3,2),
    ->    address varchar(50),
    ->    resume text
    -> );
Query OK, 0 rows affected (0.02 sec)
mysql> CREATE TABLE clazz(
    ->    id int,
    ->    name varchar(20)
    -> );
Query OK, 0 rows affected (0.01 sec)
mysql> CREATE TABLE card(
    ->    id int,
    ->    expiredate date,
    ->    issuedate date
    -> );
Query OK, 0 rows affected (0.01 sec)
mysql> CREATE TABLE course(
    ->    id int,
    ->    name varchar(20),
    ->    credit int
    -> );
Query OK, 0 rows affected (0.01 sec)
```

9.3.3 代码实现

1. 插入数据信息

下边代码中，列表变量 stulist 提供了需要插入的学生数据，遍历 stulist，生成插入学生数据的 SQL 语句 sql_insert_stu，接下来使用 Cursor 对象的 execute( ) 方法执行 sql 语句，并用 Connection 对象的 commit( ) 方法提交执行。

```
#导入pymysql模块
import pymysql
try:
    #获取连接对象
    conn=pymysql.connect(
        host='localhost',
        port=3306,
        user='root',
        password='12345678',
        database='demo2',
        charset='utf8')
    #获取游标对象
    cursor=conn.cursor()
    #插入数据
    stulist=[
        (1,'唐僧','男','19810101',1.71,'太原','我要西天去取经'),
        (2,'孙悟空','男','19820101',1.33,'阳泉','我要西天去取经'),
        (3,'猪八戒','男','19830101',3.52,'吕梁','我要回高老庄'),
        (4,'沙僧','男','19840101',4.01,'大同','观音让我去西天取的经'),
        (5,'白龙马','男','19850101',2.26,'运城','我是白马王子')
    ]
    sql_insert_stu="insert into student values"
    for item in stulist:
        sql_insert_stu+=str(item)+ ","
    sql_insert_stu=sql_insert_stu[0:-1]
    print(sql_insert_stu)
    cursor.execute(sql_insert_stu)
    conn.commit()
    #关闭游标
    cursor.close()
    #关闭连接
    conn.close()
except Exception as error:
    print(error)
```

限于篇幅，案例仅给出插入学生信息的代码，插入班级信息、学生证信息、课程信息代码类似，读者可自行编写。

2. 查看学生信息

在下边代码中，查询出全部学生信息，进一步验证学生信息是否插入成功。

```
#导入pymysql模块
import pymysql
try:
```

```
    # 获取连接对象
    conn=pymysql.connect(
        host='localhost',
        port=3306,
        user='root',
        password='12345678',
        database='demo2',
        charset='utf8')
    # 获取游标对象
    cursor=conn.cursor()
    # 执行 SQL 查询
    cursor.execute("select * from student")
    # 获取所有行的数据
    dataAll=cursor.fetchall()
    for row in dataAll:
        print(row)
    # 关闭
    cursor.close()
    conn.close()
except Exception as error:
    print(error)
```

运行结果如下：

```
(1,'唐僧','男', datetime.date(1981,1,1),Decimal('1.71'),'太原','我要西天去取经')
(2,'孙悟空','男',datetime.date(1982,1,1),Decimal('1.33'),'阳泉','我要西天去取经')
(3,'猪八戒','男',datetime.date(1983,1,1),Decimal('3.52'),'吕梁','我要回高老庄')
(4,'沙僧','男',datetime.date(1984,1,1),Decimal('4.01'),'大同','观音让我去西天取的经')
(5,'白龙马','男',datetime.date(1985,1,1),Decimal('2.26'),'运城','我是白马王子')
```

限于篇幅，案例仅给出查询学生信息的代码，查询班级信息、学生证信息、课程信息代码类似，读者可自行编写。

本章小结

本章首先演示了 MySQL 的安装及使用 MySQL 客户端连接服务器，然后介绍了 PyMySQL 模块的使用，主要是如何用 Connection 对象、Cursor 对象对 MySQL 数据库中数据进行增、删、改、查。通过本章的学习，读者能够掌握 MySQL 与 Python 交互。

拓展阅读

数据库、操作系统和中间件并列为三大基础软件，日常应用和企业业务背后离不开数据库。可以说，没有数据库，就难以构建数字化底座。

20世纪80年代初，数据库系统逐步走进信息技术舞台的中央。2000年前后，大数据技术兴起；2010年后，云计算热度持续升温，云原生、分布式等技术不断发展，数据库技术会因云计算实现技术上的极大跃迁。过去的40多年，数据库技术一直在创新与迭代，经历了巨大跨越。随着企业业务全面向数字化、在线化、智能化演进，企业面临指数级递增的海量存储产生的需求和挑战，包括但不限于业务热点和突发流量带来的挑战。企业不仅需要降本增效，还需要进行数据分析、数据洞察，从而产生可指导行动的智能决策，传统的商业数据库已经难以满足和响应快速增长的业务诉求。数据库作为应用型技术，先发优势和生态建设非常重要，如果没有技术上的突破性创新，后来者想要超越，可能性很小。在云时代的滚滚洪流之下，云计算已成为数据库发展的新赛道，因为云计算的出现，让全球数据库市场格局迎来了40年以来的最大拐点。而这一次，时与势站在中国厂商一边，中国数据库企业迎来了绝佳的变革机遇期。

阿里云数据库全面拥抱云原生，首次从客户场景视角，提出了“一站式全链路数据管理与服务”的理念，希望通过触手可及、简单易用、安全可靠的云数据库，让数据无缝地自由流动，满足企业多样化的业务诉求。在国际权威机构Gartner公布的2021年全球云数据库魔力象限评估结果中，作为中国科技公司代表，阿里云蝉联了“领导者”（LEADERS）象限，意味着阿里云数据库综合实力已稳居全球第一阵营。这既是对阿里云数据库实力的肯定，同时也证明了阿里云围绕云原生数据库新赛道进行前瞻布局和自研创新的战略是正确的。中国的数据库企业能够挺进并蝉联Gartner魔力象限的领导者地位，是几代人不懈努力的成果。数据库行业取得今天的成绩，与国家对基础软件产品的扶持，政策的引导和加持是分不开的。

数据库继续向云迈进，全球数据库产业结构正在加速重构。以阿里云自研云原生数据库PolarDB为例，2017年才启动自主研发，但到今天很多功能，如内存、计算与存储三层解耦架构实现秒级弹性、多主多写、基于内存池化的列存索引支持HTAP等已经是全球首创或业内领先的技术，创新步伐已经领先国外同行。

云计算作为一种全新的科技服务，对数据库的研发、使用等带来了彻底的变革，也让全球厂商在数据库赛道上站在了同一起跑线上。中国有着众多的数字用户和独特的业务场景。没有成功应对双11流量洪峰等场景的数据库厂商，很难知道如何解决海量数据、超高并发交易洪峰等实际业务问题。这一次，中国厂商乘“云”而上，拥有了比肩国外数据库的技术和创新能力。展望未来，云原生与分布式一体化、在离线一体化、HTAP混合负载查询与处理、物联网及多模数据融合处理与分析、安全可信与隐私保护、智能化运维与调优、机器学习和AI负载以及智能化算子与应用支持、新型硬件的适配和优化将成为云原生数据库重点发力和突破的技术方向。

数字经济的蓬勃发展，必然推动中国数据库市场的快速增长。中国信息通信研究院发布的《数据库发展研究报告（2021年）》指出，我国数据库产业进入重大发展机遇期，预计到2025年，中国数据库市场总规模将达到688亿元，市场年复合增长率（CAGR）为23.4%，全球占比达到12.3%左右。

今天，中国提供数据库产品的厂商已超过 80 家，其中一些企业已经成为新锐的独角兽厂商。国内数据库产业人才已经具备一定的规模并形成了梯队。这为中国数据库产业的稳步发展打下了坚实的人才基础。未来一定会有更多中国厂商出现在这份榜单上，并且不断向着“领导者”象限迈进。

“因天之时，就地之势，依人之利，则所向者无敌，所击者万全矣。”在产业大变革时代，深刻认识和正确把握我们所面临的时与势，有利于中国数据库厂商看清方向，找到快速成长的路径。时与势也必定转化为中国数据库产业快速发展的动力，让我们在这样关键的信息技术领域拥有应有的一席之地。

思考与练习

一、单选题

1. MySQL 默认端口是（　　）。

A. 3306　　B. 80　　C. 8080　　D. 22

2. MySQL 与 Python 交互用（　　）模块。

A. os　　B. sys　　C. paltform　　D. pymysql

3. pymysql 模块中与 MySQL 进行连接的对象是（　　）。

A.Connect 对象　　B. Connection 对象　　C. Cursor 对象　　D. Conn 对象

4. Cursor 对象中的 (　　) 方法可以获取结果集中全部数据。

A. fetchone　　B. fetchall　　C. fetchmany　　D. execute

二、简答题

1. 在 MySQL 中查询 student 表中全部数据的语句是什么？
2. PyMySQL 模块有什么作用？
3. PyMySQL 的安装命令是什么？
4. 在程序中，如何导入 pymysql 模块？
5. pymysql 中 connect( ) 函数有什么参数？分别有什么作用？
6. Connection 对象有什么作用？
7. 如何创建 Cursor 对象？
8. Cursor 对象中哪个方法可以执行 SQL 语句？

第 10 章 NumPy 模块

知识目标

• 掌握 NumPy 模块的基本用法，能灵活调用其方法与函数，对数据进行处理。

能力目标

• 通过本章学习，提高自己的学习能力，能对数据处理方法举一反三。

素质目标

• 学会应用 NumPy 模块，培养自身创新思维，激发学习热情。

NumPy（Numerical Python）是 Python 中的一个科学计算工具包，常用于机器学习、深度学习、数据分析等领域。NumPy 提供了高级数值的处理方法，可以轻松处理矩阵数据、矢量数据。

通过 NumPy 模块的学习，你将对统计运算，机器学习等方法的应用打下基础。本章节将围绕以下内容进行讲解。

NumPy 数据类型：创建 NumPy 数组，查看 NumPy 数据的基本属性，创建特殊数组和数组的索引。

NumPy 数据运算：统计函数调用和合并与分割。

10.1 NumPy 数据类型

NumPy 数据类型及其应用

在 Anaconda 中，已包含了 NumPy 库，可直接通过模块导入，使用 import 方法将 NumPy 自定义别名，通常以 np 取名。方法如下：

```
import numpy as np
```

NumPy 的数据类型是 dtype 的对象实例。NumPy 有多种数据类型，如布尔型（bool）、无符号 8 位整数（unit8）、有符号 64 位整数（int64）、单精度浮点数（float32）等。表 10-1 列举了 NumPy 中常用到的基本数据类型。

表 10-1　NumPy 基本数据类型

名　称	描　　述	名　称	描　　述
bool	布尔型数据类型，True 和 False	float32	单精度浮点数
int8、unit8	有符号和无符号 8 位整型，1 个字节	float64	双精度浮点数
Int16、unit16	有符号和无符号 16 位整型，2 个字节	complex64	复数，表示 32 位浮点数
int32、unit32	有符号和无符号 32 位整型，4 个字节	complex128	复数，表示 64 位浮点数
float16	半精度浮点数	Complex256	复数，表示 128 位浮点数

10.2　创建 NumPy 数组

NumPy 模块中的 array 函数可以实现数组的创建，数组中的每个值的是相同数据类型。

例 10-1　创建一维数组。

```
a=np.array([1,2,3])
b=np.array([1,2,3],dtype=np.float)
```

运行结果如下：

```
[1 2 3]
[1. 2. 3.]
```

本例中，创建了两个一维数组，可以通过 dtype 定义元素的类型，例中 a 数组在未定义数据类型时，默认为 int32。b 数组通过 dtype 定义数组元素为浮点型数据。查看对象的 dtype 属性可获得其数据类型，如 a.dtype 数据类型为 int32。

例 10-2　创建二维数组。

```
a=np.array([[1,2,3],[4,5,6]])
```

运行结果如下：

```
array([[1,2,3],
[4,5,6]])
```

本例中创建的二维数组有两个维度：“行”与“列”。例 10-2 中的数据以矩阵形式表示为 $\begin{bmatrix} 1 & 2 & 3 \\ 4 & 5 & 6 \end{bmatrix}$。

例 10-3　创建三维数组。

```
a=np.array([[[1,1,1],[1,1,1]],[[2,2,2],[2,2,2]],[[3,3,3],[3,3,3]]])
```

运行结果如下：

```
array([[[1,1,1],
        [1,1,1]],
       [[2,2,2],
        [2,2,2]],
       [[3,3,3],
        [3,3,3]]])
```

本例中，创建的三维数组有三个维度，在例 10-3 的运行结果中可以类比为有 3 个班、每个班列队成 2 行 3 列。

NumPy 不仅可以建立三维度数据，还可以建立多维度的数据，因为只能以视觉表达到三维模型，所以仅对以上建立的三个例子进行可视化说明，一维数据如同一列并排站立的人。二维数据如同一个列队方阵。三维数据如一座大楼。NumPy 数组示意图如图 10-1 所示。

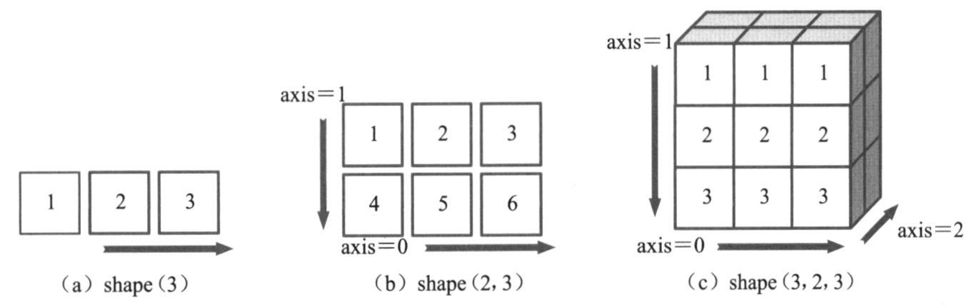

图 10-1　NumPy 数组示意图

10.3 查看 NumPy 数据的基本属性

例 10-4　建立一个 2 行 3 列的二维数组，查看其维度、形状，求数组中元素的总数、数据类型。

```
a=np.array([[1,2,3],[4,5,6]])
print(a)
print('a 数组的维度: ',a.ndim)
print('a 数组的形状: ',a.shape)
print('a 数组的元素个数: ',a.size)
print('a 数组的元素数据类型: ',a.dtype)
```

运行结果如下：

```
[[1 2 3]
 [4 5 6]]
a 数组的维度: 2
```

```
a 数组的形状: (2,3)
a 数组的元素个数: 6
a 数组的元素数据类型: int32
```

本例中，通过 np.array 建立二维数组 a，使用 NumPy 中的 ndim 函数可以查看其数组的维度为 2，shape 函数可以查看其数组的形状，size 函数可以查看数组中所有元素的个数。dtype 函数可以查看其数据类型，建立 a 时，由于没有设置数据类型，因此默认为 int32 数据类型。

10.4 创建特殊数组

创建特殊数组

通过 np .zeros 和 np.ones 将数组元素设置成全 0 或全 1。其优点在于对数据初始化时，更加简单快捷。

例 10-5 创建两行三列的全零数组。

```
a=np.zeros((2,3))
a.dtype
```

运行结果如下：

```
array([[0.,0.,0.],
       [0.,0.,0.]])
```

本例中，通过 zeros( ) 函数可以建立对应形状的全 0 数组，其中（2,3）代表创建一个 2 行 3 列的全 0 数组，注：使用该函数创建的全 0 数据，其类型为 float64。

例 10-6 创建两行三列的全 1 数组。

```
a=np.ones((2,3))
```

运行结果如下：

```
array([[1.,1.,1.],
       [1.,1.,1.]])
```

本例中，通过 ones( ) 函数可以建立对应形状的全 1 数组，其中（2,3）代表创建一个 2 行 3 列的全 1 数组，注：使用该函数创建的全 1 数据，其类型为 float64。

根据任务要求，也可以将矩阵数据设置成随机数，或者具有正态分布特性的数据。

例 10-7 随机生成 0 ～ 1 之间的小数。

```
a=np.random.random((2,3))
```

运行结果如下：

```
array([[0.42262273,0.13283576,0.30718311],
       [0.33451066,0.66412422,0.79241165]])
```

本例中，random 中的（2,3）代表创建一个 2 行 3 列的随机数列数组。通过 random 随机生成的数据是处于 0 ～ 1 范围内的。其类型为 float64。

例 10-8　随机生成正态分布数据。

```
b=np.random.normal(size=(3,2))
```

运行结果如下：

```
array([[0.81656553,0.6632614],
       [1.2878648,-0.5015059],
       [0.35049409,0.5568491]])
```

例 10-9　随机生成 2 行 3 列的 0 ～ 9 之间的整数矩阵。

```
c=np.random.randint(0,9,size=(3,2))
```

运行结果如下：

```
array([[1,5],
       [6,0],
       [5,7]])
```

本例中，运行时，会随机产生 0 ～ 8 的数据，不会生成数字 9。

当需要生成序列数据时，可以通过 arange( ) 函数有序生成序列数，该函数可以帮助提高写代码的效率。

例 10-10　生成有序数列。

```
a=np.arange(10)
b=np.arange(4,12)
c=np.arange(1,20,3)
print(a)
print(b)
print(c)
```

运行结果如下：

```
[0 1 2 3 4 5 6 7 8 9]
[4 5 6 7 8 9 10 11]
[1 4 7 10 13 16 19]
```

本例中，a 数组代表一维向量，括号中的 10 代表生成 10 个数字，从 0 到 9；b 数组代表一维向量，从 4 开始，到 12 结束且不包括 12，即生成 4 ～ 11 的数据；c 数组代表一维向量，生成以步长为 3，1 ～ 20 且不包括 20 的数据，即 1，4，7，...，19，当根据步长增长的数据值超出限定范围，数据生成过程结束。

10.5　数组的索引

数组的索引是对数据中元素进行提取的方法，先建立一个数组 a，通过中括号内填入索引号的方式，来访问目标元素，注意索引号是从 0 开始。

10.5.1 一维数组索引

例 10-11 生成 1 ～ 10 的一维数组，访问该数组的第 0 位置、第 5 位置。

```
a=np.arange(1,11)
print(a[0])
print(a[5])
```

运行结果如下：

```
1
6
```

本例中，数组 a 通过 arange 函数生成 1 ～ 10 的 10 个数。使用索引提取第 0 位置和第 5 位置的元素数据，索引号为 0 对应数据 1、索引号为 5 对应数据 6。本例通过 print( ) 函数显示了最终运行结果。数据存储形式如图 10-2 所示。

数组索引	0	1	2	3	4	5	6	7	8	9
array ()	1	2	3	4	5	6	7	8	9	10

图 10-2 数据存储示意图

如果想提取一个范围内的多个数据，可以通过在中括号中填入数字冒号数字的方式提取相应范围中的多个数据。

例 10-12 提取例 10-11 中 a 数组索引号 1、2、3 的数据值。

```
a[1:4]
```

运行结果如下：

```
array([2,3,4])
```

本例中，要提取 a 数组中具体一个范围内的数据，注意起始位置填入索引号 1，冒号后的索引号要填入 4，代表由 1 号索引开始，提取数据直到 4 号索引之前结束。注意不包括 4 号索引的数据。这样就可以提取索引号是 1 ～ 4 之前的数据，数据内容为 2,3,4。

例 10-13 提取例 10-11 中 a 数组索引号为 0、1、2、3 的数据值。

```
print(a[:4])
print(a[0:4])
```

运行结果如下：

```
[1 2 3 4]
[1 2 3 4]
```

本例中，索引号从 0 开始时，可以将 0 作为起始值，也可以空下不写。如中括号里冒号前为空。效果和写 0 的运行结果一致。本例通过 print( ) 函数显示了最终运行结果。

例 10-14 提取例 10-11 中 a 数组的所有数据。

```
a[:]
```

运行结果如下：

```
array([1,2,3,4,5,6,7,8,9,10])
```

本例中，提取数组的所有数据值，可用 [:] 方式进行，冒号前后均不写任何数字，运行时会默认提取数组中所有数据。

10.5.2　二维数组索引

二维数组有两个维度。可以引入“行”和“列”的概念对二维数组进行类比学习。先通过 array 生成一个二维数组 a，其形状定义为 3 行 4 列，数据为 1 ～ 12。

例 10-15　生成 3 行 4 列的二维数组 a，并且读出第 0 行数据。

```
a=np.array([[1,2,3,4],[5,6,7,8],[9,10,11,12]])
a[0]
```

运行结果如下：

```
array([1,2,3,4])
```

本例中，二维数据的“行”与“列”都是由索引号为 0 开始排序的。中括号里的 0 代表了读取第 0 行所有数据，即数据为 1，2，3，4。二维数组示意图如图 10-3 所示。

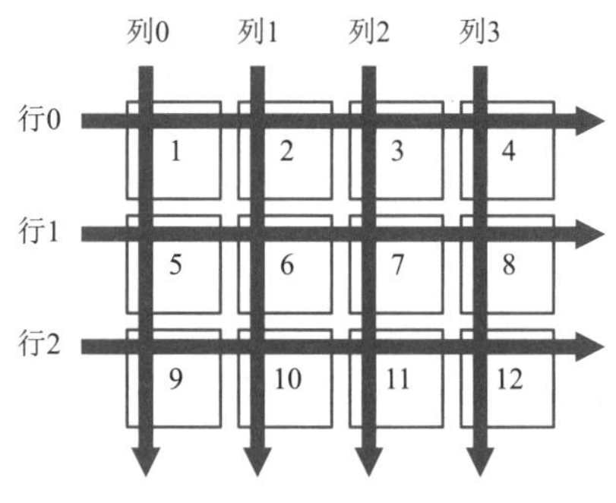

图 10-3　二维数组示意图

例 10-16　读取例 10-15 中二维数组 a 的第 0 列数据。

```
a[:,0]
```

运行结果如下：

```
array([1,5,9])
```

本例中，读取数组 a 的第 0 列数据的思路是读取所有行的第 0 列数据，所以在中括号中，以逗号作为分隔符，逗号前填入冒号代表提取所有行，逗号后填入 0 代表提取第 0 行。以这种方法可以有效提取出所有行的第 0 列数据。

例 10-17　读取例 10-15 中二维数组 a 中的数据 7。

```
a[1][2]
```

运行结果如下：

```
7
```

本例中,a 数组中的数据 7 在第 1 行第 2 列的位置，通过 [行][列] 可以读出该位置相应元素值。

例 10-18 读取例 10-15 中二维数组 a 的数据 10 和 11。

```
a[2,1:3]
```

运行结果如下：

```
array([10,11])
```

在对数据进行范围读取时，中括号里的逗号分隔了两部分，前一部分代表提取行信息，后一部分代表提取列信息，[行，列]，本例中 [2,1:3] 代表提取第二行的第 1 列到第 3 列之前的数据，那么获得的值就是 10 和 11。

例 10-19 读取例 10-15 中二维数组 a 的第 0 列和第 2 列数据。

```
a[:,::2]
```

运行结果如下：

```
array([[1,3],
       [5,7],
       [9,11]])
```

本例中，中括号里逗号前是行信息，冒号前后为空，代表要提取所有行，逗号后是列数据，其中两个冒号代表提取所有列，但以 2 为步长提取数据，那么第 0 列数据提取完就提取第 2 列数据，再往后提取第 4 行数据，判定本数据没有第 4 行，运行结束。数据提取示意图如图 10-4 所示。

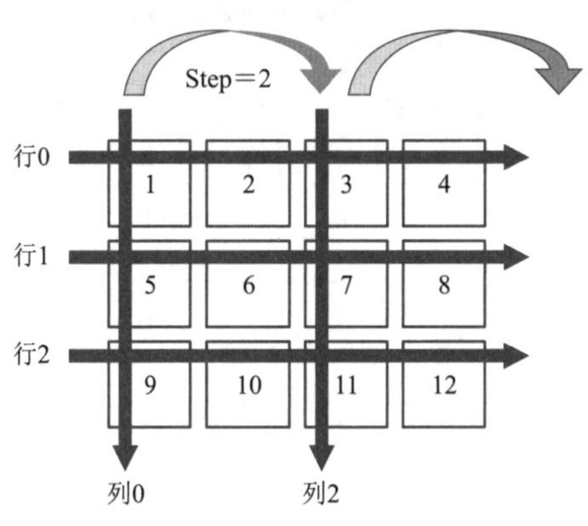

图 10-4 数据提取示意图

10.6 NumPy 数据运算

10.6.1 矩阵基本运算

NumPy 中的二维数组可以看成是数学中的矩阵，矩阵运算有加、减、点乘、除等基本运算。本小节将通过建立两个矩阵 a 与 b，探索数组之间的运算。

例 10-20　建立矩阵 a 与 b 并对其进行基本运算。

```
a=np.array([[1,2,3],[4,5,6]])
b=np.array([[7,8,9],[10,11,12]])
print(a, end='\n-----------\n')
print(b, end='\n-----------\n')
print(a+b,end='\n-----------\n')
print(a-b,end='\n-----------\n')
print(a*b,end='\n-----------\n')
print(a/b,end='\n-----------\n')
print(a**b,end='\n-----------\n')
print(a//b,end='\n-----------\n')
print(a%b,end='\n-----------\n')
```

运行结果如下：

```
[[1 2 3]
 [4 5 6]]
-----------
[[ 7 8 9]
 [10 11 12]]
[[ 8 10 12]
 [14 16 18]]
-----------
[[-6 -6 -6]
 [-6 -6 -6]]
-----------
[[ 7 16 27]
 [40 55 72]]
-----------
[[0.14285714 0.25 0.33333333]
 [0.4 0.45454545 0.5 ]]
-----------
[[ 1256 19683]
 [ 1048576 48828125 -2118184960]]
-----------
[[0 0 0]
 [0 0 0]]
-----------
[[1 2 3]
 [4 5 6]]
-----------
```

本例中，矩阵之间的运算有对位相加、相减、相乘、相除等操作，其中要注意的是，这里的矩阵相乘是对位相乘，即哈达姆乘积。真正的矩阵相乘后续会讲到。

例 10-21 对例 10-20 中建立的矩阵 a 进行 a+2 与 a*2 的运算。

```
print(a+2)
print('-----------')
print(b*2)
```

运行结果如下：

```
[[3 4 5]
 [6 7 8]]
-----------
[[14 16 18]
 [20 22 24]]
```

本例中，矩阵 a+2 是矩阵 a 的每个元素进行加 2 操作，a*2 是矩阵 a 的每个元素进行乘以 2 操作，其他运算依此类推。

例 10-22 对例 10-20 中建立的矩阵 a 进行转置。

```
a.T
```

程序运行结果如下：

```
array([[1, 4],
 [2, 5],
 [3, 6]])
```

本例中，转置就是矩阵的行列互换。通过 a.T 的方法实现该功能。

10.6.2 矩阵相乘

矩阵相乘必须满足前一个矩阵的列与后一个矩阵的行数相同，如 2 行 2 列矩阵可以与 2 行 1 列矩阵相乘所得矩阵为 2 行 1 列矩阵。例如：

$$\begin{bmatrix}1 & 2\\3 & 4\end{bmatrix}_{2\times2}\begin{bmatrix}1\\1\end{bmatrix}_{2\times1}=\begin{bmatrix}3\\7\end{bmatrix}_{2\times1}$$

例 10-23 建立 2 行 2 列的矩阵 a 和 2 行 1 列的矩阵 b，并进行 a 与 b 的矩阵相乘。

```
a=np.array([[1,2],[3,4]])
b=np.array([[1],[1]])
print(a,end='\n-----------\n')
print(b,end='\n-----------\n')
print(a.dot(b),end='\n-----------\n')
print(np.dot(a,b))
```

运行结果如下：

```
[[1 2]
 [3 4]]
-----------
[[1]
 [1]]
-----------
[[3]
 [7]]
-----------
[[3]
 [7]]
```

本例中，矩阵相乘可以通过 dot( ) 函数完成运算，方法有两种，如代码所示。

10.7 统计函数调用

NumPy 中有多种数学统计函数，可以直接对整个数组求和、求平均值、求数组中最大值或最小值。本小节将通过建立数组 a 随机生成 3 行 2 列 0 ～ 10 的随机整数。将对其进行数组整体求和（sum)、求最小值（min)、求最大值（max)、求平均值（mean)。

例 10-24 生成二维矩阵 a，对 a 数组中所有元素进行求和、求最小值、最大值、平均值。

```
a=np.random.randint(0,10,size=(3,2))
print(np.sum(a))
print(np.min(a))
print(np.max(a))
print(np.mean(a))
```

运行结果如下：

```
40
3
9
6.666666666666667
```

本例中，生成 3 行 2 列的矩阵，其中每个元素是 0 ～ 9 的随机数。通过 sum( ) 方法，求得 a 矩阵中的所有元素之和、可以通过 min( ) 和 max( ) 查询 a 矩阵中的元素最小值和最大值、通过 mean( ) 求得 a 矩阵中的元素平均值。本例中，随机生成了 3、7、7、6、8、9，可以看到所有元素之和为 40，元素中最小值为 3，最大值为 9，平均值约为 6.7。

例 10-25 对例 10-24 中矩阵 a 的每一行和每一列求和。

```
print(np.sum(a,axis=0))    #列求和
print(np.sum(a,axis=1))    #行求和
```

运行结果如下：

```
[18 22]
[10 13 17]
```

本例中，当 axis=0 时，将对数组 a 进行列方向的求和，a 有 2 列，所以生成两个元素分别对应第 0 列和第 1 列的列项元素之和。(这里的列求和，意为把行看成一个整体，在列方向上进行求和运算。当 axis=1 时，将对数组 a 进行行方向求和，a 有 3 行，所以生成 3 行，三个元素分别对应 a 数组第 0 行元素之和、第 1 行元素之和、第 2 行元素之和。(这里的行求和，意为把列看成一个整体，在行方向上，进行求和运算）行列求和运算示意图如图 10-5 所示。

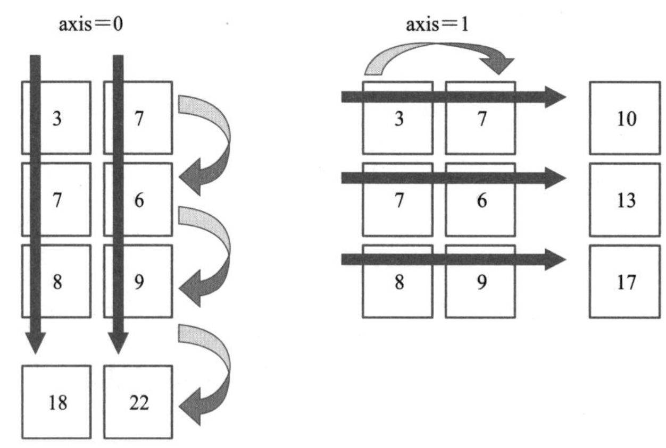

图 10-5　行列求和运算示意图

例 10-26　生成一维数组 a，求其最大值所对应索引号和最小值所对应索引号。

```
a=np.array([1,4,7,4,12,3,6],dtype=np.int32)
print(a)
print(np.argmin(a))
print(np.argmax(a))
```

运行结果如下：

```
[ 1 4 7 4 12 3 6]
0
4
```

本例中，通过 np.argmin( ) 中填入矩阵 a，将取得数组中最小元素所在位置的索引号 0。通过 np.argmax( ) 中填入矩阵 a，将取得数组中最大元素所在位置的索引号 4。

10.8 合并与分割

在 NumPy 中，数组的合并与分割非常便捷，可以把多个数组从水平方向与垂直方向进行合并与分割。

10.8.1 合并

例 10-27 创建两个数组 a 与 b，并对它们进行垂直合并。

```
a=np.array([1,2,3])
b=np.array([4,4,5])
c=np.vstack((a,b))       #垂直合并
print(c,c.shape)
```

运行结果如下：

```
[[1 2 3]
 [4 4 5]] (2,3)
```

本例中，通过 np.vstack( ) 可以对数组 a 和数组 b 进行垂直方向的合并，并将合并结果保存至 c 中。通过 c.shape 查看数组 c 的形状可知，c 形状为 2 行 3 列。合并后成了一个二维数组，如图 10-6 所示。

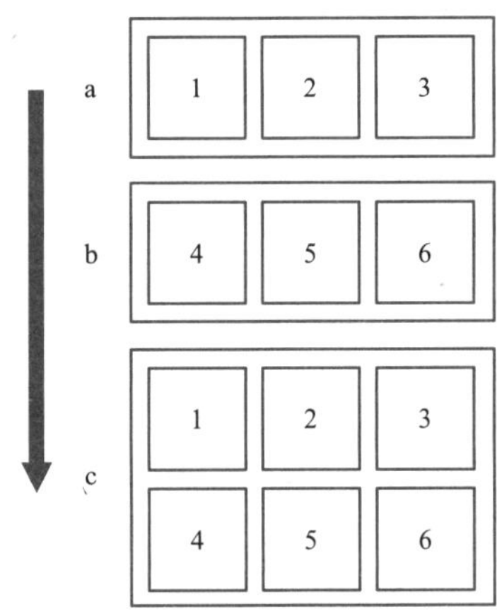

图 10-6 数组垂直方向合并示意图

例 10-28 创建两个数组 a 与 b，并对它们进行水平合并。

```
a=np.array([1,2,3])
b=np.array([4,4,5])
c=np.hstack((a,b))
print(c,c.shape)
```

运行结果如下：

```
[1 2 3 4 4 5] (6,)
```

解析：通过 np.hstack( ) 可以对 a 和 b 进行水平方向的合并，并将合并结果保存至 c 中。通过 c.shape 查看数组 c 的形状可知，c 形状为 (6,)。合并后是一维数组，相当于两个一维数组 a 与 b 首位拼接起来，如图 10-7 所示。

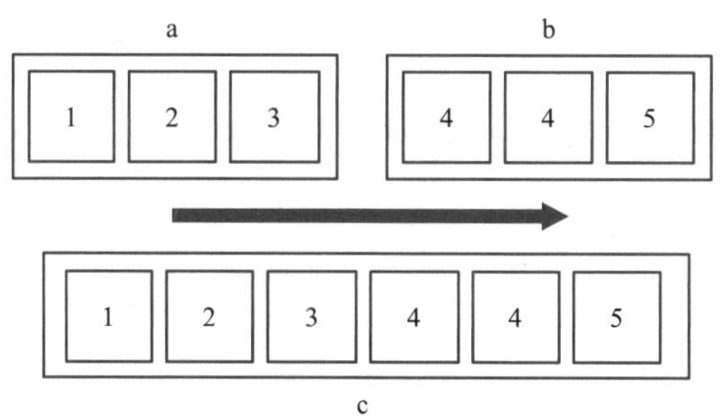

图 10-7　数组水平方向合并示意图

例 10-29　生成数组 a、b、c，并将多个数组进行合并。

```
a=np.array([1,2,3])
b=np.array([4,4,5])
c=np.array([7,8,9])
d=np.vstack((a,b,c))    #垂直合并
e=np.hstack((a,b,c))    #垂直合并
print(d)
print(e)
```

运行结果如下：

```
[[1 2 3]
 [4 4 5]
 [7 8 9]]
 [1 2 3 4 4 5 7 8 9]
```

本例中，生成数组 a、b、c，并将三个数组通过 vstack( ) 和 hstack( ) 进行垂直方向与水平方向的合并。

10.8.2　分割

建立数组 a，将其 reshape 变形成 3 行 4 列的二维数组。本小节要对数组 a 进行分割探索。

```
a=np.arange(12).reshape((3,4))
```

运行结果如下：

```
array([[0,1,2,3],
       [4,5,6,7],
       [8,9,10,11]])
```

例 10-30　将二维数组 a 通过 split 水平方向切成两部分，分别赋值给 b 和 c。

```
b,c=np.split(a,2,axis=1) #水平方向切两部分
print(b)
print(c)
```

运行结果如下：

```
[[0 1]
 [4 5]
 [8 9]]
[[2 3]
 [6 7]
 [10 11]]
```

本例中，split( ) 函数括号中 a 表示被切分的数组，2 表示切分成两等分，axis=1 表示将对数组进行水平切分。切分示意图如图 10-8 所示。

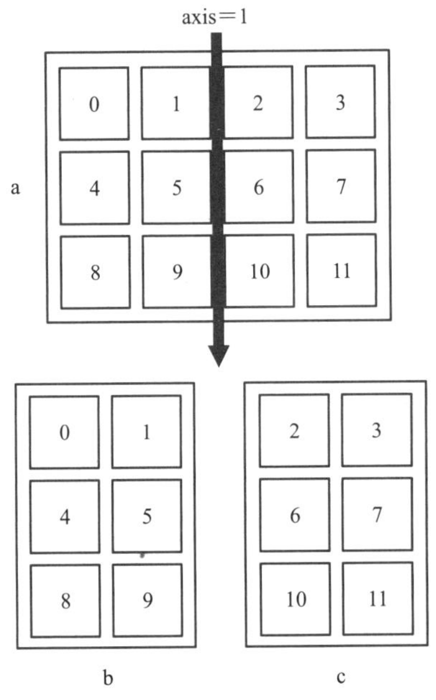

图 10-8　水平切分示意图

例 10-31　将二维数组 a 通过 split( ) 垂直方向切成三部分，分别赋值给 d1、d2、d3。

```
d1,d2,d3=np.split(a,3,axis=0)
print(d1)
print(d2)
print(d3)
```

运行结果如下：

```
[[0 1 2 3]]
[[4 5 6 7]]
[[8 9 10 11]]
```

本例中，split 括号中 a 表示被切分的数组，3 表示切分成三等分，axis=0 表示将会对数组进行垂直切分。切分示意图如图 10-9 所示。

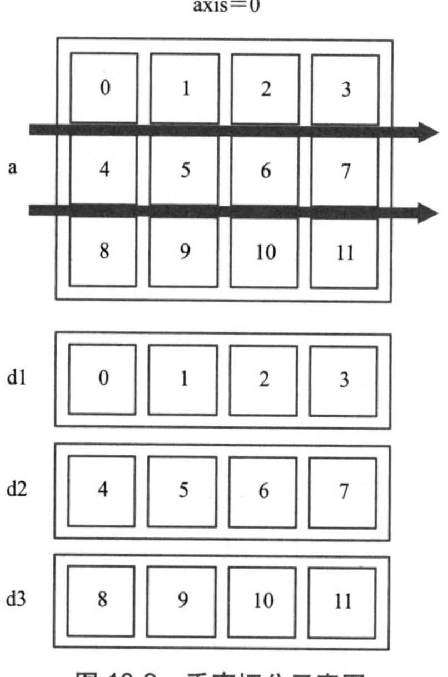

图 10-9　垂直切分示意图

小提示：将二维数组 a 通过 np.split,axis=1 水平切分成三个部分，会报错，因为 a 矩阵中 4 列无法 3 等分。代码如下：

```
a=np.arange(12).reshape((3,4))
d1,d2,d3=np.split(a,3,axis=1)
```

运行结果如下：

```
Traceback (most recent call last):
  File "C:\Users\PycharmProjects\functionProject\test.py", line 2, in <module>
    d1,d2,d3=np.split(a,3,axis=1)
  File "<__array_function__ internals>", line 180, in split
   File  "C:\Users\wy\PycharmProjects\functionProject\venv\lib\site-packages\
numpy\lib\shape_base.py", line 872, in split
    raise ValueError(
ValueError: array split does not result in an equal division
```

可以通过 array_split( ) 函数进行非均等分切分解决上述问题。

例 10-32　通过 array_split( ) 函数对数组 a 进行垂直切分。

```
d1,d2,d3=np.array_split(a,3,axis=1)
print(d1)
print(d2)
print(d3)
```

运行结果如下：

```
[[0 1]
```

```
 [4 5]
 [8 9]]
[[ 2]
 [ 6]
 [10]]
[[ 3]
 [ 7]
```

本例中，通过通过 array_split 进行了非均等分切分。a 矩阵是 3 行 4 列矩阵，垂直切分 3 份数据，前两列为一组，后两列单独为一组。

例 10-33　通过 hsplit( ) 函数和 vsplit( ) 函数完成水平切分和垂直切分。

```
a=np.arange(12).reshape((3,4))
print(a)
d1,d2=np.hsplit(a,2)# 水平切分
print(d1)
print(d2)
d3,d4,d5=np.vsplit(a,3)# 垂直切分
print(d3)
print(d4)
print(d5)
```

运行结果如下：

```
[[ 0 1 2 3]
 [ 4 5 6 7]
 [ 8 9 10 11]]

[[0 1]
 [4 5]
 [8 9]]

[[ 2 3]
 [ 6 7]
 [10 11]]

[[0 1 2 3]]
[[4 5 6 7]]
[[8 9 10 11]]
```

本例中，vsplit( ) 函数和 hsplit( ) 函数需要注意参数的设定，当参数不合理时将会报错。

10.9 实训案例——气温数据分析

10.9.1 任务描述

2022 年北方某地冬季气温曲线图如图 10-10 所示，现有 5 日内的气温数据，该数据每行 24 个数值代表从每日 0 点到 23 点的当天每小时的平均气温。这样的数据一共 5 行，现在要求获得 5 日内的每日平均气温、每日最高气温、每日最低气温，并重新生成 array 数据。气温数据如下：

[[-5,-6,-7,-7,-8,-9,-10,-10,-9,-7,-6 ,-4,0,1,2,3,5,3,2,0,-1,-1,-2,-3],
[-5,-5,-5,-6,-7,-9,-7,-10,-9,-7,-5 ,-3,1,1,2,2,4,3,1,0,-1,-1,-2,-4],
[-4,-5,-6,-7,-8,-8,-7,-11,-11,-10,-8 ,-7,-6,-2,0,1,2,3,2,0,-1,-1,-1,-3],
[-3,-6,-6,-8,-9,-9,-10,-10,-9,-7,-6 ,-4,0,1,1,1,2,1,2,0,-1,-3,-5,-7],
[-8,-9,-11,-11,-12,-9,-10,-10,-9,-7,-5 ,-3,0,2,2,4,5,5,2,0,-1,-3,-5,-6]]

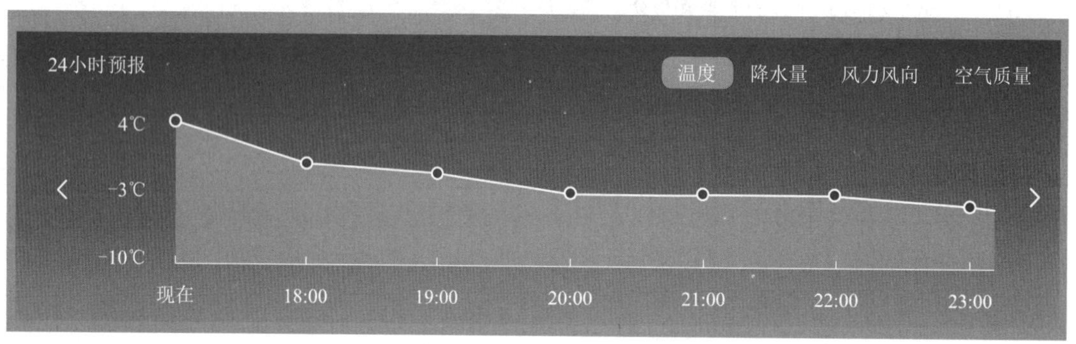

图 10-10　2022 年北方某地冬季气温曲线图

10.9.2 实现思路

假设获取的数据是 Python 的 List 数据类型，要对其进行数据分析，首先要转化为 NumPy 数据 array。

```
import numpy as np
temp=[[-5,-6,-7,-7,-8,-9,-10,-10,-9,-7,-6 ,-4,0,1,2,3,5,3,2,0,-1,-1,-2,-3],
[-5,-5,-5,-6,-7,-9,-7,-10,-9,-7,-5 ,-3,1,1,2,2,4,3,1,0,-1,-1,-2,-4],
[-4,-5,-6,-7,-8,-8,-7,-11,-11,-10,-8 ,-7,-6,-2,0,1,2,3,2,0,-1,-1,-1,-3],
[-3,-6,-6,-8,-9,-9,-10,-10,-9,-7,-6 ,-4,0,1,1,1,2,1,2,0,-1,-3,-5,-7],
[-8,-9,-11,-11,-12,-9,-10,-10,-9,-7,-5 ,-3,0,2,2,4,5,5,2,0,-1,-3,-5,-6]]
temp=np.array(temp)
```

至此，temp 转化成 NumPy 的 array 数据。紧接着，任务要求获得每日的平均气温、最高气温、最低气温，可使用 np.sum()、np.max()、np.min() 等方法完成。

```
day1_mean=np.sum(temp[0])/temp[0].size
day1_max=np.max(temp[0])
day1_min=np.min(temp[0])
```

如法炮制可获得 5 日内各项数据后，要对数据进行重新存储。建立空 array 并命名为 m1，通过 np.append 将上述取得的数据存入 m1 中，并通过 reshape 改变数据形状为 1 行 3 列。形成 2 维数据，以备将来存放多日数据。注：其他天数的温度数据保持 1 维即可。

```
m1=np.array([])
m1=np.append(m1,[day1_mean,day1_max,day1_min])
m1.reshape(1,3)
```

数据格式如下所示：

```
array([ -3.29166667    5.           -10.          ])
```

将 5 日内的数据通过 np.row_stack( ) 函数逐一添加，即可获得全新数组。

```
m1=np.row_stack((m1,m2))
m1=np.row_stack((m1,m3))
m1=np.row_stack((m1,m4))
m1=np.row_stack((m1,m5))
```

最终获得的数据如下：

```
[[ -3.29166667    5.           -10.          ]
 [ -3.            4.           -10.          ]
 [ -4.08333333    3.           -11.          ]
 [ -3.95833333    2.           -10.          ]
 [ -4.125        5.           -12.          ]]
```

如果想得到的是整数类型的数据，可通过 astype( ) 函数完成对数据类型的转换。

```
m1=m1.astype(np.int32)
```

运行结果如下：

```
[[ -3   5   -10]
 [ -3   4   -10]
 [ -4   3   -11]
 [ -3   2   -10]
 [ -4   5   -12]]
```

10.9.3 代码实现

```
import numpy as np
temp=[[-5,-6,-7,-7,-8,-9,-10,-10,-9,-7,-6,-4,0,1,2,3,5,3,2,0,-1,-1,-2,-3],
[-5,-5,-5,-6,-7,-9,-7,-10,-9,-7,-5 ,-3,1,1,2,2,4,3,1,0,-1,-1,-2,-4],
[-4,-5,-6,-7,-8,-8,-7,-11,-11,-10,-8 ,-7,-6,-2,0,1,2,3,2,0,-1,-1,-1,-3],
```

```
[-3,-6,-6,-8,-9,-9,-10,-10,-9,-7,-6 ,-4,0,1,1,1,2,1,2,0,-1,-3,-5,-7],
[-8,-9,-11,-11,-12,-9,-10,-10,-9,-7,-5 ,-3,0,2,2,4,5,5,2,0,-1,-3,-5,-6]]
temp=np.array(temp)
day1_mean=np.sum(temp[0])/temp[0].size
day1_max=np.max(temp[0])
day1_min=np.min(temp[0])
day2_mean=np.sum(temp[1])/temp[1].size
day2_max=np.max(temp[1])
day2_min=np.min(temp[1])
day3_mean=np.sum(temp[2])/temp[2].size
day3_max=np.max(temp[2])
day3_min=np.min(temp[2])
day4_mean=np.sum(temp[3])/temp[3].size
day4_max=np.max(temp[3])
day4_min=np.min(temp[3])
day5_mean=np.sum(temp[4])/temp[4].size
day5_max=np.max(temp[4])
day5_min=np.min(temp[4])

m1=np.array([])
m1=np.append(m1,[day1_mean,day1_max,day1_min])
m1 .reshape(1,3)
m2=np.array([])
m2=np.append(m2,[day2_mean,day2_max,day2_min])
m3=np.array([])
m3=np.append(m3,[day3_mean,day3_max,day3_min])
m4=np.array([])
m4=np.append(m4,[day4_mean,day4_max,day4_min])
m5=np.array([])
m5=np.append(m5,[day5_mean,day5_max,day5_min])

m1=np.row_stack((m1,m2))
m1=np.row_stack((m1,m3))
m1=np.row_stack((m1,m4))
m1=np.row_stack((m1,m5))
m1=m1.astype(np.int32)
```

本例实现思路是不唯一的，本例提出的方法，意在将之前所学 NumPy 数据处理内容进行实践，并使用了一些新的函数。通过围绕以求得天气温度为出发点的实际应用案例，希望大家能对 NumPy 的数据处理有更直观、更深入的理解。

本章小结

本章介绍了 Python 用于科学计算的 NumPy 模块，包括导入模块、创建 array 数组及相关运算，探索学习了数组的运算、数组的切片、合并等相关知识。经过本章的学习，学生将会对数据的统计、处理有更深的了解，在解决实际问题的过程中更加游刃有余。

拓展阅读

陈景润，1933 年 5 月 22 日出生于福建省福州。1949—1953 年就读于厦门大学数学系。1957 年 10 月，得到华罗庚教授的赏识，陈景润被调到中国科学院数学研究所。1973 年，陈景润发表了（1+2）的详细证明，被公认为是对哥德巴赫猜想研究的重大贡献。陈景润从小对数学非常感兴趣，家境贫寒的他，更是勤于读书。他曾留在厦门大学做图书馆资料员，除了整理图书，还要帮忙批改学生数学作业，在忙碌的工作和紧迫的时间里，出于对数学研究的热爱与执着，潜心钻研。在十多年的计算之后，陈景润发表了关于哥德巴赫猜想的论文成果，这个论文得到了国际数学界以及众多数学家的极力赞扬和重视。

当时的计算条件非常有限，对数据的手动计算，更考验一个人的耐心和细心，可想陈景润的科研成果是多么宝贵。随着计算机的发展，如今通过编程计算的方式可以快速得到所需精度的数值。尤其在对批量化数据进行运算时，Python 本身虽然也提供了 Array 模块，但其只支持一维数组，不支持多维数组，也没有各种运算函数，因而不适合数值运算。而 NumPy 的出现弥补了这些不足。现如今，借助于计算机对数据的处理，变得更加容易和便捷，我们应该珍惜眼前的一切，利用更科学的计算工具，沿着前人足迹砥砺前行，踏踏实实工作，认认真真求学。

思考与练习

简答题

1. 创建一个长度为 10 的 1 维全 0 的 ndarray 对象，将其第 3 个元素改变为 7。
2. 创建一个元素为 10 ～ 49 的 ndarray 对象，长度为 6。
3. 创建一个 3x3 矩阵，使矩阵的每行元素减去该行元素的平均值。
4. 从 NumPy 数组中 [1,3,6,8,0,8] 中找到非 0 元素的位置索引。
5. 将一维数组 [1,2,3,4,5,6] 转化成 2×3 的二维数组。

第 11 章 Matplotlib

知识目标

• 理解 Matplotlib 画布与子图的使用，pyplot 模块中各种图形的绘制方法。

能力目标

• 能掌握 pyplot 模块常用绘图参数的调节方法，能对实际案例进行数据可视化。

素质目标

• 培养学生耐心、严谨、踏实的工作作风，培养学生规范书写代码、思维系统全面的良好职业素养。

在信息化社会，数据以文字、图形、图像、音频、视频等多种形式存在于人们工作生活中的方方面面。数据不仅是一些符号的排列组合，更是对客观事物数量、属性及其相互关系的描述和表示。

数据可视化（Data Visualization）涉及计算机视觉、图像处理、计算机辅助设计、计算机图形学等多个领域，成为一项研究数据表示、数据处理、决策分析等问题的综合技术，是数据分析工作中重要的一环。图表是数据分析可视化最重要的工具，通过点的位置、曲线的走势、图形的面积等形式，直观地呈现研究对象间的数量关系。数据可视化目的是将抽象信息转换为具体的图形，通过图表直观地展示数据间的量级关系，将隐藏于数据中的规律直观地展现出来。Matplotlib 是一个实现数据可视化的库。

11.1 Matplotlib 简介

Matplotlib 是 Python 用于数据可视化的扩展库，支持 NumPy、pandas 的数据结构。它能让用户很轻松地将数据图形化，可用于绘制各种静态、动态、交互式的图表，如线图、散点图、等高线图、条形图、柱状图、3D 图形、图形动画等，并且提供多样化的输出格式。

Matplotlib 主要包含 pyplot 和 pylab 等关于绘图、显示管理控制方面的模块。pyplot 模块提供了一套类似 MATLAB 的绘图 API，只需要调用 pyplot 模块所提供的函数就可以实现快速绘图以及设置图表的各种细节。pyplot 模块虽然用法简单，但不适合在较大的应用程序中使用。pylab 可方便用户快速进行计算和绘图，其中包括了许多 NumPy 和 pyplot 模块中常用的函数，十分适合在 IPython 交互式环境中使用，但官方已不再建议使用其绘图。pyplot 主要的绘图函数见表 11-1。

表 11-1 pyplot 模块主要绘图函数

函　数	解　释
plot(x, y)	绘制 x 和 y 序列的折线图或点图
hist(x)	绘制 x 序列的直方图
bar(x, y)	绘制 x 和 y 序列的柱状图
hlines(y, xmin, xmax)	绘制 y 序列的水平线图
vlines(x, ymin, ymax)	绘制 x 序列的垂直线图
pie(x)	绘制 x 序列的饼图
boxplot(x)	根据 x 矢量序列（或二维数组）绘制箱式图
scatter(x, y, s=None, c=None)	根据 x 序列和 y 序列对应元素值绘制散点图，s 定义元素符号，c 定义元素颜色
contour(X, Y, Z)，contourf(X, Y, Z)	根据 X、Y、Z 二维数组绘制等值线图
imshow(x)	根据 x 数组绘制栅格图

11.1.1 安装 Matplotlib 库

安装 Matplotlib 库的指令如下：

```
python3 -m pip install -U pip
python3 -m pip install -U matplotlib
```

安装完成后，就可以通过 import 来导入 Matplotlib 库。另外，常需要的 2D 图表通过 pyplot 模块来实现，可以使用 import 导入 pyplot 模块，并设置一个别名 plt。

```
import matplotlib.pyplot as plt
```

在 PyCharm 或其他 IDE 工具中，会有图表不能实时刷新的问题，所以本章例程建议在 Jupyter Notebook 中完成。

11.1.2 绘图结构

显示的图形分为三层结构：figure 和 axes 是放置图形的底层基础称为容器层；所绘制的图形所在区域称为图像层；axis 和起辅助标识作用的 atrist 称为辅助显示层。层级结构如图 11-1 所示。

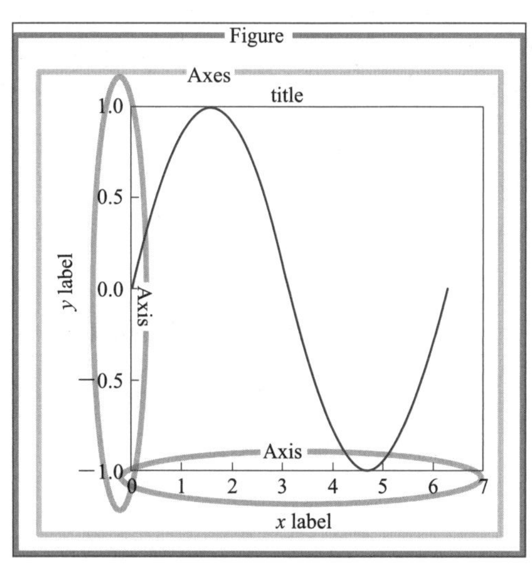

图 11-1 pyplot 绘制图形的层级结构

在 pyplot 模块中常用函数见表 11-2。

表 11-2 pyplot 模块中常用函数

函　数	功　能	说　明
figure	弹出的窗口，创建画布	plt.figure(num=None,figsize=None,dpi=None,facecolor=None,edgecolor=None,frameon=True) num：画布编号或名称，数字为编号，字符串为名称 figsize：指定 figure 的宽和高，单位为英寸 dpi：图形分辨率，以每英寸点为单位，默认值为 100.0 facecolor：背景颜色，默认 'white' edgecolor：边框颜色 frameon：是否显示边框 **kwargs：调用字典函数作为参数
figure.add_subplot	创建子窗口	figure.add_subplot(*args, **kwargs) *args：子图位置（行，列，编号） **kwargs：调用字典函数作为参数
axes	具体图片的坐标系，或理解为子窗口	plt.axes(arg=None, **kwargs) arg：None，添加一个全尺寸的新窗口 [left,bottom,width,height]. 由四个元素组成的元组分别表示子窗口左边距、底边距、宽、高，取值是 (0, 1) 浮点型数据

续表

函　数	功　能	说　明
axis	设置坐标轴坐标范围	plt.axis([xmin,xmax,ymin,ymax]) 分别表示 x 和 y 轴的区间，也可实例化后用下列方法调整： ax.set(xlim=(xmin, xmax), ylim=(ymin, ymax))
xlabel	在当前图形中添加 x 轴名称	plt.xlabel(xlabel,fontdict=None,labelpad=None,*,loc=None, **kwargs) xlabel：字符串。 labelpad：标签距 x 轴距离，默认值 4.0 loc：标签位置，取值 {'left', 'center', 'right'}，默认为 'center' **kwargs：文本特性，调用字典函数作为参数
ylabel	在当前图形中添加 y 轴名称	plt.ylabel(ylabel,fontdict=None,labelpad=None,*,loc=None, **kwargs) 方法同 plt.xlabel( )
xticks	指定 x 轴刻度的数量与取值	plt.xticks(ticks=None, labels=None, **kwargs) ticks：数组类型，用于设置 x 轴刻度间隔 labels：数组类型，用于设置每个间隔的显示标签 **kwargs：文本特性，调用字典函数作为参数
yticks	指定 y 轴刻度的数量与取值	plt.yticks(ticks=None, labels=None, **kwargs) 参数同 xticks( )
title	为窗口设置标题	plt.title(label, fontdict=None, loc=None, pad=None, *, y=None, **kwargs) label：标题文本 fontdict：字典形式，控制标题外观，默认取值如下： {'fontsize': rcParams['axes.titlesize'], 'fontweight': rcParams['axes.titleweight'], 'color': rcParams['axes.titlecolor'], 'verticalalignment': 'baseline', 'horizontalalignment': loc} loc：标题位置 {'center', 'left', 'right'}, 默认为 center **kwargs：文本特性，调用字典函数作为参数
text	为图形指定位置添加文本	plt.text(x, y, s, fontdict=None, **kwargs) x, y：坐标 s：文本信息 fontdict：覆盖默认文本属性的字典，默认值 None **kwargs：文本特性，调用字典函数作为参数
legend	为窗口添加图例	plt.legend(*args, **kwargs) *args：描述信息，以逗号分隔多条描述 **kwargs：调用字典函数作为参数

续表

函　数	功　能	说　明
gird	显示网格	plt.grid(visible=None, which='major', axis='both', **kwargs) visible：bool 或 None, 可选 which：{'major', 'minor', 'both'}, 可选 axis：{'both', 'x', 'y'}, 可选 **kwargs：2D 线特征，调用字典函数作为参数
show	显示图形	show(*, block=None) block：取值 true 或 false，用于设置是否等待所有图片关闭后再返回 注：在 jupyter notebooks 会自动显示图形，无须使用 show( ) 函数

11.1.3　绘图原理

在 matplotlib.pyplot 中绘制图形主要有三步：创建画布、绘制图形、对图形样式修饰及标记。创建画布有显式创建和隐式创建两种方式。

1. 隐式创建画布对象

当第一次执行 plt.xxx( ) 函数画图代码时，系统会去判断是否已有画布对象，如果没有，系统会自动创建，并且在这个画布之上自动创建一个坐标系（子图）。

例 11-1　通过两个坐标（0, 0）和（5, 10）来绘制一条线。

```
import matplotlib.pyplot as plt
import numpy as np
x=np.array([0,5])
y=np.array([0,10])
plt.plot(x,y)
plt.show()
```

运行结果如图 11-2 所示。

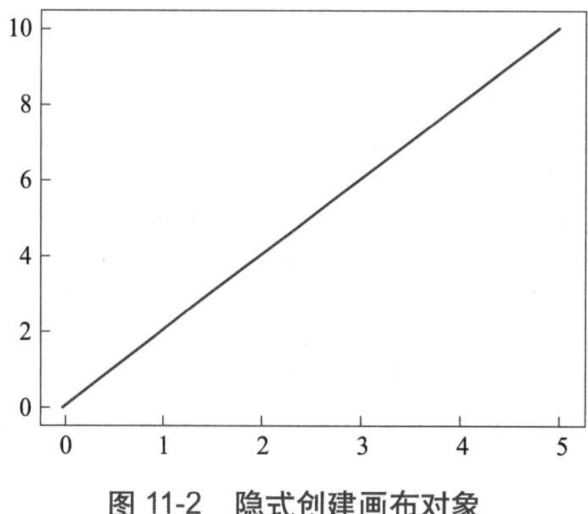

图 11-2　隐式创建画布对象

本例中没有直接操作画布对象，通过绘图函数得到图形即是隐式创建画布对象。隐式创建的方式只能有一个坐标系，即只能绘制一个图形。

2. 显式创建画布对象

绘图时主要操作的对象有 figure（画布）、axes（坐标系）、axis（坐标轴）及 artist（绘图元件）等。显式创建的方式需要手动创建 figure 对象并获取每个位置的 axes 对象。

例 11-2　用显式创建画布对象的方式实现例 11-1。

```
import numpy as np
import matplotlib.pyplot as plt
x=np.array([0,5])
y=np.array([0,10])
fig=plt.figure()                                        # 创建画布
ax1=fig.add_subplot(231)                                # 添加绘图区域
ax2=fig.add_subplot(232,frameon=False)                  # 不显示子图边框
ax3=fig.add_subplot(233,projection='polar')             # 极坐标
ax4=fig.add_subplot(234,sharex=ax1)                     # 共享 ax1 的 x 轴属性
ax5=fig.add_subplot(235,facecolor="red")                # 背景红色
ax6=fig.add_subplot(236,sharey=ax1)                     # 共享 ax1 的 y 轴属性
ax1.plot(x,y)                                           # 绘制图表
ax2.plot(x,y)
ax3.plot(x,y)
ax4.plot(x,y)
ax5.plot(x,y)
ax6.plot(x,y)
plt.show()                                              # 展示图表
```

运行结果如图 11-3 所示。

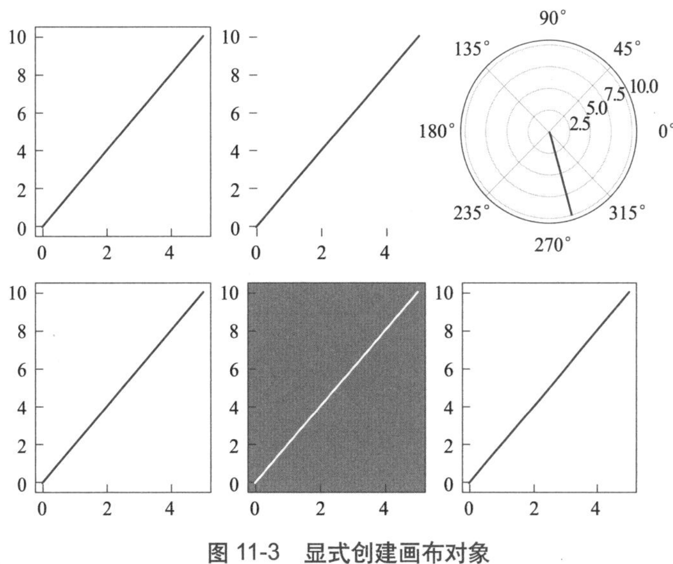

图 11-3　显式创建画布对象

隐式绘制图像好处：如果只是绘制一个小图形，那么直接使用 plt.xxx( ) 的方式，会自动创建一个 figure 对象和一个 axes 坐标系，图形最终就是绘制在这个 axes 坐标系之上的。

显式绘制图像的优势：如果想要在一个 figure 对象上绘制多个图形，那么必须获取每个 axes 对象，然后调用每个位置上的 axes 对象，就可以在每个对应位置的坐标系上进行绘图。注意：如果 figure 对象是被默认创建的，那么根本获取不到 axes 对象。因此，需要显式创建 figure 对象。

11.1.4 绘图风格

在 pyplot 模块中的 style 子模块里面定义了很多预设风格，以便于进行风格转换，包括窗体大小、每英寸的点数、线条宽度、颜色、样式、坐标轴、坐标与网络属性、文本、字体等，见表 11-3。

表 11-3 绘图风格

参数	选项	说明
marker	'.'	圆点
	','	像素（无实际效果）
	'o'	圆圈
	'v'	正三角形
	'^'	倒三角形
	'<'	左三角形
	'>'	右三角形
	'*'	星号
	'1'	tri_down
	'2'	tri_up
	'3'	tri_left
	'4'	tri_right
	'8'	八角形
	's'	正方形
	'p'	五边形
	'P'	加号（加粗）
	'h'	六角形 1
	'H'	六角形 2
	'+'	加号
	'x'	x

续表

参　数	选　项	说　明
marker	'X'	x（加粗）
	'D'	钻石形
	'd'	钻石形（浅）
	'|'	竖线
	'_'	水平线
line	'-'	实线
	'--'	短划线
	'-.'	划线
	':'	点虚线
color	'b'	blue
	'g'	green
	'r'	red
	'c'	cyan
	'm'	magenta
	'y'	yellow
	'k'	black
	'w'	white

11.2 绘制折线图

在折线图中，通常沿横轴标记类别，沿纵轴标记数值。折线图用于显示随时间或有序类别而变化的趋势。用 matplotlib.pyplot 库中的 plot( ) 函数可以快速地绘制折线图，根据给定的数据点利用描点法生成图形，使用方法如下：

```
plot(x,y,fmt,scalex=True,scaley=True,data=None,label=None,*args,**kwargs)
```

x，y：分别用来指定数据点的 x 和 y 坐标，可以为标量或数组形式的数据。

fmt：线条样式，使用格式为 '[marker][line][color]'。如 'ro-' 表示描点红色的圆圈，连线为实线。

label：表示应用于图例的标签文本。

**kwargs：2D 线属性，调用字典函数作为参数。

11.2.1 绘制简单线条

例 11-3 绘制三段线条，分别为直线、折线、正弦波。

```
import matplotlib.pyplot as plt
import numpy as np
x1=[0,1,2,3,4,5,6]
y1=[0,0,0,0,0,0,0]
x2=[0,1,2,3,4,5]
y2=[2,1.5,1.2,3,3.5,2]
plt.plot(x1,y1)
plt.plot(x2,y2)
x=np.linspace(0,6,100)
plt.plot(x,np.sin(x))
```

运行结果如图 11-4 所示。

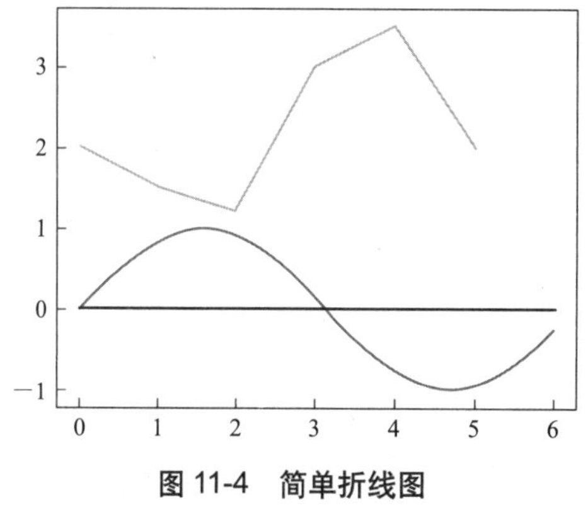

图 11-4 简单折线图

从本例中可以看到，如果需要在同一幅图形中绘制多条线，只需要多次调用 plot( ) 函数即可。

11.2.2 调整折线图

1. 调整线条颜色和风格

线条样式通过设置 plot( ) 中的 fmt 参数来实现，给 plot( ) 中的 linewidth 参数赋值可以改变线宽。

在例 11-3 中做出如下修改：

```
plt.plot(x1,y1,'-.g2',linewidth=1)
plt.plot(x2,y2,'*:',linewidth=2)
plt.plot(x,np.sin(x),linewidth=3)
```

可通过 linestyle 关键字参数指定线条风格，默认为实线型式。如果没有指定颜色，Matplotlib 会在一组默认颜色值中循环使用来绘制每一条线条。通常可将 marker、linestyle 和 color 参数合并成一个非关键字参数，来简化代码。运行结果如图 11-5 所示。

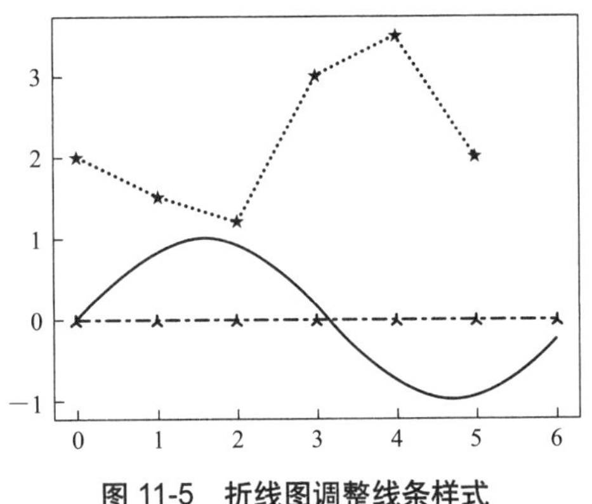

图 11-5 折线图调整线条样式

2. 调整坐标轴范围

Matplotlib 会自动匹配合适的坐标轴范围来绘制图像，但也可按需调整。通过 plt.axis( ) 组合控制或通过 plt.xlim( ) 和 plt.ylim( ) 单独控制，在例 11-3 中添加如下代码：

```
plt.axis([2,7,-2,4])
```

或者

```
plt.xlim(2,7)
plt.ylim(-2,4)
```

调整坐标轴范围可达到增加或缩小显示区域的目的，运行结果如图 11-6 所示。

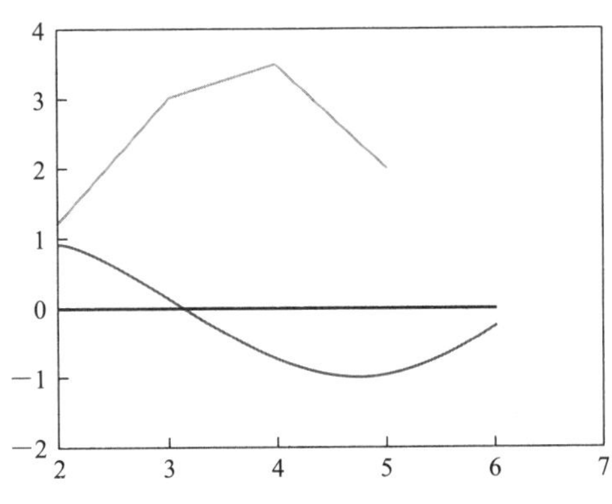

图 11-6 折线图调整坐标轴范围

另外，使用 plt.axis('tight') 可减少留白，最大化显示绘制图形；使用 plt.axis('equal') 可设置 x 轴与 y 轴使用相同的长度单位。

3. 添加折线图标签

折线图上可绘制的标签有图形标题、坐标轴标签和图例。

图形标题：通过 plt.title( ) 方法实现。

坐标轴标签：通过 plt.xlabel( ) 和 plt.ylabel( ) 方法实现。

图例：通过 plt.legend( ) 方法实现。

在例 11-3 中添加如下代码：

```
plt.title('Line Demo')
plt.xlabel('x')
plt.ylabel('y')
plt.legend()
```

并将 plot( ) 函数 label 参数赋值，代码如下：

```
plt.plot(x1,y1,'-.g2',label='line1',linewidth=1)
plt.plot(x2,y2,'*:',label='line2',linewidth=2 )
plt.plot(x,np.sin(x),label='line3',linewidth=3)
```

运行结果如图 11-7 所示。

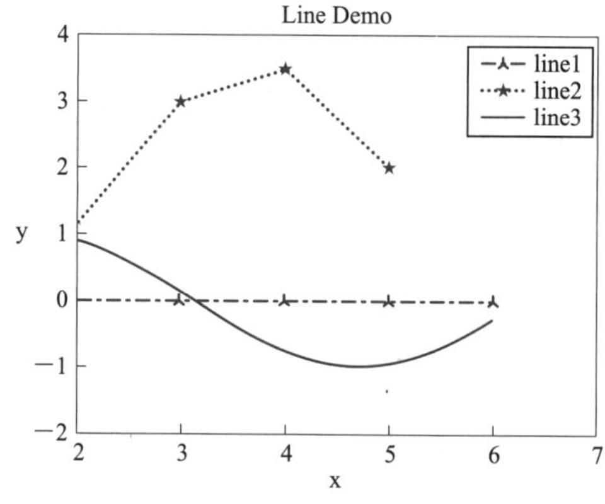

图 11-7　折线图显示标签

11.3 绘制散点图

散点图是用于研究两个变量之间关系的经典的和基本的图表。绘制散点图有两种方法：plt.plot( ) 函数和 plt.scatter( ) 函数。

11.3.1　使用 plot( ) 函数绘制

plt.plot( ) 函数可用来绘制散点图，只需在 fmt 参数中将 line 选项空置，即可得到散点图。

例 11-4　为随机数绘制散点图。

```
import numpy as np
import matplotlib.pyplot as plt
N=50
x=np.random.rand(N)     # 通过本函数返回 N 个取值范围是 [0,1) 均匀分布的随机样本值
```

```
y=np.random.rand(N)
colors=np.random.rand(N)
size=(30*np.random.rand(N))**2
plt.scatter(x,y)
plt.show()
```

运行结果如图 11-8 所示。

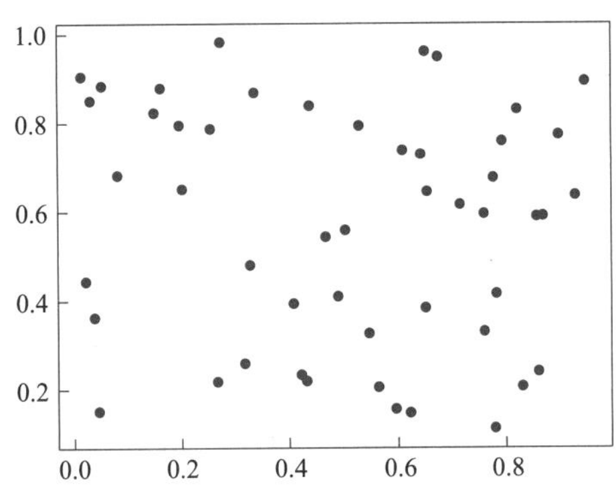

图 11-8　plot( ) 函数绘制随机数散点图

11.3.2　使用 scatter( ) 函数绘制

plt.scatter( ) 函数是专用于绘制散点图的方法，使用方法和 plt.plot( ) 类似，可以针对每个点设置不同属性（大小、填充颜色、边缘颜色等），还可以通过数据集合对这些属性分类设置，使用方法如下：

```
plt.scatter(x,y,s=None,c=None,marker=None,cmap=None,norm=None,vmin=None,
vmax=None,alpha=None,linewidths=None,*,edgecolors=None,plotnonfinite=False,
data=None,**kwargs)
```

x，y：分别用来指定数据点的 x 和 y 坐标，可以为标量或数组形式的数据。

s：指定数据点大小，默认值为 20，可选。

marker：指定数据点形状，默认值为 'o'。

alpha：指定数据点透明度，取值为 0 ～ 1 之间的浮点型数据。

linewidths：指定数据点边缘线宽，默认值为 1.5。

edgecolors：指定数据点边线颜色，取值可为 {'face', 'none', None} 之一，或颜色值，或包含颜色值的序列。

**kwargs：Collection 特征，调用字典函数作为参数。

例 11-5　为随机数绘制散点图。

```
import numpy as np
import matplotlib.pyplot as plt
N=50
x=np.random.rand(N)     #通过本函数返回 N 个取值范围是 [0,1) 均匀分布的随机样本值
```

```
y=np.random.rand(N)
colors=np.random.rand(N)
size=(30*np.random.rand(N))**2plt.scatter(x,y,s=size,c=colors,alpha=0.5)
plt.colorbar()
plt.show()
```

运行结果如图 11-9 所示。

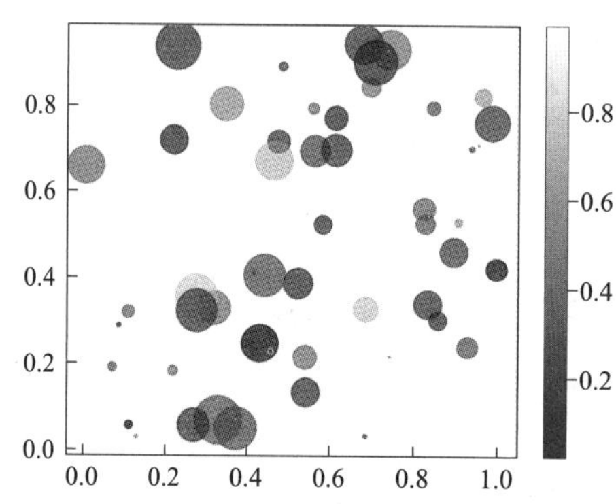

图 11-9　scatter( ) 函数绘制随机数散点图

对于小的数据集来说，plt.plot( ) 和 plt.scatter( ) 两者并无差别，当数据集增长到几千个点时，plot 会明显比 scatter 的性能要高。造成这个差异的原因是 plt.scatter 支持每个点使用不同的大小和颜色，因此渲染每个点时需要完成更多额外的工作。对 plt.plot 来说，每个点都是简单地复制另一个点产生，因此对整个数据集来说，确定每个点的展示属性的工作仅需要进行一次即可。对于很大的数据集来说，这个差异会导致两者性能的巨大区别，因此对于大数据集应该优先使用 plt.plot( ) 函数。

11.4 绘制饼图

饼图（Sector Graph）是一个划分为几个扇形的圆形统计图表，用于描述量、频率或百分比之间的相对关系，常用于统计学模块。用 matplotlib.pyplot 库中的 pie( ) 函数可绘制饼图，使用方法如下：

```
plt.pie(x,explode=None,labels=None,colors=None,autopct=None,pctdistance=0.6,
shadow=False,labeldistance=1.1,startangle=0,radius=1,counterclock=True,wedgeprops=
None,textprops=None,center=(0,0),frame=False,rotatelabels=False,*,normalize=True,
data=None)
```

x：指定扇形的面积，数据形式为一维数组。

explode：每个饼块相对于饼圆半径的偏移距离，取值为浮点型类 1 维数组，与 x 对应。默认值为 None。

labels：每个饼块的标签。字符串列表。默认值为 None。

colors：每个饼块的颜色。如无设定会从默认列表循环使用。

autopct：饼块内标签，百分比显示格式，如 %d%% 表示整数百分比，%0.1f%% 表示一位小数百分比。默认值为 None。

pctdistance：饼块内标签与圆心的距离，浮点值，默认值为 0.6。当 autopct 不为 None 时该参数生效。

shadow：饼图下是否有阴影，布尔值，默认值为 False。

labeldistance：饼块外标签与圆心的距离，浮点值或 None，默认值为 1.1。如果设置为 None，标签不会显示，但是图例可以使用标签。

startangle：饼块起始角度。浮点数。默认值为 0，即从 x 轴开始。角度逆时针旋转。

radius：饼图半径，浮点数，默认值为 1.

counterclock：角度是否逆时针旋转，布尔值，默认值为 True。

wedgeprops：饼块属性，字典参数，默认值为 None。具体见 matplotlib.patches.Wedge 。

textprops：文本属性，字典参数，默认值为 None。

center：饼图中心坐标，浮点数二元组，默认值为（0，0）。

frame：是否绘制子图边框，布尔值，默认为 False。

rotatelabels：饼块外标签是否按饼块角度旋转，布尔值，默认为 False。

normalize：是否归一化，布尔值或 None，默认值为 None。True：完全饼图，对 x 进行归一化，sum(x)==1。False：如果 sum(x)<=1，绘制不完全饼图。如果 sum(x)>1，抛出 ValueError 异常。None：如果 sum(x)>=1，默认值为 True。如果 sum(x)<1，默认值为 False。

例 11-6 绘制四幅子图，体现内外标签、饼块分离的效果。

```
import matplotlib.pyplot as plt
plt.rcParams['font.family']='SimHei'
x=[2,5,4,1]
labels=['a','b','c','d']
explode=[-0.1,0,0.1,0]
colors=['b','y']
plt.subplot(221)
plt.pie(x,labels=labels)
plt.title('默认')
plt.subplot(222)                    # 子图 2，添加外标签相关属性
plt.pie(x,labels=labels,labeldistance=1.2,rotatelabels=True)
plt.title('外标签')
plt.subplot(223)                    #子图 3，演示内标签相关属性，起始角度设置为 30
plt.pie(x,autopct='%0.1f%%',pctdistance=0.6,startangle=30)
plt.title('内标签')
plt.subplot(224)                    #子图 4，演示饼块分离、颜色循环、阴影
plt.pie(x,labels=labels,explode=explode,colors=colors,shadow=True,
radius=0.8,counterclock=False)
plt.title('饼块分离')
plt.show()
```

运行结果如图 11-10 所示。

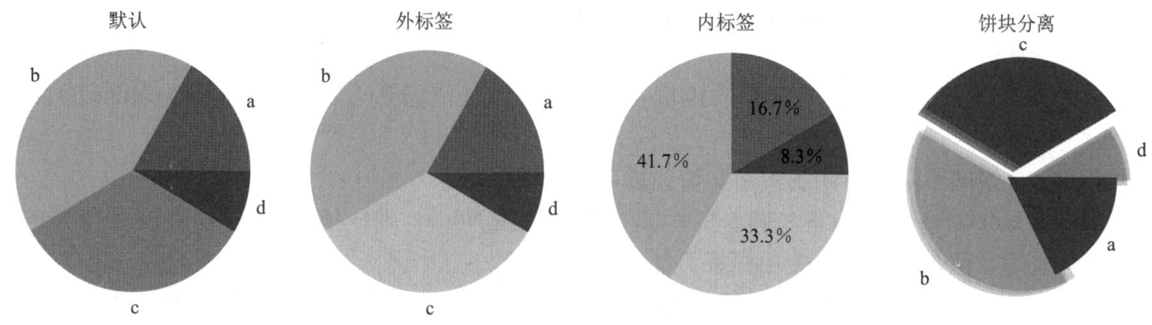

图 11-10 饼图

11.5 绘制柱形图

柱形图，又称柱状图、直方图，是一种以长方形的长度为变量的统计图表。柱形图用来比较两个或以上成员同一变量的情况，通常利用于较小的数据集分析。使用 matplotlib.pyplot 库中的 bar( ) 函数可绘制常规柱形图。barh( ) 函数可绘制横向柱形图，使用方法如下：

```
plt.bar(x,height,width=0.8,bottom=None,*,align='center',data=None,**kwargs)
plt.barh(y,width,height=0.8,left=None,*,align='center',**kwargs)
```

x：浮点型数组，柱形图的 x 轴数据。

height：浮点型数组，柱形图的高度。

width：(0,1) 的浮点型数组，柱形图的宽度，默认值 0.8。

bottom：浮点型数组，柱形图在 y 轴的起始位置，默认 0。

align：柱形图与 x 坐标的对齐方式，默认值为 'center'。'edge'：将柱形图的左边缘与 x 位置对齐。要对齐右边缘的条形，可以传递负数的宽度值及 align='edge'。

color：柱子填充色。

edgecolor：柱子边框颜色。

lw：柱子边框宽度。

tick_label：下标标签。

**kwargs：矩形特征，调用字典函数作为参数。

11.5.1 基本用法

例 11-7 将 2016—2020 年 GDP 数据以柱形图显示。

```
import numpy as np
import matplotlib.pyplot as plt
plt.rcParams['font.family']='SimHei'        #指定标签字体，解决中文乱码
width_val=0.4
```

```
data_x=['2016','2017','2018','2019','2020']
data_y=[60139,62099,64745,70473,77754]
plt.title('GDP',fontsize=20)                                    # 标题，并设定字号大小
plt.xlabel(u' 年份 ',fontsize=14)                               # 设置 x 轴，并设定字号大小
plt.ylabel(u' 绝对值（亿元）',fontsize=14)                       # 设置 y 轴，并设定字号大小
plt.bar(data_x,data_y1,alpha=0.6,width=width_val, facecolor='deeppink',
 edgecolor='black',lw=1,label=' 第一产业 ')
plt.legend(loc=2)                                               # 图例展示位置，数字代表第几象限
plt.show()                                                      # 显示图像
```

运行结果如图 11-11 所示。

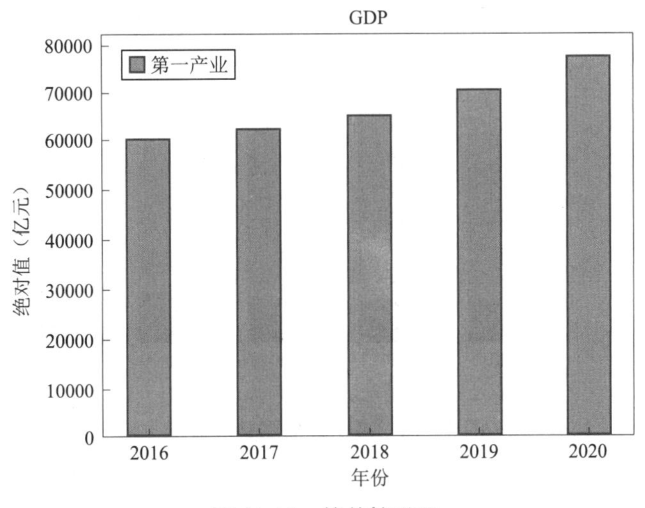

图 11-11　简单柱形图

11.5.2　多个柱形图叠放显示

多个柱形图叠放其实是在同一个横坐标下，显示多个不同纵坐标值的效果，显示 N 个柱形图就需要 N 个 bar( ) 函数。

在例 11-7 中增加三条 y 轴数据：

```
data_y2=[295427,331580,364835,380670,384255]
data_y3=[390828,438355,489700,535371,553976]
```

增加两条 bar( ) 函数：

```
plt.bar(data_x,data_y2,alpha=0.6,width=width_val,facecolor='darkblue',edgecolor=
'black',lw=1,label=' 第二产业 ')
plt.bar(data_x,data_y3,alpha=0.6,width=width_val,facecolor='cyan',edgecolor=
'black',lw=1,label=' 第三产业 ')
```

在使用 bar( ) 函数绘制柱状图时，默认不会在柱形图上显示具体的数值。为了达到这一效果，可以通过调用 plt.text( ) 函数在数据图上输出文字。增加如下语句：

```
def add_labels(y_lists):
for x,y in enumerate(y_lists):
plt.text(x,y+100,'%s'%y,ha='center',va='bottom')
add_labels(data_y1)
add_labels(data_y2)
add_labels(data_y3)
```

运行结果如图 11-12 所示。

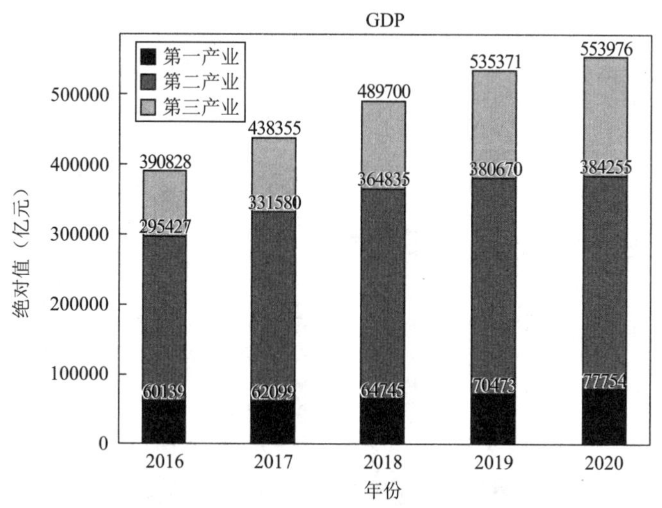

图 11-12　多个柱形图叠放显示

本例中，因需重复使用，以函数方式调用 text( )，其参数中 y+100 表示标签略高于 y 坐标显示，'%s' % y 表示将 y 坐标值输出为标签内容。

11.5.3　多个柱形图并列显示

多个柱形图并列是在相邻的横坐标显示多个不同的纵坐标值的效果，显示 N 个柱形图就需要 N 个 bar( ) 函数。通过 bar( ) 中的 width 参数来调节数据点的显示宽度，多个柱形图的宽度之和小于等于 1，也就是每个柱形图的宽度不能超过 1/N。本节修改例 11-7，实现多个柱形图并列显示。

1. 调整数据点坐标

首先，因为 x 轴坐标字符串数据，不能直接调节坐标位置，所以以 np.arange(len(data_x))（运算结果为 0，1，2，3，4）更换 bar( ) 函数中的 data_x 进行运算。

其次，因为一个 x 坐标要对应 3 个柱形，调整柱形宽度为 0.3，防止宽度溢出。

最后，为防止三个柱形重叠，第一个柱形向左平移 0.3 距离，第三个柱形向右平移 0.3 距离。在上节内容基础上，做出如下修改：

```
width_val=0.3
plt.bar(np.arange(len(data_x))-width_val,data_y1,alpha=0.6,width=width_val,
facecolor='deeppink',edgecolor='black',lw=1,label='第一产业')
```

```
plt.bar(np.arange(len(data_x)),data_y2,alpha=0.6,width=width_val,facecolor=
'darkblue',edgecolor='black',lw=1,label=' 第二产业 ')
plt.bar(np.arange(len(data_x))+width_val,data_y3,alpha=0.6,width=width_val,
facecolor='cyan',edgecolor='black',lw=1,label=' 第三产业 ')
```

运行结果如图 11-13 所示，柱形图的 x 轴的刻度值变成 0、1、2、3、4。

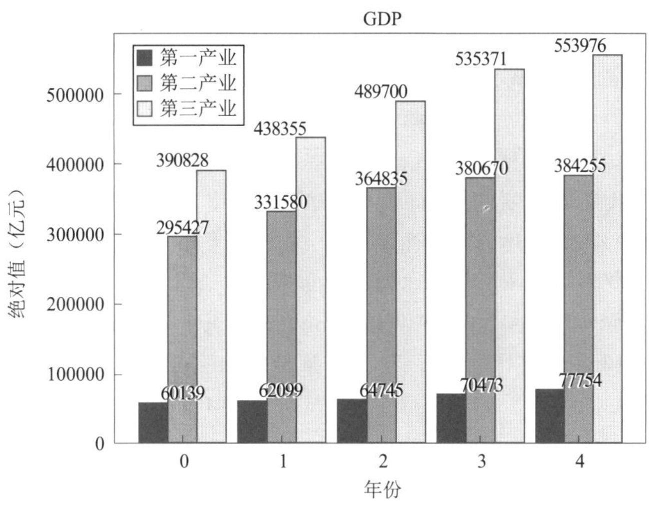

图 11-13　多个柱形图并列显示

2. 重设坐标轴刻度值

为了让 x 轴显示年份，用 plt.xticks( ) 函数修改 x 轴刻度值，相当于将年份作为标签覆盖掉原来的刻度，增加代码如下：

```
plt.xticks(np.arange(len(data_x)),data_x)
```

运行结果如图 11-14 所示。

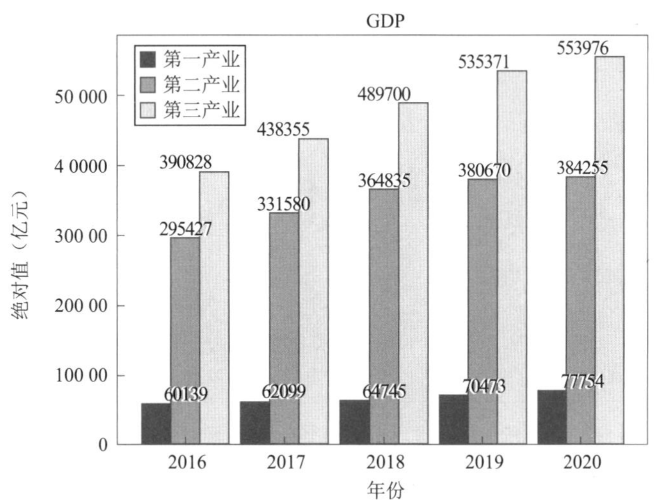

图 11-14　重设坐标轴刻度值

11.6 绘制雷达图

雷达图是以从同一点开始的轴上表示的三个或更多个定量变量的二维图表的形式显示多变量数据的图形方法。轴的相对位置和角度通常是无信息的。雷达图也称为网络图、星图、极坐标图等。它相当于平行坐标图，轴径向排列。雷达图典型应用是显示企业收益性、生产性、流动性、安全性和成长性等经营状况以便获得评价。上述指标的分布组合在一起非常像雷达的形状，因此而得名。

极坐标系，由极点、极轴和极径组成。坐标系原点 O 称为极点，从极点出发的一射线 OX 称为极轴，选定一个长度单位和角度的正方向（逆时针）后，平面上任一点 P 的位置可以用线段 OP 的长度 ρ 以及从 Ox 到 OP 的角度 θ 来确定。P 称为点 P 的极径（单位为 1），θ 称为点 P 的极角（单位为 rad 或°），有序数对 (ρ, θ) 称为点 P 的极坐标。

绘制极坐标图有两种方法：一种是在调用 subplot( ) 创建子图时通过设置 projection='polar'，然后调用 plot( ) 便可在极坐标系中绘图；另一种是使用 matplotlib.pyplot 库中的 polar( ) 函数，使用方法如下：

```
polar(theta,r,**kwargs)
```

theta：表示每个数据点所在射线与极径的夹角。

r：表示每个数据点到原点的距离。

kwargs：Line2D 属性，调用字典函数作为参数。

11.6.1 绘制一个简单的极坐标图

例 11-8 在极坐标中绘制 $y=x^2$。

```
import matplotlib.pyplot as plt
import numpy as np
x=np.arange(7)
y=x**2
fig=plt.figure(figsize=(10,5))           # 指定画布大小宽 5 英寸、高 10 英寸
ax=plt.subplot(1,2,2,projection='polar')
for xl,yl in zip(x,y):                   # 将 x,y 对应的元素打包成 tuples，然后返回由这些
tuples 组成的 list
plt.polar(xl,yl,'ro')
plt.text(xl,yl,'%d,%d'% (int(xl),int(yl)),ha='center',va='bottom')
                                         # 为坐标添加标注
plt.show()
```

运行结果如图 11-15（b）所示，图 11-15（a）为相同数据在二维坐标系内的显示效果。

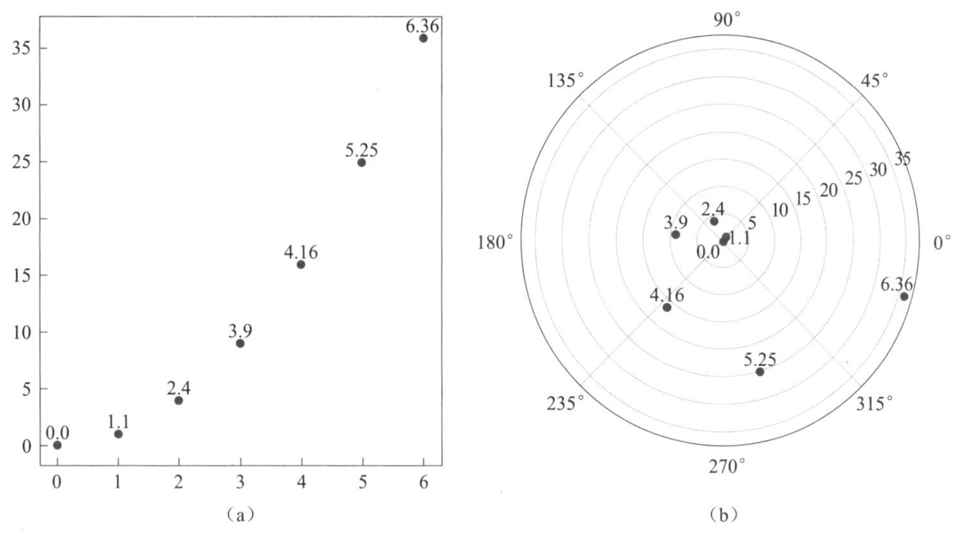

图 11-15　平面坐标系和极坐标系

11.6.2　绘制“战力”雷达图

例 11-9　通过雷达图展示马 × 和吉 × 两位球员的“战力值“对比。

1. 搭建图形结构

因有 6 个战力参数，需要将圆周 6 等分，polar( ) 函数的 theta 参数应为等分后的 6 个角度，并将各项战力数值代入 polar( ) 函数的 r 参数。具体代码如下：

```
import numpy as np
import matplotlib.pyplot as plt
plt.rcParams['font.family']='SimHei'
results=[{"力量": 5,"速度":5,"技术":5,"发球":5,"防守":5,"经验":5},
{"力量":5,"速度":4,"技术":4,"发球":2,"防守":2,"经验":5}]
fig=plt.figure(figsize=(8,6), dpi=100)                    #设置图形的大小
ax=plt.subplot(111,polar=True)                                  #新建一个子图
data_length=len(results[0])
angles=np.linspace(0,2*np.pi,data_length,endpoint=False)
                                                    #将极坐标根据数据长度进行等分
score=[[v for v in result.values()] for result in results]      #提取 results 数据
plt.polar(angles,score[0],'ro-',linewidth=2)
plt.polar(angles,score[1],'b.:',linewidth=1)
plt.legend(["马×","吉×"],loc='best')
plt.show()
```

运行结果如图 11-16 所示。代码中 linspace( ) 函数的第一个参数传入起始角度，第二参数传入结束角度，第三个参数传入分成多少等份，用于将极坐标系根据数据的维度进行等分。endpoint=False 表示首尾数据不重叠。

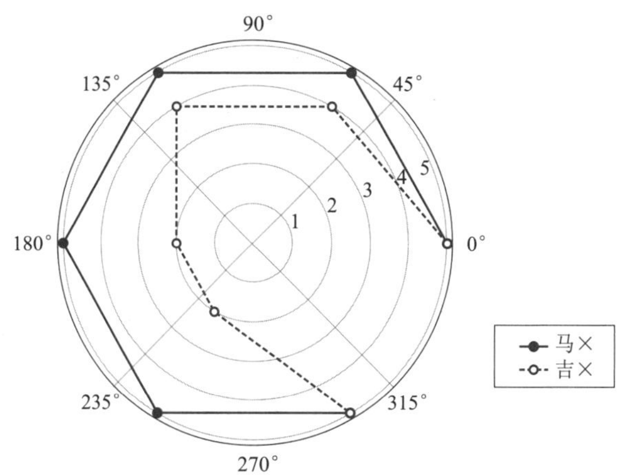

图 11-16 “战力”雷达图基本结构

2. 图形外观设置

(1) 设置连线闭合。连线没有闭合是因为起点和终点不同，所以需要在原始数据末尾增加一个值为起点的数据点，具体通过 concatenate( ) 函数实现。concatenate( ) 函数实现的是拼接功能，其中第一个参数是修改的对象，第二个参数是增加的数值。对应上例增加的实际是一个键值对。在 polar( ) 函数上方增加如下代码：

```
# 使雷达图数据封闭
score_a=np.concatenate((score[0],[score[0][0]]))
score_b=np.concatenate((score[1],[score[1][0]]))
angles=np.concatenate((angles,[angles[0]]))
labels=np.concatenate((labels,[labels[0]]))
```

将 polar( ) 函数中的参数 score[0] 和 score[1] 变更为 score_a 和 score_b。

(2) 添加网格标签。默认网格标签为角度，并且和数据点位置不对应，通过 set_thetagrids( ) 函数更改，增加如下代码：

```
ax.set_thetagrids(angles*180/np.pi,labels)          #设置雷达图指定位置添加标签显示
```

(3) 指定极坐标刻度位置。先通过 set_theta_zero_location( ) 函数指定 0 度起始位置，其位置参数有 "N"、"NW"、"W"、"SW"、"S"、"SE"、"E"、"NE" 八个方位。再通过 set_rlabel_position( ) 函数设置相对于起始角度的偏移量。增加如下代码：

```
ax.set_theta_zero_location('N')          #设置雷达图的 0 度起始位置
ax.set_rlabel_position(270)   #设置雷达图的坐标值显示角度，相对于起始角度的偏移量
```

(4) 设置图形标题。增加如下代码：

```
ax.set_title("战力对比")
```

(5) 颜色填充。增加如下代码：

```
ax.fill(angles,score_a,fc='r',alpha=0.6)
ax.fill(angles,score_b,fc='b',alpha=0.6)
```

最终显示效果如图 11-17 所示。

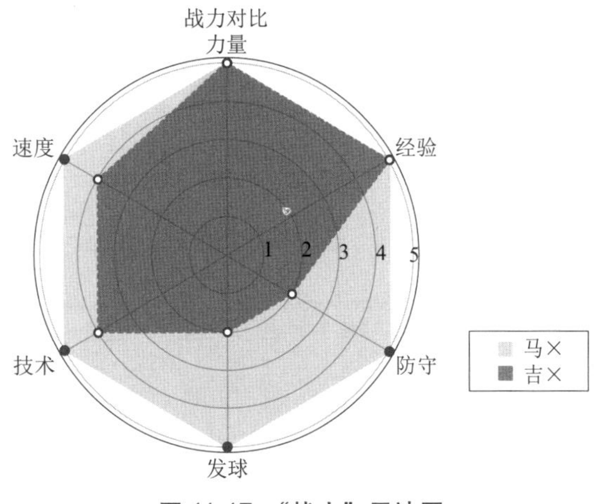

图 11-17 “战力”雷达图

11.7 绘制三维图形

Matplotlib 最开始被设计为仅支持二维的图表。到 1.0 版本发布以后，已经构建出了一套相对完整的用于三维数据可视化的工具。绘制三维图表需要使用先载入 mplot3d 工具包操作相应对象，该工具包会随 Matplotlib 自动安装，导入方法如下：

```
from mpl_toolkits import mplot3d
```

工具包导入后，三维坐标系就可通过关键字 projection=3d 创建。创建三维子图有两种方法，如下所示：

```
ax=Axes3D(fig)
```

或

```
fig=plt.figure()
ax=fig.add_subplot(111, projection='3d')
```

11.7.1 绘制三维曲线

plot3D( ) 函数用于绘制三维曲线及散点图，用法与折线图函数 plot( ) 类似，使用方法如下：

```
plot3D(xs, ys, zs, zdir='z', **kwargs)
```

xs,ys,zs：各轴上的坐标值。
zdir：取值 ('x'，'y' 或 'z')，绘制 2D 数据时，使用的方向为 z。
例 11-10 绘制三维曲线图。

```
import numpy as np
```

```
import matplotlib.pyplot as plt
from mpl_toolkits import mplot3d
fig=plt.figure()
ax=plt.subplot(111,projection='3d')
z=np.linspace(0,10,1000)
x=np.sin(z)
y=np.cos(z)
ax.plot3D(x,y,z,'ro')
plt.show()
```

运行结果如图 11-18 所示。

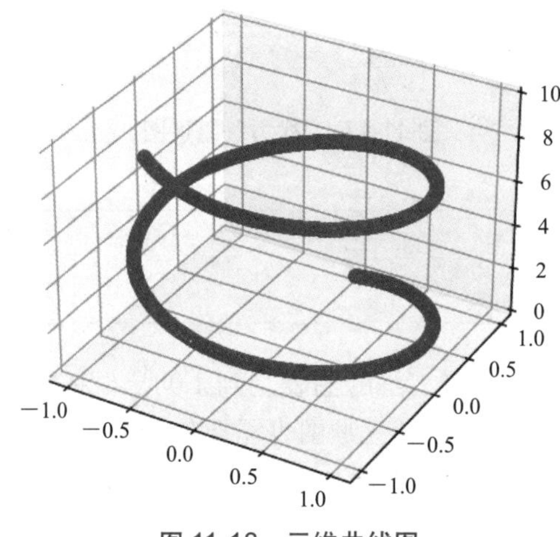

图 11-18　三维曲线图

11.7.2　绘制三维柱形图

bar3D( ) 函数用于绘制三维柱形图，使用方法如下：

```
bar3d(x,y,z,dx,dy,dz,color=None,zsort='average',shade=True,lightsource=None,
*args,data=None,**kwargs)
```

x,y,z：各轴上的坐标值。

dx,dy,dz：柱形的宽度、深度和高度。

color：柱形表面颜色。

例 11-11　用三维柱形图实现例 11-7 的过程。

```
import numpy as np
import matplotlib.pyplot as plt
import mpl_toolkits.mplot3d
plt.rcParams['font.family']='SimHei'        # 指定标签字体，解决中文乱码
datas=[{'2016':60139,'2017':62099,'2018':64745,'2019':70473,'2020':77754},
{'2016':295427,'2017':331580,'2018':364835,'2019':380670,'2020':384255},
{'2016':390828,'2017':438355,'2018':489700,'2019':535371,'2020':553976}]
```

```
    z1, z2, z3=[[v for v in data.values()] for data in datas]
    years=[key for key in datas[0].keys()]
    fig=plt.figure()
    ax=plt.subplot(111, projection='3d')
    #np.zeros_like() 使对应坐标轴起始坐标为 0
    ax.bar3d(x=0,y=np.arange(len(z1)),z=np.zeros_like(z1),dx=0.1,dy=0.3,dz=z1,
color='r')
    ax.bar3d(x=1,y=np.arange(len(z2)),z=np.zeros_like(z2),dx=0.1,dy=0.3,dz=z2,
color='b')
    ax.bar3d(x=2,y=np.arange(len(z3)),z=np.zeros_like(z3),dx=0.1,dy=0.3,dz=z3,
color='g')
    ax.set_title('GDP',fontsize=20)            # 标题，并设定字号大小
    ax.set_xlabel(u'产业',fontsize=14)         # 设置 x 轴，并设定字号大小
    ax.set_ylabel(u'年份',fontsize=14)         # 设置 y 轴，并设定字号大小
    ax.set_zlabel('产值（亿元）')
    ax.set_yticks(np.arange(len(years)), years)
    ax.set_xticks(np.arange(len(datas)), ['第一产业', '第二产业', '第三产业'])
    plt.show()                                 # 显示图像
```

运行结果如图 11-19 所示。

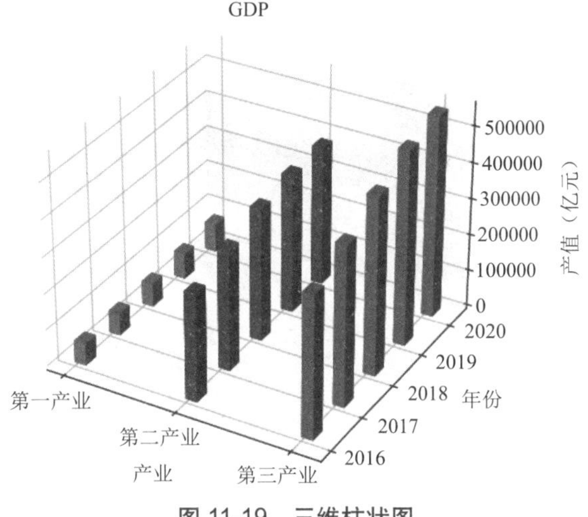

图 11-19　三维柱状图

11.7.3　绘制三维曲面图

plot_surface( ) 函数用于绘制三维柱形图，使用方法如下：

```
    plot_surface(X,Y,Z,*args,norm=None,vmin=None,vmax=None,lightsource=None,
**kwargs)
```

X，Y，Z：表示各轴上的坐标值，2D 数组形式的数据值。

rstride,cstride：默认值为 10，分别控制 x 和 y 方向的步长，两个参数决定曲面最小单位的大小。

color：曲面表面斑块的颜色。

cmap：指定曲面表面斑块的颜色映射表，常用值为 "rainbow"。

例 11-12 绘制三维曲面图。

```
import matplotlib.pyplot as plt
import numpy as np
from mpl_toolkits.mplot3d import Axes3D
fig=plt.figure()                    # 定义 figure
ax=Axes3D(fig,auto_add_to_figure=False)
fig.add_axes(ax)
x=np.arange(-4,4,0.2)               # 定义 x, y
y=np.arange(-4,4,0.2)
X, Y=np.meshgrid(x,y)               # 生成网格数据
Z=np.sin(X,+Y)
ax.plot_surface(X,Y,Z,rstride=1,cstride=1,cmap=plt.get_cmap('coolwarm'))     #
绘制 3D 曲面
ax.set_zlim(-2,2)                   # 设置 z 轴的刻度范围
plt.show()
```

运行结果如图 11-20 所示。

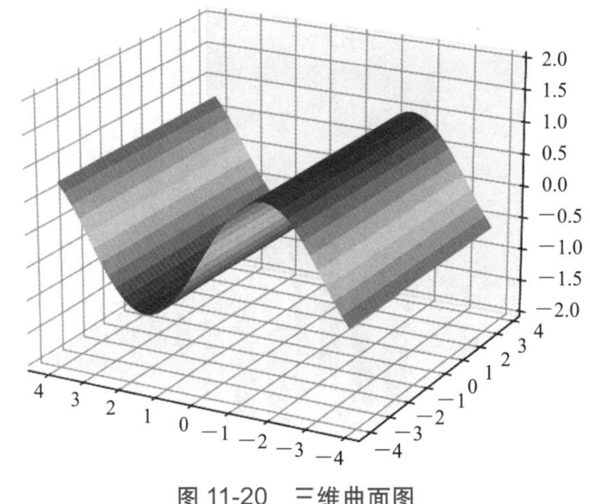

图 11-20 三维曲面图

11.8 实训案例

11.8.1 制作 Matplotlib 版本号时间线

1. 任务描述

如图 11-21 所示，需要使用 Matplotlib 近期的版本号，以及对应版本发布的日期创建一个时间线，对于每个事件，通过注释添加一个文本标签，该标签以事件线顶端的点为单位进行偏移。本

例为 Matplotlib 官方示例。

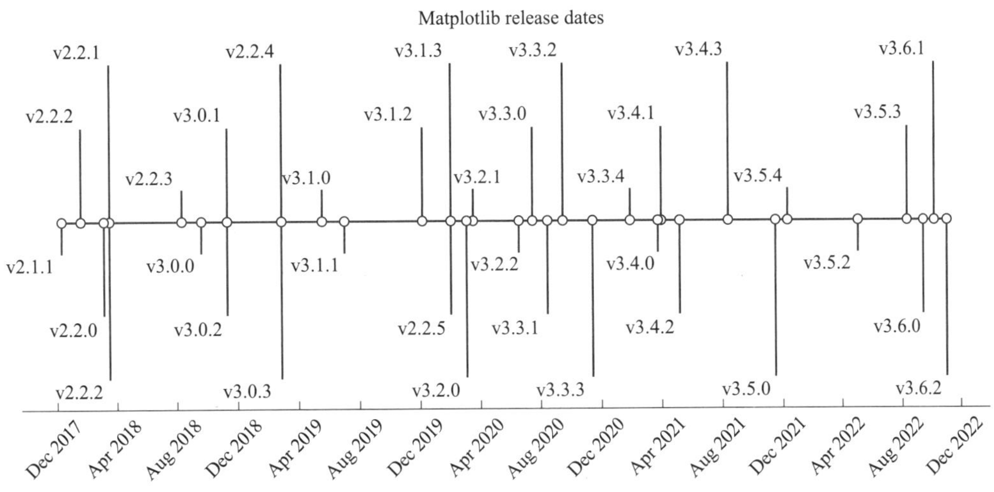

图 11-21　Matplotlib 版本号时间线效果图

2. 实现思路

（1）使用 urllib.request 模块的 read 方法从 GitHub 中提取数据（避免网络因素影响，手动创建相关数据作为备用）。

（2）创建一个版本号在水平方向上随着时间变化的茎图。

（3）从效果上看，版本号以注释的形式添加并会高低错峰按一定的周期显示，横轴等间距的显示年月刻度。

3. 代码实现

```
import matplotlib.pyplot as plt
import numpy as np
import matplotlib.dates as mdates
from datetime import datetime
try:
    import urllib.request
    import json
    url='https://api.github.com/repos/matplotlib/matplotlib/releases'
                                                            # 获取数据地址
    url+='?per_page=50'                                     # 控制每页数据显示的数量
    data=json.loads(urllib.request.urlopen(url=url).read().decode())
                                                            # 以 json 格式读回数据
    dates=[]
    names=[]
    for item in data:
        if 'rc' not in item['tag_name'] and 'b' not in item['tag_name']:
            dates.append(item['published_at'].split("T")[0])
            names.append(item['tag_name'])
```

```
    # Convert date strings (e.g. 2014-10-18) to datetime
    dates=[datetime.strptime(d, "%Y-%m-%d") for d in dates]
except Exception:
    # In case the above fails, e.g. because of missing internet connection
    # use the following lists as fallback.
    names=['v2.2.4', 'v3.0.3', 'v3.0.2', 'v3.0.1', 'v3.0.0', 'v2.2.3',
            'v2.2.2', 'v2.2.1', 'v2.2.0', 'v2.1.2', 'v2.1.1', 'v2.1.0',
            'v2.0.2', 'v2.0.1', 'v2.0.0', 'v1.5.3', 'v1.5.2', 'v1.5.1',
            'v1.5.0', 'v1.4.3', 'v1.4.2', 'v1.4.1', 'v1.4.0']
    dates=['2019-02-26', '2019-02-26', '2018-11-10', '2018-11-10',
            '2018-09-18', '2018-08-10', '2018-03-17', '2018-03-16',
            '2018-03-06', '2018-01-18', '2017-12-10', '2017-10-07',
            '2017-05-10', '2017-05-02', '2017-01-17', '2016-09-09',
            '2016-07-03', '2016-01-10', '2015-10-29', '2015-02-16',
            '2014-10-26', '2014-10-18', '2014-08-26']
dates=[datetime.strptime(d, "%Y-%m-%d") for d in dates]    # 由字符串格式转化为日期格式
# 将版本号在纵轴方向按 -5, 5, -3, 3, -1, 1 高低错峰显示
levels=np.tile([-5, 5, -3, 3, -1, 1], int(np.ceil(len(dates)/6)))[:len(dates)]
fig, ax=plt.subplots(figsize=(10, 5), constrained_layout=True)
                                                            # 创建画布，内容显示自适应
ax.set(title="Matplotlib release dates")                    # 设置标题
ax.vlines(dates, 0, levels, color="tab:red")                # 绘制 x 序列的垂直线图
ax.plot(dates, np.zeros_like(dates), "-o",color="k", markerfacecolor="w")
                                                            # 以圆圈描点绘制基线
# 添加注释
for d, l, r in zip(dates, levels, names):
    ax.annotate(r,                                          # 注释的文字内容
                xy=(d, l),                                  # 需要添加注释的点位坐标
                xytext=(-3, np.sign(l)*3), textcoords="offset points",
                                                            # 注释放置的位置（偏移量）
                horizontalalignment="right",
                verticalalignment="bottom" if l > 0 else "top")
ax.xaxis.set_major_locator(mdates.MonthLocator(interval=4))
                                                            # 设置横坐标每 4 个月为一刻度
ax.xaxis.set_major_formatter(mdates.DateFormatter("%b %Y"))
plt.setp(ax.get_xticklabels(), rotation=30, ha="right") # 设置横轴刻度样式
ax.yaxis.set_visible(False)                                 # 移除纵坐标轴及刻度
ax.spines[["left", "top", "right"]].set_visible(False)    # 不显示坐标系左、上、右边框
ax.margins(y=0.1)
plt.show()
```

代码中，np.tile( ) 可将给定的数组按指定的坐标轴方向复制多倍，此处实现错峰显示的同时，将数组 [-5, 5, -3, 3, -1, 1] 多周期重复，[:len(dates)] 实现显示 dates 中实际的数据个数。此时可以显示时间线基本的框架，如图 11-22 所示。

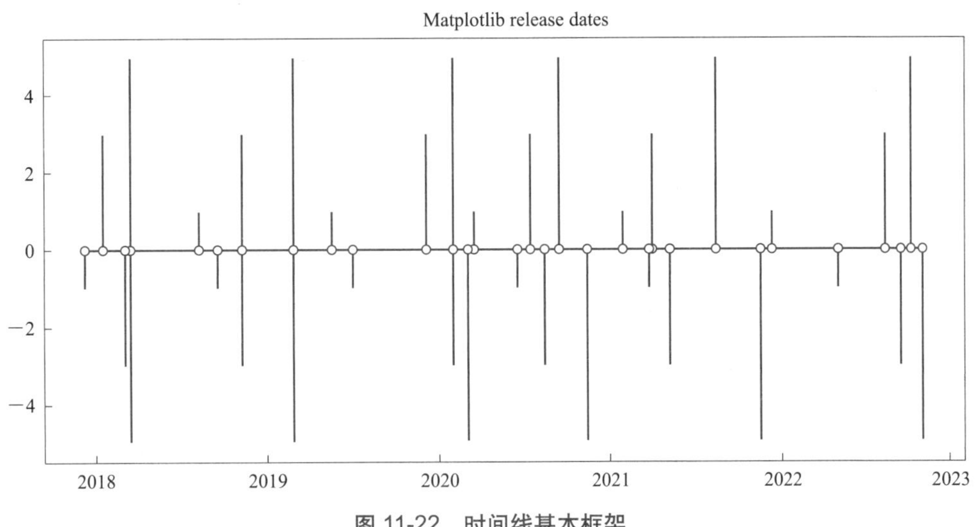

图 11-22　时间线基本框架

使用 ax.annotate( ) 方法实现显示注释功能，函数中 r 为将要在图中显示的注释文本内容，xy 为被注释点的坐标，xytext 为注释文本显示的坐标（为有良好显示效果，相对被注释点偏移一定距离放置），horizontalalignment 为被注释点相对水平方向的位置，verticalalignment 为被注释点相对垂直方向的位置。Matplotlib 会自动绘制日期时间输入，如图 11-23 所示，画布显示的坐标轴和坐标刻度还不符合要求。

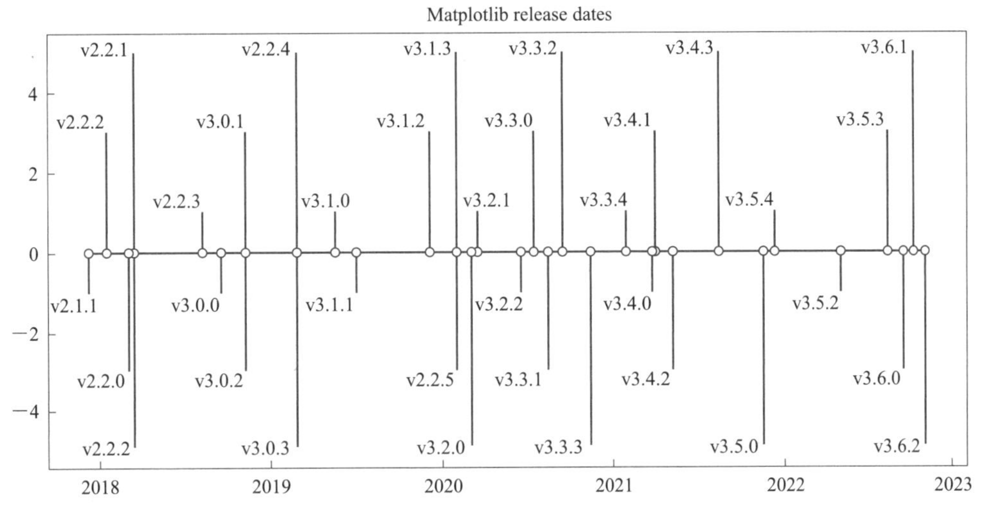

图 11-23　横轴默认效果

通过调整坐标轴及边框显示，最终效果与图一致。

11.8.2　制作 NumPy 标志的 3D 体素图

1. 任务描述

NumPy 标志经历过若干次演变，其中有个版本如图 11-24 所示，请绘制此 NumPy 三维标志。本例为 Matplotlib 官方示例。

图 11-24　NumPy 标志

2. 实现思路

(1) 根据题目要求，首先分析图形结构为 3 行 4 列 4 层由 111 大小的体素组成的长方体。

```
import matplotlib.pyplot as plt
import numpy as np
n_voxels=np.ones((4,3,4), dtype=bool)              # 创建元素全为 1 的数组，准备一组体素坐标
ax=plt.figure().add_subplot(projection='3d')       # 绘制
ax.voxels(n_voxels)                                # voxels() 函数用于绘制一组填充体素
plt.show()
```

创建体素用到是 Matplotlib 中的 voxels( ) 函数。效果如图 11-25（a）所示。

(2) 从图 11-25（a）可以看到，虽然创建了 4×3×4 个体素，但是体素与体素之间没有间隙，并不美观，接下来制作间隙效果。

```
size=np.array(n_voxels.shape)*2       #size=[8 6 8]
filled=np.zeros(size -1, dtype=n_voxels.dtype)  #size=[7 5 7]，创建 7×5×7 全 0 数组
filled[::2,::2,::2]=n_voxels                    # 以 2 为步长，将标号 0 2 4 6…元素置 1
ax=plt.figure().add_subplot(projection='3d')
ax.voxels(filled)
plt.show()
```

为了让体素与体素之间有间隙，可以对 4×3×4 的体素进行“上采样”，即构建一个 7×5×7 的体素，然后在每一个维度，让处于两个体素中间的体素不显示，即可产生间隙的效果。

(3) 从图 11-25（b）空隙有了但间距不合适，此时可以使用 voxels( ) 函数的可选参数 [x, y, z] 控制每一个 voxel 的顶点位置，进而控制间隙的大小。添加如下代码：

```
    x, y, z=np.indices(np.array(filled.shape)+1).astype(float)//2      #x 和 z 轴把索引范围
从 [0 1 2 3 4 5 6 7] 转换为 [0 0 1 1 2 2 3 3]，这样 x 和 z 范围就回到了 0 ～ 3，y 范围回到了 0 ～ 2
    x[0::2,:,:]+=0.05
    y[:,0::2,:]+=0.05
    z[: :,0::2]+=0.05
    x[1::2,:,:]+=0.95
    y[:,1::2,:]+=0.95
    z[:,:,1::2]+=0.95      # 将每个体素每条边长范围从 0 ～ 1 变为 0.05 ～ 0.95，则体素间隙为 0.1
```

修改之前的 ax.voxels(filled)，增加可选参数 x,y,z，变为如下形式：

```
ax.voxels(x,y,z,filled)
```

运行结果如图 11-25（c）所示。

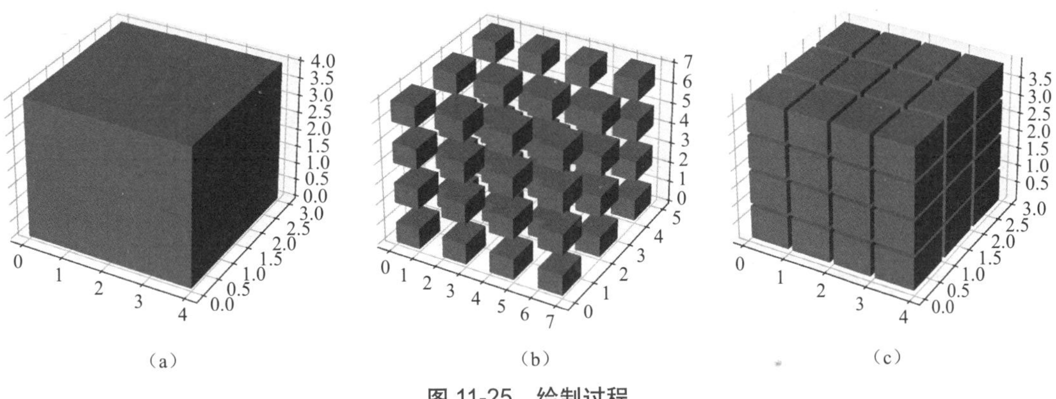

图 11-25 绘制过程

（4）体素设计颜色时，将图 11-25（c）中正面第 1 和第 4 整列、第 2 列第 3 个体素及第 3 列第 2 个体素设为黄色（#FFD65DC0），其余体素设为紫色（#7A88CCC0）。具体利用 np.where( ) 方法对不同体素的颜色进行区分。

3. 代码实现

```
import matplotlib.pyplot as plt
import numpy as np
def explode(data):
    size=np.array(data.shape)*2
    data_e=np.zeros(size -1,dtype=data.dtype)
    data_e[::2,::2,::2]=data                  # 以 2 为步长，将标号 0 2 4 6…元素置 1
    return data_e
n_voxels=np.zeros((4,3,4), dtype=bool)       # 创建 (4, 3, 4) 全 0 三维数组
n_voxels[0,0,:]=True
n_voxels[-1,0,:]=True
n_voxels[1,0,2]=True
n_voxels[2,0,1]=True
facecolors=np.where(n_voxels,'#FFD65DC0', '#7A88CCC0')     # 小方块颜色
edgecolors=np.where(n_voxels,'#BFAB6E','#7D84A6')          # 边线颜色
filled=np.ones(n_voxels.shape)
# 对上述体素图像进行升尺度，留下空隙
filled_2=explode(filled)
fcolors_2=explode(facecolors)
ecolors_2=explode(edgecolors)
# 收缩空隙
x,y,z=np.indices(np.array(filled_2.shape)+1).astype(float)//2
        # 把索引范围从 [0 1 2 3 4 5] 转换为 [0 0 1 1 2 2]，这样 x,y,z 范围就回到了 0 ～ 3
x[0::2,:,:]+=0.05
y[:,0::2,:]+=0.05
```

```
z[:,:,0::2]+=0.05
x[1::2,:,:]+=0.95
y[:,1::2,:]+=0.95
z[:,:,1::2]+=0.95
ax=plt.figure().add_subplot(projection='3d')
ax.voxels(x,y,z,filled_2,facecolors=fcolors_2,edgecolors=ecolors_2)
ax.set_aspect('auto')
plt.show()
```

代码运行结果如图 11-26 所示。

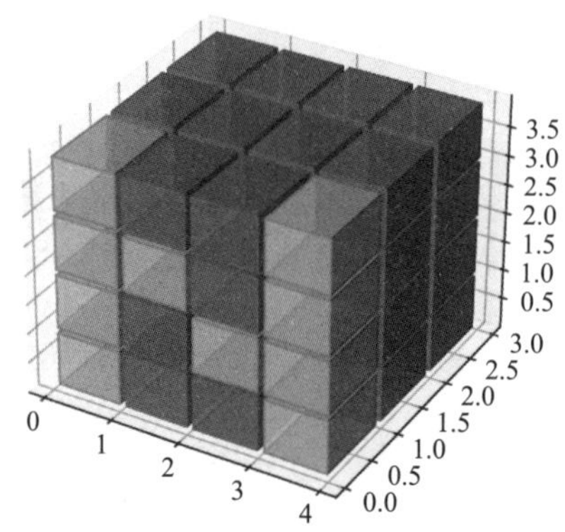

图 11-26　NumPy 标志的 3D 体素图

本章小结

本章主要为大家介绍了数据可视化和 Matplotlib 的入门知识，包括数据可视化概述、常见的数据可视化库、初识 Matplotlib 库、使用 Matplotlib 库绘制第一个图表。通过对本章的学习，希望读者可以理解可视化的过程和方式，能够独立搭建开发环境，并对 Matplotlib 开发有一个初步的认识，为后续的学习做好铺垫。

拓展阅读

改革开放 40 多年来，中国迅速缩短了同发达国家在信息通信领域的差距，甚至在 5G、量子计算、光通信等很多领域已经呈现出后来居上的态势。

当前，我国迈上全面建设社会主义现代化国家、向第二个百年奋斗目标进军新征程，比历史上任何时期都更接近、更有信心和能力实现中华民族伟大复兴的目标。而实现这一目标，必须把科技自立自强作为我国现代化建设的基础性、战略性支撑，下好科技创新“先手棋”。

第一，加强基础研究，夯实科技自立自强根基。基础研究是科技创新的“总开关”，是整个科学体系的源头。我国研究投入逐年增长，一些关键核心技术已经实现突破。

第二，发挥体制优势，强化科技自立自强制度保障。当前世界科技强国竞争，比拼的是国家战略科技力量。面对科技创新的趋势和风险挑战考验，我们需要加快科技发展，抓住战略机遇期，通过体制机制改革，充分发挥国家作为重大科技创新组织者的作用，发挥国家在宏观调控和顶层设计上的作用，推动关键核心技术攻关，布局和抢占科技制高点，通过构建系统完备、科学高效的体制机制引导政府、市场和社会各方劲往一处使，拧成一股绳，下好一盘棋，加快建设科技强国。

第三，发挥企业科技创新主体作用，提升科技自立自强效能。企业是创新主体和微观基础，党的二十大对强化企业科技创新主体地位作出明确部署，企业从“技术创新主体”转变为“科技创新主体”，这一转变对企业参与科技活动提出了更高要求。加快实现高水平科技自立自强，需要进一步强化企业主体地位，推进创新链产业链资金链人才链深度融合，发挥科技型骨干企业引领支撑作用，促进科技型中小微企业健康成长，不断提高科技成果转化和产业化水平，着力打造具有全球影响力的产业科技创新中心。

党的二十大报告强调，“加快实现高水平科技自立自强”“集聚力量进行原创性引领性科技攻关，坚决打赢关键核心技术攻坚战”。这就激励我们必须坚持原始创新、集成创新、开放创新一体设计，加快向源头创新、引领式创新跃升，向全球科技创新高地迈进。科技兴则民族兴，科技强则国家强。面向未来，锚定战略目标，勇攀科技高峰，破解发展难题，我们将在日趋激烈的国际竞争中把握主动、赢得未来，创造更多发展奇迹。

思考与练习

简答题

1. 在同一图片中绘制函数 $y=x^2$，$y=\ln(x)$ 以及 $y=\sin(x)$。
2. 绘制函数 $y=\sin(x)$ 上的点。
3. 绘制多组条形图，比较不同年份相应季度的销量。
4. 绘制饼图，对比列表 [10, 15, 30, 20] 数量间的相对关系。

第 12 章 pandas 模块

知识目标

• 掌握 pandas 模块中 Series 和 DataFrame 的基本用法。

能力目标

• 通过本章学习，提高学习能力，能对 pandas 代码独立阅读和独立修改。

素质目标

• 学会 pandas 模块，能结合实际应用，编写解决问题的代码。

pandas 是基于 NumPy 构建的一种数据分析工具包，它围绕 Series 和 DataFrame 两个核心数据结构展开。Series 类似一维数组结构，DataFrame 是二维表格型数据结构。本章将从以下几个方面完成对 pandas 模块的学习。

• pandas 基本操作。
• pandas 数据选择。
• pandas 数据添加与删除。
• pandas 读取与写入文件。
• pandas 丢失数据处理。
• pandas 数据合并。

12.1 pandas 基础操作

在 Anaconda 中已包含 pandas 库，可直接通过模块导入，使用 import 方法将 pandas 自定义别名，通常以 pd 取名。在 PyCharm 中使用时需要先安装 pandas 库。导入库方法如下：

```
import pandas as pd
```

pandas 可以通过 series( ) 函数完成对 series 的创建，通过对其进行调用相应的方法与属性，可以进行数据的处理。参数说明见表 12-1。

表 12-1　series( ) 函数参数说明

参数数称	描　述	参数数称	描　述
data	输入数据	dtype	数据类型
index	索引值	copy	对 data 进行复制，默认值 False

例 12-1　创建 Series。

```
import pandas as pd
s1=pd.Series([2,0,-5,3])
print(s1)
print(s1.values)
print(s1.index)
```

运行结果如下：

```
0 2
1 0
2-5
3 3
dtype: int64
[ 2 0 -5 3]
RangeIndex(start=0,stop=4,step=1)
```

本例中，通过 serie( ) 函数建立了自定义 series，中括号中填入的值为自定义数据。通过打印结果可知，如果没有指定索引，它将从 0 自动生成索引。数据类型默认 int64。查看 s1 的值与索引的方法分别是 s1.values 和 s1.index，

例 12-2　创建自定义索引的 Series。

```
import pandas as pd
s2=pd.Series([2,0,-5,3],index=[11,22,33,44])
print(s2)
```

运行结果如下：

```
11 2
22 0
33-5
44 3
dtype: int64
```

本例中，通过 index 参数可以指定 Series 的索引。

例 12-3 Series 的数据读取。以例 12-2 中 s2 为例。

```
s2[33]
```

运行结果如下：

```
-5
```

本例中，Series 可以当作一个定长的有序键值对，其中索引就是该 Series 的键。访问时，通过索引直接可以把值提取。如例 12-2 中，读取索引为 33 的值，方法为将中括号内填入索引值。

DataFrame 是一个表格型的数据结构，它有行索引和列标签，pandas 可以通过 DataFrame( ) 函数完成对 seDataFrameries 的创建，通过对其进行调用相应的方法与属性，可以进行数据的处理。参数说明见表 12-2。

表 12-2 DataFrame( ) 函数参数说明

data	输入数据	data	输入数据
index	行标签	dtype	数据类型
columns	列标签	copy	对 data 进行拷贝，默认值 False

例 12-4 表 12-3 是一张学生成绩单，其中有 4 门成绩，4 名同学，采用 pandas 进行处理，创建 DataFrame。

表 12-3 学生成绩表

名字	语文	数学	英语	政治
Eric	99	100	99	90
Bob	87	100	87	87
Tim	66	89	87	86
Jim	70	80	85	87

```
import pandas as pd
data={ "语文":[99,87,66,70],
"数学":[100,100,89,80],
"英语":[99,87,87,85],
"政治":[90,87,86,87],
}
df1=pd.DataFrame(data,index=["Eric","Bob","Tim","Jim"] )
print(df1)
```

运行结果如下：

```
        语文   数学   英语   政治
Eric    99    100    99    90
Bob     87    100    87    87
Tim     66     89    87    86
Jim     70     80    85    87
```

本例中，通过建立字典 data，作为 DataFrame 的数据，并且字典的键将会作为数据的列标签。通过 index 可以自定义其行索引号。

小提示：在 Anaconda 或 Jupyter Notebook 中，以 display( ) 函数输出，会以表格形式显示结果，如图 12-1（a）所示。在 PyCharm 中 display( ) 函数与 print( ) 函数一样以文本形式输出结果，但默认的设置会使表头与数据错位显示，如图 12-1（b）所示，如需调整显示效果，先在“设置→编辑器→配色方案”中调整配色方案字体为中文字体，如“YouYuan”，然后在代码中添加以下字段：

```
pd.set_option('display.unicode.ambiguous_as_wide', True)
pd.set_option('display.unicode.east_asian_width', True)
```

输出显示将变为如图 12-1（c）所示的效果。

(a)

	语文	数学	英语	政治
Eric	99	100	99	90
Bob	87	100	87	87
Tim	66	89	87	86
Jim	70	80	85	87

(b)

```
        语文    数学   英语   政治
Eric  99  100  99  90
Bob   87  100  87  87
Tim   66   89  87  86
Jim   70   80  85  87
```

(c)

```
        语文  数学  英语  政治
Eric     99   100    99    90
Bob      87   100    87    87
Tim      66    89    87    86
Jim      70    80    85    87
```

图 12-1　display() 输出效果及调整

例 12-5　查看例 12-4 中生成的 df1 的基本属性。

```
print(df1.columns )
print(df1.index )
print(df1.values )
print(df1.describe()) # 在 Anaconda 或 Jupyter Notebook 中不需要 print 就可显示结果
```

运行结果如下：

```
Index(['语文','数学','英语','政治'], dtype='object')
Index(['Eric','Bob','Tim','Jim'], dtype='object')
[[ 99 100 99 90]
 [ 87 100 87 87]
 [ 66 89 87 86]
 [ 70 80 85 87]]
          语文         数学         英语         政治
count   4.00000    4.000000    4.000000    4.000000
mean   80.50000   92.250000   89.500000   87.500000
std    15.32971    9.673848    6.403124    1.732051
min    66.00000   80.000000   85.000000   86.000000
```

```
25%     69.00000   86.750000  86.500000  86.750000
50%     78.50000   94.500000  87.000000  87.000000
75%     90.00000  100.000000  90.000000  87.750000
max     99.00000  100.000000  99.000000  90.000000
```

本例中，查看数据的列索引可以通过 .columns 完成查询。查看数据的行索引可以通过 .index 完成查询。查看数据值可以通过 .values 完成查询。其中，describe 函数可以对表格中的信息进行统计，它可以找到每一项的平均值、最大值、最小值等信息。

例 12-6 创建 DataFrame，对其进行行列排序。

```
import pandas as pd
data={ "A":[99,87,66,70],
 "C":[100,100,89,80],
  "D":[99,87,87,85],
  "B":[90,87,86,87],
  }
df2=pd.DataFrame(data,index=["3","2","1","4"] )
print(df2)
print(df2.sort_index(axis=0))
print(df2.sort_index(axis=1))
```

运行结果如下：

```
    A    C   D   B
3  99  100  99  90
2  87  100  87  87
1  66   89  87  86
4  70   80  85  87
    A    C   D   B
1  66   89  87  86
2  87  100  87  87
3  99  100  99  90
4  70   80  85  87
    A   B    D   B
3  99  90  100  99
2  87  87  100  87
1  66  86   89  87
4  70  87   80  85
```

本例中，创建按“3214”排列行的 DataFrame 后，使用 sort_index( ) 函数可以对其行与列进行排序，当 axis=0 时，将对其进行排序，由初始时的行标签 3214 变为 1234。当 axis=1 时，将对其进行列排序，由初始时的列标签 ACDB 变为 ABCD。

12.2 pandas 数据选择

本节将使用例 12-4 中生成的 DataFrame，对数据选择进行学习。

例 12-7　提取例 12-4 生成的 DataFrame 中的“语文”列数据。

```
print(df1["语文"])
```

运行结果如下：

```
Eric 99
Bob 87
Tim 66
Jim 70
Name: 语文,dtype: int64
```

本例中，中括号中填入列标签，可以直接把该 DataFrame 中的该列数据以 Series 的形式保留，本例可看出提取的数据保留了所有行标签。

例 12-8　提取例 12-4 生成的 DataFrame 中的第 0 行到第 1 行。

```
print(df1[0:2])
```

运行结果如下：

```
      语文  数学  英语  政治
Eric   99  100   99   90
Bob    87  100   87   87
```

本例中，提取 DataFrame 的第 0 行和第 1 行，可在中括号里填入相应信息，冒号前是起始行，冒号后的数字代表提取数据直到本行前。本例中的 [0:2] 代表提取行数据由第 0 行开始，第 2 行之前，即为第一行，结束。

也可以通过行索引，起止行分别填入中括号的冒号两边即可实现。例如：

```
print(df1['Eric':'Bob'])
```

例 12-9　在例 12-4 生成的 DataFrame 中，通过索引选择数据。

```
display(df1.loc["Eric",'语文':'英语'])
```

运行结果如下：

```
语文 99
数学 100
英语 99
Name: Eric,dtype: int64
```

本例中，通过 loc 函数可以提取某一行的某些信息，本例中，提取了 Eric 的语文到英语的成绩信息。在中括号中，以逗号分隔，逗号前是要读取的行信息。逗号后要提取列信息，以冒号为分隔，冒号前是列的起始位置，冒号后是列的终止位置。

```
print(df1.loc[["Eric","Jim"] ,['语文','英语']])
```

运行结果如下：

```
        语文  英语
Eric    99   99
Jim     70   85
```

本例中，上例代码是通过 loc 函数提取了行索引 ERIC 和 JIM 的语文和英语信息。以逗号为分隔，逗号前是提取的行信息，逗号后是列信息。要提取的行信息由于是独立的，所以以中括号中填入起止行信息即可提取行数据。列数据同理。

例 12-10 在例 12-4 生成的 DataFrame 中，通过位置选择数据。

```
print(df1.iloc[0,0:2])
```

运行结果如下：

```
语文 99
数学 100
Name: Eric,dtype: int64
```

本例中，本例代码是通过 iloc 函数提取了行索引 ERIC 的语文和数学成绩，其中，Eric 属于第 0 行，语文和数学成绩分别是第 0 列和第 1 列，中括号中以逗号分隔，逗号前是行信息，逗号后是列信息。逗号前 0 代表提取第 0 行，逗号后的冒号代表提取列的信息。0：2 代表提取第 0 列直到第 2 列前。即提取 0 列和 1 列数据。

12.3 pandas 数据添加与删除 DataFrame

12.3.1 增加列

数据添加与删除

例 12-11 对例 12-4 生成的 DataFrame 数据增加一列数据。

```
df1["体育"]=[87,60,99,85]
print(df1)
```

运行结果如下：

```
        语文      数学    英语    政治    体育
Eric    99       100     99      90      87
Bob     87       100     87      87      60
Tim     66        89     87      86      99
Jim     70        80     85      87      85
```

本例中，上例代码可在列方向添加一新的列数据，其中，有 4 行数据，所以添加列数据时，应该保证行数据的个数，如果所添加数据不够，系统以 NaN 填充。

12.3.2　增加行

例 12-12　对例 12-4 生成的 DataFrame 数据增加一行数据。

```
df1.loc["lili",["语文","数学","英语","政治","体育"]]=[100,98,78,80,90]
print(df1)
```

运行结果如下：

```
        语文     数学     英语    政治    体育
Eric    99.0    100.0    99.0    90.0    NaN
Bob     87.0    100.0    87.0    87.0    NaN
Tim     66.0    89.0     87.0    86.0    NaN
Jim     70.0    80.0     85.0    87.0    NaN
lili   100.0    98.0     78.0    80.0    90.0
```

本例中，通过上例方法，可以在行方向添加一条新的行数据。使用 loc 函数，中括号内逗号前是行索引标签，逗号后是添加的列标签信息。

12.3.3　删除

例 12-13　删除例 12-12 中新增的一行数据。

```
df1=df1.drop(["lili"],axis=0)
```

本例中，通过 drop 函数，可以删除数据，axis 参数为 0 代表删除的是行，为 1 代表删除的是列。

12.4　pandas 读取与写入文件

pandas 可以读取外部文件对其进行数据处理，本小结将读取外部 Excel 文件 test 进行数据处理，并生成新的文件进行保存。

12.4.1　读取 Excel 文件

例 12-14　读取 test.xls 文件，并进行数据处理。

```
import pandas as pd
file=pd.read_excel(r'test.xls')
print(file)
```

运行结果如下：

```
   名字     语文    数学    英语    政治
0  Eric     99     100     99      90
1  Bob      87     100     87      87
2  Tim      66     89      87      86
3  Jim      70     80      85      87
```

本例中，通过 read_excel( ) 函数可读取 xls 文件。

12.4.2 写入 Excel 文件

例 12-15 删除“英语”列，将新内容写入 new_test.xls。

```
del file[" 英语 "]
file.to_excel("new_test.xls")
```

运行结果如图 12-2 所示。

	A	B	C	D	E
1		名字	语文	数学	政治
2	0	Eric	99	100	90
3	1	Bob	87	100	87
4	2	Tim	66	89	86
5	3	Jim	70	80	87

图 12-2 修改 test.xls 文件

本例中，通过 read_excel( ) 函数读取了 test.xls 文件，并将数据保存在 file 中，通过 del file 删除了列索引为“英语”的列数据。最终通过 to_excel( ) 函数，完成了新数据的保存。

12.5 pandas 丢失数据处理

上一小节讲到数据从 Excel 文件中读取后，要进行数据处理，当表格中出现没有数据的情况时，该如何处理呢？本小节将会对这种情况进行研究。读取 test1.xls 文件，原文件内容如图 12-3 所示。

```
file=pd.read_excel("test1.xls")
```

在 Python 中输出变量 file 结果如下：

```
     名字    语文    数学     英语    政治
0   Eric    99   100.0    NaN    90.0
1    Bob    87     NaN   87.0    87.0
2    Tim    66    89.0   87.0    86.0
3    Jim    70    80.0   85.0     NaN
```

没有数据的部分将会显示 NaN，可以将其填充数据，也可以直接删除丢失数据的某行或某列。

	A	B	C	D	E
1	名字	语文	数学	英语	政治
2	Eric	99	100		90
3	Bob	87		87	87
4	Tim	66	89	87	86
5	Jim	70	80	85	

图 12-3 test1.xls 文件内容

12.5.1 剔除空元素的行

例 12-16　读取 test1.xls 文件，剔除存在空元素的某行或某列数据。

```
print(file.dropna(axis=0,how="any"))
```

运行结果如下：

```
   名字  语文  数学   英语   政治
2  Tim   66   89.0  87.0  86.0
```

本例中，通过 dropna( ) 函数可以将数据中的空元素所在的某行或某列剔除。Axis=0，代表查询在行方向。How 有两个参数，how=all 时，是该行元素全部为 NaN，才会剔除本行。而本例中，how= any，是改行元素中只要存在 NaN，就将该行剔除。

12.5.2 剔除空元素的列

```
print(file.dropna(axis=1,how="any"))
```

运行结果如下：

```
   名字  语文
0  Eric  99
1  Bob   87
2  Tim   66
3  Jim   70
```

本例中，通过 dropna( ) 函数中参数 Axis=1，代表查询列方向，test1 中的数据。明显“英语”“数学”“政治”存在数据缺失，所以做了剔除处理。

12.5.3 填充空元素

例 12-17　读取 test1.xls 文件，填充存在空元素的某行或某列数据。

```
file.fillna(value=0)
```

运行结果如下：

```
   名字  语文  数学    英语   政治
0  Eric  99   100.0   0.0   90.0
1  Bob   87   0.0     87.0  87.0
2  Tim   66   89.0    87.0  86.0
3  Jim   70   80.0    85.0  0.0
```

本例中，通过 fillna( ) 函数可以填充读取的数据中存在 NaN 的部分，参数 value=0 将会对没有数据的部分填充为 0。

12.5.4 查询空元素

例 12-18　读取 test1.xls 文件，查询所有元素位置是否为 NaN。

```
file.isnull()
```

运行结果如下：

```
     名字      语文      数学      英语      政治
0    Fals     False     False     True      False
1    False    False     True      False     False
2    False    False     False     False     False
3    False    False     False     False     True
```

本例中，通过 isnull() 函数可以查看数据中的空值位置，如果有数据会显示 False，如果该位置为空值，会显示 True。该方法可以精确地将空值位置锁定，使用户可以做进一步的处理。

12.6 pandas 数据合并

本小节将探索多个 DataFrame 进行纵向和横向合并的问题。首先建立两个 DataFrame：df1 和 df2。通过 NumPy 生成相应序列，列索引定义为 a、b、c。

```
import pandas as pd
import numpy as np
df1=pd.DataFrame(np.arange(6).reshape((2,3)),columns=["a","b","c"] )
df2=pd.DataFrame(np.arange(7,13).reshape((2,3)),columns=["a","b","c"] )
print("---------------")
print(df1)
print("---------------")
print(df2)
print("---------------")
```

运行结果如下：

```
---------------
a b c
0 0 1 2
1 3 4 5
---------------
 abc
0789
1 10 11 12
---------------
```

12.6.1 相同索引数据合并

例 12-19 将上述代码 df1 和 df2 进行纵向合并、横向合并。

```
df3=pd.concat([df1,df2],axis=0)
df4=pd.concat([df1,df2],axis=1)
print(df3)
print("---------------")
print(df4)
print("---------------")
```

运行结果如下：

```
---------------
    a   b   c
0   0   1   2
1   3   4   5
0   7   8   9
1  10  11  12
---------------
   a  b  c   a   b   c
0  0  1  2   7   8   9
1  3  4  5  10  11  12
```

本例中，concat( ) 函数可以将 df1 与 df2 合并，axis=0 时，将对其进行纵向合并，合并后，行索引会保留。axis=1 时，将对其进行横向合并，合并后，列索引会保留。

12.6.2　重新排列索引

例 12-20　将上述代码 df1 和 df2 进行纵向合并，索引重新排列。

```
df5=pd.concat([df1,df2],axis=0,ignore_index=True)
print(df5)
```

运行结果如下：

```
    a   b   c
0   0   1   2
1   3   4   5
2   7   8   9
3  10  11  12
```

本例中，concat() 函数可以将 df1 与 df2 合并，axis=0 时，将对其进行纵向合并，合并后，参数 ignore_index=True 行索引将会重新排序。

12.6.3　不同索引数据合并

如果两个 DataFrame 有不同的索引，pandas 中的 concat 如何处理呢？通过 NumPy 生成相应序列，其中 df1 列索引定义为 a、b、c，df2 列索引定义为 a、b、e。生成新的 df1 和 df2 如下。

```
---------------
   a  b  c
```

```
0  0  1  2
1  3  4  5
---------------
    a   b   e
0   7   8   9
1  10  11  12
```

例 12-21 将上述代码 df1 和 df2 进行纵向、横向合并。

```
df3=pd.concat([df1,df2],join='outer',ignore_index=True)
df4=pd.concat([df1,df2],join='inner',ignore_index=True)
print(df3)
print("---------------")
print(df4)
```

运行结果如下：

```
    a   b    c     e
0   0   1  2.0   NaN
1   3   4  5.0   NaN
2   7   8  NaN   9.0
3  10  11  NaN  12.0
---------------
    a   b
0   0   1
1   3   4
2   7   8
3  10  11
```

本例中，concat 函数中 join 参数如果为 outer，数据合并时，将会在缺少的部分填充 NaN。若 join 参数如果为 inner，数据合并时只会合并相同的列索引部分。

12.7 实训案例——员工信息处理

12.7.1 任务描述

有某企业员工 2022 年末数据情况如图 12-4 所示。企业规定 60 岁退休，现要更新员工数据，为 2023 年准备。生成的新数据新建文件保存。

	A	B	C	D	E	F
1	序号	员工号	名字	员工状态	学历	年龄
2	1	172	张泽	在岗	本科	50
3	2	55	高岑	在岗	研究生	42
4	3	2	刘邹	退休	研究生	60
5	4	1	崔伦	退休	本科	60
6	5	25	薛二	在岗	本科	59
7	6	5	韩墩芬	在岗	专科	35
8	7	6	#DIV/0!	在岗	专科	32
9	8	4	游香尔	在岗	研究生	25
10	9	8	狄害	在岗	研究生	25
11	10	77	杜尔汗	退休	博士	62

图 12-4 某企业员工 2022 年末数据情况

12.7.2 实现思路

导入 pandas，通过 read_Excel 打开目标 Excel 表

格，将数据存储到 data 变量中，以备后续数据处理。

```
import pandas as pd
data=pd.read_excel(r'mywork.xlsx',sheet_name=0,keep_default_na=False)
```

读取数据发现，序号为 7 的这一行中员工名字缺失，这对进行数据处理是不方便的，所以要将数据进行清洗。通过 dropna( ) 函数可以找到数据中有 NaN 的一行，并进行删除。

```
data.dropna()
```

对在新年将达到退休年龄的员工进行数据标注。那么可将 data 中“年龄”这一列数据进行加 1，通过 iloc 函数来完成这个功能。

```
data.iloc[:,5]=data["年龄"]+1
```

遍历 data 数据，判定每行人员是否达到退休情况，并且查询其员工状态是否为退休标签。若达到退休年龄 60 岁，标签为在岗，程序将自动把信息更正。遍历数据可通过 itertuples 函数完成。

```
for row in data.itertuples(): #按行遍历
    if row[4]=="在岗" and row[6]>=60 :
            print(row)
    print('-------')
```

运行结果如下：

```
-------
-------
-------
-------
pandas(Index=4, 序号=5, 员工号=25, 名字='薛二', 员工状态='在岗', 学历='本科', 年龄=60)
-------
-------
-------
-------
-------
-------
```

从结果中可看出 row 变量中的第一个元素代表 data 中的索引号。所以可以利用这个索引完成对数据的读取与修改。

```
for row in data.itertuples(): #按行遍历
    if row[4]=="在岗" and row[6]>=60 :
            data.iloc[row[0],3]="退休"
```

通过 data.to_excel('out.xlsx',sheet_name="sheetname",index=False)，可完成对新数据的保存。其中，sheet_name 参数是 excel 文件脚注，index=False 是不将索引写入到文件中。

12.7.3 代码实现

```
import pandas as pd
data=pd.read_excel(r'F:\python_pro\mywork.xlsx',sheet_name=0,keep_default_na=False)
data.dropna()
data.iloc[:,5]=data["年龄"]+1
for row in data.itertuples(): #按行遍历
    if row[4]=="在岗" and row[6]>=60 :
            data.iloc[row[0],3]="退休"
data.to_excel('out.xlsx',sheet_name="sheetname",index=False)
```

本例实现思路是不唯一的，这里提出的方法，意在将之前所学 pandas 对数据处理的内容进行实践，并使用了一些新的函数。通过对 Excel 表格的常规操作，希望大家能对 pandas 的数据处理有更直观、更深入的理解。

本章小结

本章介绍了 pandas 模块，包括导入模块，对 Series 和 DataFrame 两大数据结构的常用方法、属性进行研究，介绍了数据间转换，信息提取与算数运算等内容，经过本模块的学习，学生将掌握对数据挖掘、数据处理的常规方法。

拓展阅读

数字经济是重组全球要素资源、重塑经济结构，乃至改变世界竞争格局的关键力量。在全面建设社会主义现代化国家新征程中，全面发展数字经济已经成为我国把握新一轮科技革命和产业变革新机遇的战略选择，是助力实现中华民族伟大复兴、推进和拓展中国式现代化的重要篇章，具有重要的时代意义。在国家战略布局和系列政策支持下，我国在数字技术上不断突破，在新型基础设施、数字产业化与产业数字化、数据要素市场与数字生态建设等各个方面发力，诞生了一批世界知名数字企业，培养了一批高端数字人才，数字经济对经济社会发展的引领支撑作用日益凸显。

我国数字经济整体发展已跻身世界第一梯队。具体来看，发展特征呈现出以下四个方面。第一，数字产业化稳步发展。我国已经建成了全球规模最大的 4G 网络和光纤网络，5G 网络正在全面部署，新一代云计算平台加速构建，正逐步向规模化、大型化方向发展，全国一体化大数据中心加快建设，传输网络架构可以承载多方向大容量的国际数据传输。以远程办公、在线教育、智慧医疗、电子政务等为代表的数字服务产业显示出广阔的发展前景与巨大的增长潜力，在人工智能等数字技术支撑下，智能家居、数字传媒等新兴智能产业纷纷进入发展快车道，数字基础设施建设呈现爆发式发展的同时，数字化消费新业态新模式正在加快形成。第二，产业数字化不断提速。以 2021 年为例，我国产业数字化规模约为 37.2 万亿元，占当年 GDP 比重的 32.5%，在数字经济中的主引擎地位更加突出，已经发展成为推动我国数字经济发展的主导力量。第三，数字化治理成效显著。近年来，中央及地方各级政府高度重视数字化治理，数字政府建设取得显著成效。目前，我国国家治理现代化取得重大进展，各地各级政府机构数字化服务能力显著提高，"掌上办""一网通办"等电子政务平台纷纷上线，跨区域一体化办理能力显著提升。随着产业数字化转型，与之相适应的治理体系也在转型升级。数字技术为国家治理向细致精确、数据驱动的标准规范化治理转变提供了技术支持，大力提升了政府治理的态势感知、科学决策、风险防范以及应急响应能力。第四，数据要素市场建设持续推进。我国政府高度重视数据的要素化及市场化价值，先后出台了《中共中央国务院关于构建更加完善的要素市场化配置体制机制的意见》《建设高标准市场体系行动方案》等系列政策文件。在中央的政策引导下，各地政府纷纷布局数据交易，并加快本地大数据交易平台或数据交易所的建设，对数据要素市场的场内交易进行了重要探索。

大力发展数字经济，是抢占全球经济发展制高点的重要机会，是时代赋予中华民族伟大复兴的重要机遇，必须牢牢抓住。具体来看，建议总结并充分发挥我国数字经济发展的特色优势，以数字前沿技术突破和进一步推动数实融合为目标，加快构建数字经济发展新优势，全面推进数字社会和数字政府加快建设，努力营造良好的适合数字经济高质量发展的生态体系，助力我国在未来全球数字经济竞争中处于领先地位。

思考与练习

简答题

1. 使用 Python 的列表创建一个 series。
2. 使用列表创建一个 DataFrame。
3. 使用 Series 字典对象生成 DataFrame。
4. 已知有如下数据，如何进行查看头部数据 ?. 如何查看尾部数据。

```
dates=pd.date_range('20130101',periods=6)
df=pd.DataFrame(np.random.randn(6,4),index=dates,columns=list('ABCD'))
```

5. 使用 Series.reset_index( ) 函数重置给定 Series 对象的索引。

参 考 文 献

[1] 奥尔索夫 . Python 编程无师自通 [M]. 宋秉金，译 . 北京：人民邮电出版社，2019.

[2] 曹洁，张王卫，张世征，等 . Python 程序设计与应用 [M]. 北京：人民邮电出版社，2020.

[3] 马瑟斯 . Python 编程从入门到实践 [M]. 袁国忠，译 . 北京：人民邮电出版社，2021.

[4] 葛宇 . Python 程序设计 [M]. 北京：科学出版社 , 2022.

[5] 周元哲 . Python 3.x 程序设计基础 [M]. 北京：清华大学出版社，2019.

[6] 董付国 . Python 程序设计基础与应用 [M]. 北京：机械工业出版社，2019.

[7] 明日科技 . Python 从入门到精通 [M]. 北京：清华大学出版社，2021.